计算机文化基础

主　编　郭　冰　王月梅　刘　芬
副主编　杨海艳　李金峰　陈楚翘

電子工業出版社
Publishing House of Electronics Industry
北京 · BEIJING

内 容 简 介

全书共 8 章，第 1 章介绍计算机的基础知识，包括计算机的基本知识和基本概念、计算机的组成和工作原理、信息在计算机中的表示形式和编码；第 2 章介绍计算机操作系统——Windows 7，包括操作系统基础知识及 Windows 7 操作系统的安装、配置和使用；第 3 章介绍计算机网络技术，包括计算机网络基础知识、Internet 基础知识与应用、电子邮件客户端 Foxmail 的使用等；第 4 章至第 6 章介绍办公自动化基本知识，包括常用办公自动化软件 Office 2013 中文字处理软件、电子表格处理软件和演示文稿软件的使用；第 7 章介绍数据库技术；第 8 章介绍信息系统安全，包括计算机信息系统安全防范与保护、计算机病毒，以及相关的法律法规、知识产权及保护等。

本书配套有教学课件，各项目的源文件及实例效果，供读者学习使用。

本书既可作为计算机应用入门者的实例教程，也可作为计算机一二级考试的参考用书，还可作为计算机高级用户的使用参考手册。

图书在版编目（CIP）数据

计算机文化基础 / 郭冰，王月梅，刘芬主编. —北京：电子工业出版社，2018.8

ISBN 978-7-121-34641-5

Ⅰ. ①计… Ⅱ. ①郭… ②王… ③刘… Ⅲ. ①电子计算机—高等学校—教材 Ⅳ. ①TP3

中国版本图书馆 CIP 数据核字（2018）第 140931 号

策划编辑：李 静（lijing@phei.com.cn）
责任编辑：朱怀永　　　　文字编辑：李 静
印　　刷：三河市良远印务有限公司
装　　订：三河市良远印务有限公司
出版发行：电子工业出版社
　　　　　北京市海淀区万寿路 173 信箱　邮编 100036
开　　本：787×1092　1/16　印张：13.5　字数：345.6 千字
版　　次：2018 年 8 月第 1 版
印　　次：2020 年 10 月第 4 次印刷
定　　价：38.00 元

凡所购买电子工业出版社图书有缺损问题，请向购买书店调换。若书店售缺，请与本社发行部联系，联系及邮购电话：（010）88254888，88258888。

质量投诉请发邮件至 zlts@phei.com.cn，盗版侵权举报请发邮件至 dbqq@phei.com.cn。

本书咨询联系方式：（010）88254604，lijing@phei.com.cn。

前　言

随着计算机技术的飞速发展和计算机的普及教育，国内高校的计算机基础教育已踏上新的台阶，步入了一个新的发展阶段。各专业对学生的计算机应用能力提出了更高的要求。为了适应这种新发展，许多学校不断修订计算机基础课程的教学大纲，课程内容推陈出新。我们根据教育部计算机基础教学指导委员会《关于进一步加强高等学校计算机基础教学的意见》和《高等学校非计算机专业计算机基础课程教学基本要求》，结合《中国高等院校计算机基础教育课程体系》报告，编写了本书，书名为“计算机文化基础”。

全书共 8 章，第 1 章介绍计算机的基础知识，包括计算机的基本知识和基本概念、计算机的组成和工作原理、信息在计算机中的表示形式和编码；第 2 章介绍计算机操作系统——Windows 7，包括操作系统基础知识及 Windows 7 操作系统的安装、配置和使用；第 3 章介绍计算机网络技术，包括计算机网络基础知识、Internet 基础知识与应用、电子邮件客户端 Foxmail 的使用等；第 4 章至第 6 章介绍办公自动化基本知识，包括常用办公自动化软件 Office 2013 中文字处理软件、电子表格处理软件和演示文稿软件的使用，第 7 章介绍数据库技术；第 8 章介绍信息系统安全，包括计算机信息系统安全防范与保护、计算机病毒，以及相关的法律法规、知识产权及保护等。

本书编者是多年从事一线教学的教师，具有较为丰富的教学经验。编者在编写时注重原理与实践紧密结合，注重实用性和可操作性；在案例的选取上注意从读者日常学习和工作的需要出发；文字叙述上深入浅出，通俗易懂。

本书由惠州城市职业学院郭冰、王月梅、刘芬任主编，杨海艳、李金峰、陈楚翘任副主编。

本书配置精美 PPT 及教学资源，可从华信教育资源网下载。

由于本教材的知识面较广，要将众多的知识很好地贯穿起来，难度较大，不足之处在所难免。为便于以后教材的修订，恳请专家、教师及读者多提宝贵意见。

编　者

2018 年 6 月

目　录

第 1 章　计算机基础知识

计算机俗称电脑，是一种能高速运算、具有内部存储能力、由程序控制其操作过程，并能自动进行信息处理的设备。现今，计算机已经成为人类生活中不可缺少的部分，以及各行各业工作岗位的必备工具，熟练地操作计算机正日益成为每个人的必备技能。

本章学习的目的主要是让读者了解计算机的基础知识，包括计算机的发展及应用、计算机的软硬件系统、计算机的数据表示方法等内容。通过本章内容的学习，读者可以对计算机有更深入的了解，为后面的学习打基础。

1.1　计算机的发展及应用

计算机技术的飞速发展，极大地改变了人们的经济活动、社会生活和工作方式。在当今信息化社会中，掌握计算机的基础知识及操作技能是工作、学习、生活所必须具有的基本素质。本节主要介绍计算机的发展及应用，包括世界上第一台计算机的来源及特点、计算机发展所经历的阶段、我国计算机的发展状况、未来计算机的发展趋势、计算机的分类，以及应用领域等内容。

1. 世界上第一台计算机

通过图书检索或网络搜索方式查找世界上第一台计算机的资料。

1946 年 2 月 14 日，世界上第一台电脑 ENIAC 在美国宾夕法尼亚大学诞生。第二次世界大战期间，美国军方要求宾州大学莫奇来（Mauchly）博士和他的学生爱克特（Eckert）设计以真空管取代继电器的“电子化”电脑——ENIAC（Electronic Numerical Integrator and Calculator，电子数字积分器与计算器），目的是用来计算炮弹弹道。这部机器使用了 18800 个真空管，长 50 英尺，宽 30 英尺，占地 1500 平方英尺，重达 30 吨（大约占用一间半的教室，与六只大象的重量相当）。它的计算速度快，每秒可从事 5000 次的加法运算，运作了九年之久。由于耗电量大，据传 ENIAC 每次一开机，整个费城西区的电灯都为之黯然失色。另外，真空管的损耗率相当高，几乎每 15 分钟就可能烧掉一支真空管，操作人员需花 15 分钟以上的时间才能找出坏掉的管子，使用极不方便。曾有人调侃道：“只要那部机器可以连续运转五天，而没有一只真空管烧掉，发明人就要拍手称好了。”

工作中的ENIAC如图1.1.1所示。莫奇来和爱克特如图1.1.2所示。

图 1.1.1　工作中的 ENIAC

图 1.1.2　莫奇来和爱克特

在ENIAC的研制过程的后期，美籍匈牙利数学家冯·诺依曼主动参与了ENIAC的研制工作。他比一般数学家更能有效地与物理学家合作，以极其熟练的计算能力解决技术上的关键问题。在参与ENIAC的研制工作中，冯·诺依曼经常举办学术讨论会，讨论新型存储程序通用计算机的方案，不断提出自己关于ENIAC改进的思考，与大家交换意见。从1944年到1945年，冯·诺依曼撰写了长达101页的研究报告，详细阐述了新型计算机的设计思想。在报告中，他给出了第一条机器语言、指令和一个分关程序的实例。这份报告，奠定了现代计算机系统结构的基础，直到现在仍被人们视为计算机科学发展史上里程碑式的文献。冯·诺依曼的思想可归纳为以下三点。

第一，新型计算机不应采用原来的十进制，而应采用二进制。采用十进制不但电路复杂、体积大，而且由于很难找到10个不同稳定状态的机械或电气元件，使得机器的可靠性较低。而采用二进制，运算电路简单、体积小，且实现两个稳定状态的机械或电气元件比比皆是，机器的可靠性明显提高。

第二，采用“存储程序”的思想。即不像以前那样只存储数据，程序用一系列插头、插座连线来实现，而是把程序和数据都以二进制的形式统一存放到存储器中，由机器自动执行。不同的程序解决不同的问题，实现了计算机通用计算的功能。

第三，把计算机在逻辑上划分为五个部分，即运算器、控制器、存储器、输入设备和输出设备。

第一台电子数字计算机（ENIAC）交付使用后主要用于新武器的研制，它把过去需要100多名工程师一年才能解决的导弹弹道计算问题在两个小时内完成，大大地提高了工作效率，促进了科学技术的发展。但是由于它的存储容量太小，没有完全实现“存储程序”的思想。1951年，在冯·诺依曼的主持和参与下研制的离散变量自动电子计算机（Electronic Discrete Variable Automatic Computer，EDVAC），完全实现了冯·诺依曼自己所提出的“存储程序”的思想，故EDVAC被称为“冯·诺依曼计算机”。这种结构的计算机为现代计算机体系结构奠定了基础，成为“冯诺依曼体系结构”。冯·诺依曼如图1.1.3所示。

图 1.1.3 冯·诺依曼

2. 计算机发展经历的阶段

充分利用网络资源，查找资料，了解计算发展经历的阶段。

根据电子计算机不同时期采用的物理器件的不同，一般将电子计算机的发展分成以下几个阶段。

第一代：电子管计算机（1946～1957）。这一阶段计算机的主要特征是采用电子管元件作基本器件，用光屏管或汞延时电路作为存储器，输入或输出主要采用穿孔卡片或纸带，体积大、耗电量大、速度慢、存储容量小、可靠性差、维护困难且价格昂贵。在软件上，通常使用机器语言或者汇编语言，编写应用程序，因此这一时代的计算机主要用于科学计算。

这时的计算机的基本线路采用电子管结构，程序从人工编写的机器指令程序，过渡到符号语言，第一代电子计算机是计算工具革命性发展的开始，它所采用的二进位制与程序存储等基本思想，奠定了现代电子计算机技术的基础。以冯·诺依曼为代表。电子管计算机如图 1.1.4 所示。

第二代：晶体管计算机（1958～1964）。20 世纪 50 年代中期，晶体管的出现使计算机技术得到了根本性的发展，由晶体管代替电子管作为计算机的基础器件，用磁芯或磁鼓作为存储器，在整体性能上比第一代计算机有了很大的提高。同时程序语言也相应出现了，如 Fortran，Cobol，Algo160 等计算机高级语言。晶体管计算机用于科学计算的同时，也开始在数据处理、过程控制方面得到应用。晶体管计算机如图 1.1.5 所示。

图 1.1.4 电子管计算机

图 1.1.5 晶体管计算机

在 20 世纪 50 年代之前，计算机都采用电子管元件。电子管元件在运行时产生的热量太多，可靠性较差，运算速度不快，价格昂贵，体积庞大，这些都使计算机的发展受到限制。于是，晶体管开始被用作计算机的元件。晶体管不仅能实现电子管的功能，又具有尺寸小、重量轻、寿命长、效率高、发热少、功耗低等优点。使用晶体管后，电子线路的结构大大改观，制造高速电子计算机就更容易实现了。

图 1.1.6　中小规模集成电路计算机

第三代：中小规模集成电路计算机（1965～1971）。20 世纪 60 年代中期，随着半导体工艺的发展，成功制造了集成电路。中、小规模集成电路成为计算机的主要部件，主存储器也渐渐过渡到半导体存储器，使计算机的体积更小，大大降低了计算机计算时的功耗，由于减少了焊点和接插件，进一步提高了计算机的可靠性。在软件方面，出现标准化的程序设计语言和人机会话式的 Basic 语言，其应用领域也进一步扩大。中小规模集成电路计算机如图 1.1.6 所示。

第四代：大规模和超大规模集成电路计算机（1971～2015）。随着大规模集成电路的成功制作并用于计算机硬件生产过程，计算机的体积进一步缩小，性能进一步提高。集成更高的大容量半导体存储器作为内存储器，并行技术和多机系统得到发展，出现了精简指令集计算机（RISC），软件系统工程化、理论化，程序设计自动化。微型计算机在社会上的应用范围进一步扩大，几乎所有领域都能看到计算机的“身影”。超大规模集成电路芯片如图 1.1.7 所示。

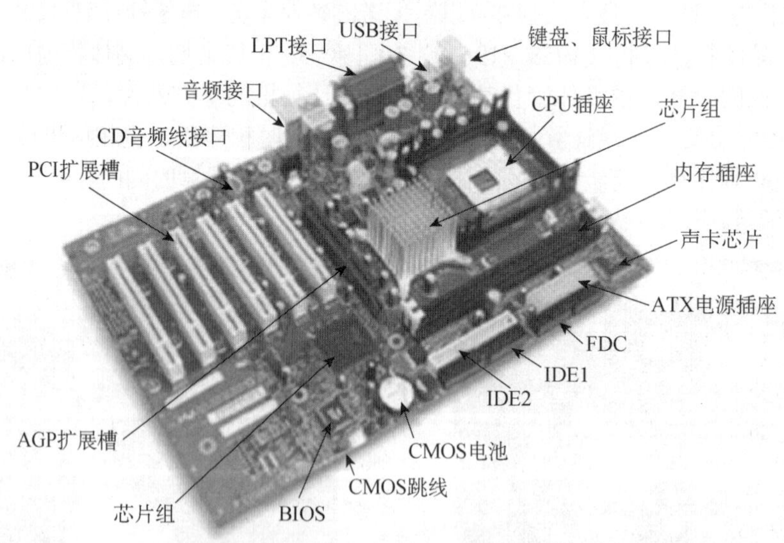

图 1.1.7　超大规模集成电路芯片

3. 我国计算机的发展

我国计算机技术研究起步晚、起点低，但随着改革开放的深入和国家对高新技术企业的扶持、对创新能力的提倡，计算机技术水平正在逐步提高。我国计算机技术的发展历程如下。

1956 年，开始研究计算机。

1958 年，研制成功第一台电子计算机——103 机。

1959 年，104 机研制成功。这是我国第一台大型通用电子数字计算机。

1964 年，研制成功晶体管计算机。

1971 年，研制成功以集成电路为主要器件的 DIS 系列机。这一时期，在微型计算机方面。我国研制开发了长城、紫金、联想系列微机。

1983 年，我国第一台亿次巨型计算机——“银河”诞生。

1992 年，10 亿次巨型计算机——“银河Ⅱ”诞生。

1995 年，第一套大规模并行机系统——“曙光”研制成功。

1997 年，每秒 130 亿浮点运算、全系统内存容量为 9.15GB 的巨型机——“银河Ⅲ”研制成功。

1998 年，“曙光 2000-Ⅰ”诞生，其峰值运算速度为每秒 200 亿次浮点运算。

1999 年，“曙光 2000-Ⅱ”超级服务器问世，其峰值速度达每秒 1117 亿次，内存高达 50GB。

1999 年，“神威”并行计算机研制成功，其技术指标位居世界第 48 位。

2001 年，中科院计算所成功研制我国第一款通用 CPU——“龙芯”芯片。

2002 年，我国第一台拥有完全自主知识产权的“龙腾”服务器诞生。

2005 年，联想并购 IBM PC，一跃成为全球第三大 PC 制造商。

2008 年，我国自主研发制造的百万亿次超级计算机——“曙光 5000”获得成功。

2012 年 10 月，八核 32 纳米龙芯 3B1500 流片成功。

2002 年联想集团研发成功深腾 1800 型超级计算机，并开始发展深腾系列超级计算机。

2015 年 8 月，龙芯新一代高性能处理器架构 GS464E 发布。

2016 年 6 月，在 TOP500 组织发布的最新一期世界超级计算机 500 强榜单中，神威·太湖之光超级计算机和天河二号超级计算机位居前两位。

近几年来，我国的高性能计算机和微型计算机的发展更为迅速。

4. 计算机发展的趋势

计算机在各领域的广泛应用有力地推动了国民经济的发展和科学技术的进步，同时也对计算机技术提出了更高的要求，促进它进一步发展，以超大规模集成电路为基础，未来的计算机将向巨型化、微型化、智能化、网络化的方向发展。

巨型化：巨型化并不是指计算机的体积日趋巨大，而是指计算机的运算速度更快、存储容量更大、功能更强。为了满足如天文、气象、宇航、核反应等科学技术发展的需要，也为了使计算机能模拟人脑实现学习、推理等，必须发展超大型的计算机。目前的巨型计算机的运算速度可达每秒万亿次，内存容量可达几十 TB（$1TB=10^6MB$），而外存的容量无疑将更为庞大，这样的巨型计算机存储的信息量超过一般大型图书馆所具有的信息存储量。

微型化：超大规模集成电路的出现，为计算机的微型化创造了有利条件。目前，微型计算机已广泛应用于仪器、仪表、家用电器等小型仪器设备中，同时也作为工业控制过程的“心脏”，使仪器设备实现“智能化”，从而使整个设备的体积大大减小，重量大大减轻。20 世纪 70 年代微型计算机的问世，为计算机的普及做出了巨大的贡献。随着微电子技术的进一步发展，个人计算机将发展得更加迅速，其中，掌上电脑、平板电脑等微型计算机必将以出色的性价比受到人们的欢迎。

智能化：最初，计算机主要用于计算，但是，现代计算机早已突破“计算”这一初级含义。计算机人工智能的研究是建立在现代科学基础上的。计算机智能化程度越高，就越能代替人的作用。因此，智能化是计算机发展的一个重要方向。正在研制的新一代计算机，能模拟人的感觉行为和思维过程的机理，使计算机不仅能够根据人的指令进行工作，而且能“看”“听”“说”“想”“做”，具有逻辑推理、学习与证明的能力，不仅可以代替人进行一般工作，还能代替人的部分脑力劳动。

网络化：随着计算机应用的深入，特别是家用计算机越来越普及，众多用户希望能共享信息资源，也希望各计算机之间能互相传递信息进行通信。同时由于个人计算机的硬件和软件配置一般都不高，其功能也有限，因此，若大型与巨型计算机的硬件和软件资源及它们所管理的信息资源能够为众多的微型计算机所共享，有限的资源也在最大程度上得到了利用。基于这些原因，计算机向网络化方向发展，分散的计算机连接成网，形成了计算机网络。

计算机网络是现代通信技术与计算机技术相结合的产物。所谓计算机网络就是把分布在不同地理区域的计算机及专用外部设备用通信线路互联成一定规模、功能强大的网络系统，从而使众多的计算机可以方便地互相传递信息，共享硬件、软件、数据信息等资源。计算机网络技术是在 20 世纪 60 年代末、70 年代初开始发展起来的。目前，已经出现了许多局部网络产品，应用比较普遍，尤其是在现代企业的管理中发挥着越来越重要的作用。实际上，像银行系统、商业系统、交通运输系统等单位，要真正实现自动化，具备快速反应能力，都离不开信息传输，离不开计算机网络。

社会进步及科学技术的发展，对计算机网络的发展提出了更高的要求，同时也为其发展提供了更加有利的条件。计算机网络与通信网的结合，可以使众多的个人计算机不仅能够及时处理文字、数据、图像、声音等信息，而且还可以使这些信息及时地与全国乃至全世界的信息进行交换。

5. 计算机的分类

目前，国内外关于计算机的分类均采用国际上通用的分类方法，它是根据美国电气和电子工程师协会（IEEE）的一个委员会于 1989 年 11 月提出的标准来划分的，即把计算机划分为巨型机、小巨型机、大型主机、小型机、工作站和个人计算机等六类。

巨型机（Super Computer）也称为超级计算机，在所有计算机类型中其占地最大、价格最贵，功能最强，其浮点运算速度最快。其研制水平、生产能力及应用程度，已成为衡量一个国家经济实力与科技水平的重要标志。

小巨型机（Mini-Super Computer）是指小型超级电脑或桌上型超级计算机，出现于 20 世纪 80 年代中期。该机的功能略低于巨型机，速度达 1GFLOPS，即每秒 10 亿次，而价格只有巨型机的 1/10。

大型主机（Mainframe）或称大型电脑。特点是大型、通用，内存可达几个 GB 以上，整机处理速度高达 3GFLOPS，即每秒 30 亿次，具有很强的处理和管理能力。主要用于大银行、大公司、规模较大的高校和科研院所。

小型机（Minicomputer）结构简单，可靠性高，成本较低，工作人员不需要经长期培训即可进行维护和使用，对于广大中、小用户而言比昂贵的大型主机具有更强的吸引力。

工作站（Workstation）介于 PC 与小型机之间的高档微机，其运算速度比微机快，且有较强的联网功能。主要用于特殊的专业领域，如图像处理、辅助设计等。它与网络系统中的“工作站”在用词上相同，而含义不同。网络上“工作站”这个词常用来泛指联网用户的节点，以区别于网络服务器，常常只是一般的 PC。

个人计算机（Personal Computer，PC），即常说的微机。这是 20 世纪 70 年代出现的新机种，以其设计先进、软件丰富、功能齐全、价格便宜等优势而拥有广大的用户，因而大大推动了计算机的普及应用。

PC 的主流是 IBM 公司在 1981 年推出的 PC 系列及其众多的兼容机。PC 无所不在，无所不用。除台式的，还有膝上型、笔记本、掌上型、手表型等。近年来又出现了平板电脑（Tablet PC）。总的说来，微机技术发展得更加迅速，平均每二三个月就有新产品出现，平均每两年芯片集成度提高一倍，性能提高一倍，价格进一步下降。微机将向着体积更小、重量更轻、携带更方便、运算速度更快、功能更强、更易使用、价格更便宜的方向发展。

6. 计算机的应用领域

计算机的应用已渗透到社会的各个领域，正在改变人们的工作、学习和生活方式，推动社会的发展，归纳起来其应用可分为以下几个方面。

（1）科学计算

科学计算也称数值计算。计算机最开始是为解决科学研究和工程设计中遇到的大量数学问题的数值计算而研制的计算工具。随着现代科学技术的进一步发展，数值计算在现代科学研究中的地位不断提高，尤其在尖端科学领域中，显得格外重要。例如，人造卫星轨迹的计算，房屋抗震强度的计算，火箭、宇宙飞船的研究设计等都离不开计算机的精确计算。

（2）信息处理

信息处理又称为数据处理，它是计算机应用中最广泛的领域。数据处理是指用计算机对生产及经营活动、科学研究和工程技术中的大量信息（包括大量数字、文字、声音、图片、图像等）进行收集、转换、分类、存储、计算、传输、制表等操作。与科学计算相比较，数据处理的特点是数据输入/输出量大，而计算相对简单。目前，计算机的数据处理应用已非常普遍，如人事管理、库存管理、财务管理、图书资料管理、商业数据交流、情报检索、经济管理等。

数据处理是一切信息管理、辅助决策系统的基础。各类管理信息系统（MIS）、决策支持系统（DSS）、专家系统（ES）及办公自动化系统（OAS）都需要数据处理支持，这已成为当代计算机的主要任务。据统计，全世界计算机用于数据处理的工作量占全部计算机应用的 80% 以上，大大提高了人类的工作效率和管理水平。

（3）过程检测与自动控制

过程检测是指利用计算机对工业生产过程的某些信号进行检测，并把检测数据存入计算机，再根据需要对这些数据进行处理。自动控制是指通过计算机对某一过程进行自动操作，它不需人工干预，能按人预定的目标和状态进行过程控制。所谓过程控制是指对操作数据进行实时采集、检测、处理和判断，按最佳值进行调节的过程，目前，被广泛用于操作复杂的钢铁企业、石油化工业、医药工业等生产中。使用计算机进行自动控制可大大提高控制的实时性和准确性，提高劳动效率和产品质量，降低成本，缩短生产周期。

计算机自动控制还在国防和航空航天领域中起决定性作用，例如，无人驾驶飞机、导弹、人造卫星和宇宙飞船等飞行器的控制，都是靠计算机实现的。可以说，计算机是现代国防和航空航天领域的神经中枢。

（4）计算机辅助系统

计算机用于辅助设计、辅助制造、辅助测试、辅助教学等方面，统称为计算机辅助系统。

计算机辅助设计（CAD-Computer Aided Design）是指利用计算机来帮助设计人员进行工程设计，以提高设计工作的自动化程度，节省人力和物力。用计算机进行辅助设计，不仅速度快，而且质量高，为缩短产品的开发周期与提高产品质量创造了有利条件。目前，计算机辅助设计在电路、机械、土木建筑、服装等设计中得到了广泛的应用。

计算机辅助制造（CAM-Computer Aided Manufacturing）是指利用计算机进行生产设备的管理、控制与操作，从而提高产品质量、降低生产成本、缩短生产周期，并且还大大改善了制造人员的工作条件。

计算机辅助测试（CAT-Computer Aided Testing）是指利用计算机进行复杂而大量的测试工作。

计算机辅助教学（CAI-Computer Aided Instruction）是指用计算机来辅助完成教学计划或模拟某个实验过程。计算机可按不同要求，分别提供所需教材内容，还可以个别教学，及时指出该学生在学习中出现的错误，根据计算机对该生的测试成绩决定该学生的学习能否从一个阶段进入另一个阶段。CAI 不仅能减轻教师的负担，还能激发学生的学习兴趣，提高教学质量，为培养现代化人才提供有效方法。

（5）人工智能方面的研究和应用

人工智能（AI）是指用计算机模拟人类某些智力行为的理论、技术和应用。

人工智能是计算机应用的一个新的领域，这方面的研究和应用正处于发展阶段，在医疗诊断、定理证明、语言翻译、机器人等方面，已有了显著的成效。例如，用计算机模拟人脑的部分功能进行思维学习、推理、联想和决策，使计算机具有一定“思维能力”。我国已成功开发一些医疗专家诊断系统，可以模拟医生给患者诊病开方。

（6）多媒体技术应用

随着电子技术特别是通信和计算机技术的发展，人们已经有能力把文本、音频、视频、动画、图形和图像等各种媒体综合起来，构成一种全新的概念——多媒体（Multimedia）。在医疗、教育、银行、保险、行政管理、军事、工业、广播和出版等领域中，多媒体的应用发展非常迅速。

（7）计算机网络通信

随着网络技术的发展，计算机的应用进一步深入到社会的各行各业，通过高速信息网实现数据与信息的查询、高速通信服务（电子邮件、电视电话、电视会议、文档传输）、电子教育、电子娱乐、电子购物（通过网络选择商品、办理购物手续、质量投诉等）、远程医疗和会诊、交通信息管理等。计算机的应用将推动信息社会更快地向前发展。

1.2　计算机的软、硬件系统

微型计算机，又称个人电脑（PC），是目前使用最广泛的一类计算机，人们习惯用微处理器的型号来称呼微机，从最早 IBM 公司推出的 IBM-PC 到现在的酷睿 I7，微机更新换代的时间间隔越来越短，性能也越来越高。微机系统是由硬件系统和软件系统两大部分组成的。

在本节中，主要学习计算机的基本组成部分、计算机的软硬件系统，了解常用的高级程序设计语言，认识日常生活中的计算机核心部件，了解计算机的主要技术指标。

1. 计算机的基本组成部分

一个完整的计算机系统应该包括硬件系统和软件系统两部分，计算机系统的组成如图1.2.1所示。计算机的硬件系统就是那些看得见、摸得着的外部和内部的装备，分为计算机主机和外围设备；软件系统则是包括计算机所需要的各种程序和数据，分为系统软件和应用软件。硬件系统和软件系统两者缺一不可，没有软件的支持，再好的硬件配置也毫无价值；而没有硬件支持，软件再好也没有用武之地。

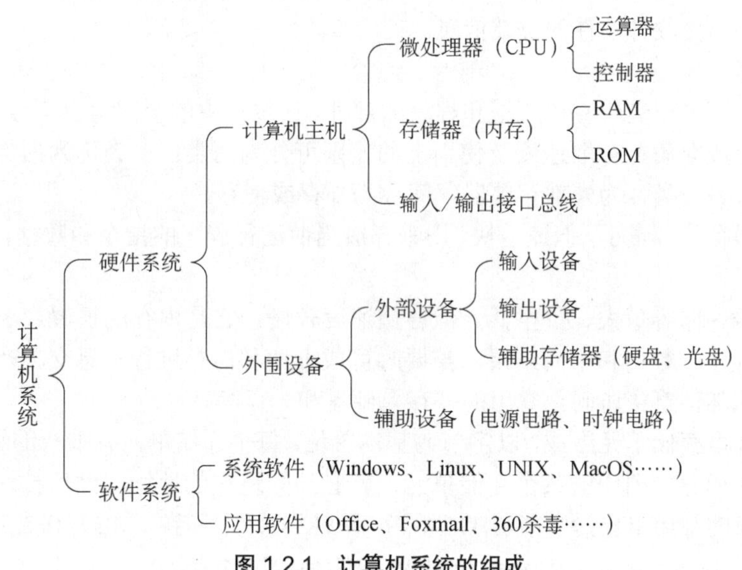

图 1.2.1　计算机系统的组成

2. 计算机硬件系统

计算机的硬件是指组成计算机的各种物理设备，也就是我们所看得见、摸得着的实际物理设备。它包括计算机的主机和外部设备。如图1.2.2所示是计算机的外观结构。

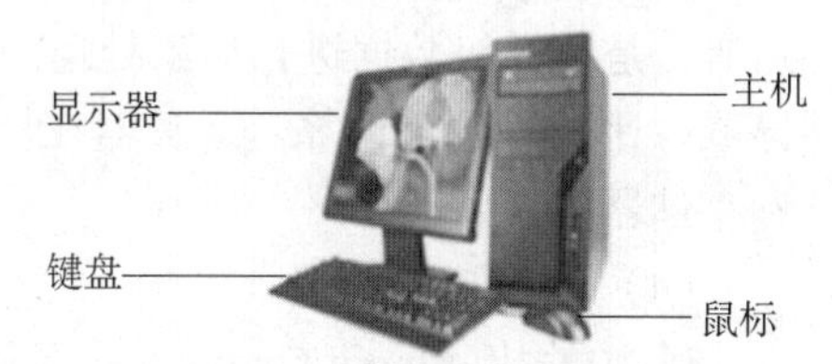

图 1.2.2　计算机的外观结构

计算机硬件是指组成计算机的各种电子的、机械的、光磁的物理器件和设备，是构成计算机的看得见、摸得着的物理实体的总称。它们由各种单元、器件和电子线路组成，是计算机完成各种任务、实现功能的物质基础。目前，所使用的计算机的硬件系统的结构一直延用冯·诺依曼提出的模型，它由运算器、控制器、存储器、输入设备及输出设备五大功能部件组成。各种各样的信息，通过输入设备进入计算机的存储器，然后送到运算器，运算完毕把计算结果送到存储器存储，最后通过输出设备显示出来，整个过程由控制器进行控制协调。计算机的整个工作过程如图1.2.3所示。

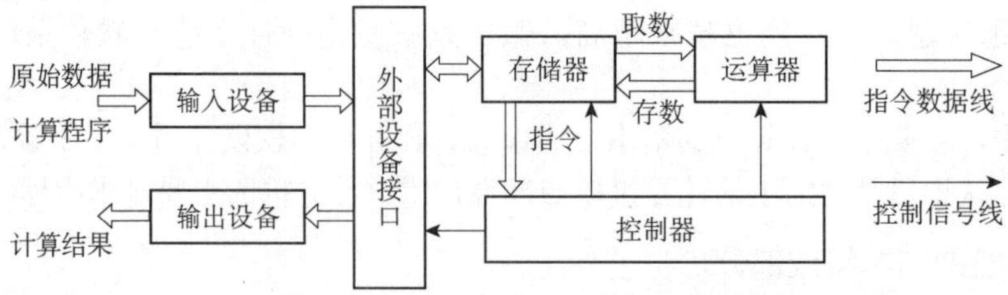

图 1.2.3　计算机的整个工作过程

（1）控制器

控制器是整个计算机的“大脑”，控制计算机的各部件协调工作，保证整个处理过程有条不紊地进行。控制器接受指令后负责从存储器中提取信息，进行分析后，按要求向其他各部件发出控制信号，保证各部件协调一致地工作，一步一步完成各种操作。另外，在工作过程中，控制器还要接收各部件的反馈信息。

（2）存储器

存储器是计算机记忆或暂存数据和程序的部件。计算机中的全部信息都存放在存储器中。存储器根据其组成介质、存取速度及使用上的差别可分为两类：一类称为内部存储器，简称为内存或主存；另一类称为外部存储器，简称为外存或辅存。

内部存储器存储容量小，但速度快，用来存放当前运行程序的指令和数据，它直接与 CPU 相连，交换信息。

外部存储器存储容量大、价格低，但存储速度较慢，它是内存的扩展，一般用来存储大量暂时不用的程序、数据和中间结果，需要时可成批地和内存进行信息交换。外存不能被计算机系统的其他部件直接访问。常用的外存有硬盘和光盘等。

存储器由许多存储单元组成，以字节为基本单位，每个存储单元有唯一的编号，称为“地址”。如果想访问存储器中的某个存储单元，就必须知道它的地址，然后按地址存入或取出信息。存储容量的常用单位为字节（B）、千字节（KB）、兆字节（MB）和吉字节（GB），它们之间的关系是 1KB=1024B，1MB=1024KB，1GB=1024MB。

（3）运算器

运算器包括算术逻辑单元（Arithmetic Logic Unit，ALU）、寄存器、移位器和一些控制电路等，是计算机数据进行加工处理的部件，能进行加、减、乘、除等算术运算和与、或、非、异或、比较等逻辑运算。运算器在控制器的控制下实现其功能，运算结果在控制器指挥下送到存储器中。

（4）输入/输出设备

输入/输出（Input/Output）设备简称 I/O 设备。输入设备是计算机用来接收外界信息的设备，它可以将外部信息（如文字、数字、图像、程序和指令等）转换为数据输入到计算机中，以便加工、处理。常用的输入设备有键盘、鼠标器、扫描仪、数字化仪等。输出设备的功能正好相反，它可将计算机处理后的结果或中间结果以某种人们能认识并能接受的形式或其他机器设备所需的形式表示出来。常用的输出设备有显示器、打印机、绘图仪等。

在计算机中，运算器和控制器合称为中央处理器，简称 CPU（Central Processing Unit）。CPU 通常是一个大规模集成电路芯片，也称为微处理器。内存储器、运算器和控制器合称为计算机主机，也可以说主机是由 CPU 和内部存储器组成的。而主机以外的装置称为外部设备，外部设备包括输入/输出设备、外部存储器等。

3. 计算机软件系统

计算机软件是指计算机硬件设备上运行的各种程序及相关的数据的总称。微型计算机的软件系统分为系统软件和应用软件两类。

（1）系统软件

系统软件是为帮助用户编写和调试应用程序而设计的，用于计算机的管理、维护、控制和运行，以及对运行的程序进行编译、装入等服务工作。系统软件包括操作系统，各种语言的汇编或解释、编译程序，机器的监控管理程序，调试程序，故障诊断程序和程序库等。

操作系统（Operating System，OS）是最基本、最重要的系统软件。它负责管理计算机系统的全部软件资源和硬件资源，合理地组织计算机各部分协调工作，提高计算机系统的工作效率，并为用户提供操作和编程界面，以方便用户对计算机的使用。从用户角度看，操作系统是用户与计算机之间的接口。

操作系统主要包括以下几种。

UNIX：UNIX 是一种强大的多用户、多任务操作系统，支持多种处理器架构，按照操作系统的分类，属于分时操作系统。UNIX 最早由 Ken Thompson 和 Dennis Ritchie 于 1969 年在美国 AT&T 的贝尔实验室开发。

类 UNIX（UNIX-like）：是指各种传统的 UNIX 及与传统 UNIX 类似的系统。虽然它们有的是自由软件，有的是商业软件，但都相当程度地继承了原始 UNIX 的特性，与 UNIX 有许多相似处，并且都在一定程度上遵守 POSIX 规范。类 UNIX 系统可在非常多的处理器架构下运行，在服务器系统上有很高的使用率，例如，大专院校或工程应用的工作站。

Linux：基于 Linux 的操作系统是 1991 年推出的一种多用户、多任务的操作系统。它与 UNIX 完全兼容。Linux 最初是由芬兰赫尔辛基大学计算机系学生 Linus Torvalds 在基于 UNIX 的基础上开发的一个操作系统的内核程序，Linux 的设计是为了使 Intel 微处理器更有效地运用。其后在理查德•斯托曼的建议下以 GNU 通用公共许可证发布，成为自由软件 UNIX 变种。它的最大的特点在于它是一个源代码公开的自由及开放源码的操作系统，其内核源代码可以自由传播。

Mac OS X：MacOS X 是一套运行于苹果 Macintosh 系列电脑上的操作系统。Mac OS X 是首个在商用领域成功的图形用户界面。Macintosh 组包括比尔•阿特金森（Bill Atkinson）、杰夫•拉斯金（Jef Raskin）和安迪•赫茨菲尔德（Andy Hertzfeld）。Mac OS X 于 2001 年首次在市场上推出。它包含两个主要的部分：Darwin，以 BSD 原始代码和 Mach 微核心为基础，类似 UNIX 的开放源码环境；Aqua，图形用户接口。

Windows：Windows 是由微软公司成功开发的操作系统，Windows 是一个多任务的操作系统，采用图形窗口界面，用户对计算机的各种复杂操作只需通过鼠标操作就可以实现。

Microsoft Windows 系列操作系统是在微软给 IBM 机器设计的 MS-DOS 的基础上设计的图形操作系统。Windows 系统，如 Windows 2000、Windows XP、Windows 7、Windows 8.1、Windows 10 皆使用创建于现代的 Windows NT 内核。

iOS：iOS 操作系统是由苹果公司开发的手持设备操作系统。iOS 与苹果的 Mac OS X 操作系统一样，它也是以 Darwin 为基础的，因此同样属于类 UNIX 的商业操作系统。原本这个系统名为 iPhone OS，直到 2010 年 6 月 7 日 WWDC 大会上宣布改名为 iOS。截至 2011 年 11 月，根据 Canalys 的数据显示，iOS 已经占据了全球智能手机系统市场份额的 30%，在美国的市场占有率为43%。

Android：Android 是一种以 Linux 为基础的开放源码操作系统，主要使用于便携设备。Android 操作系统最初由 Andy Rubin 开发，最初主要支持手机。2005 年 Android 操作系统由 Google 收购注资，并组建开放手机联盟进行开发改良，逐渐扩展到平板电脑及其他领域上。2011 年第一季度，Android 在全球的市场份额首次超过塞班系统，跃居全球第一。2012 年 11 月数据显示，Android 占据全球智能手机操作系统市场 76%的份额，中国市场占有率为 90%。

WP：Windows Phone（简称：WP）是微软发布的一款手机操作系统，它将微软旗下的 Xbox Live 游戏、Xbox Music 音乐与独特的视频体验集成至手机中。微软公司于 2010 年 10 月 11 日晚上 9 点 30 分正式发布了该智能手机操作系统。

Chrome OS：Chrome OS 是由谷歌开发的一款基于 Linux 的操作系统，是与互联网紧密结合的云操作系统，工作时运行 Web 应用程序。谷歌在 2009 年 7 月 7 日发布该操作系统，并在 2009 年 11 月 19 日以 Chromium OS 之名推出相应的开源项目，并将 Chromium OS 代码开源。

Chrome OS 同时支持 Intel x86 及 ARM 处理器，软件结构极其简单，可以理解为在 Linux 的内核上运行一个新的窗口系统的 Chrome 浏览器。对于开发人员来说，Web 就是平台，所有现有的 Web 应用可以完美地在 Chrome OS 中运行，开发者也可以用不同的开发语言为其开发新的 Web 应用。

（2）应用软件

应用软件是指用户利用计算机及其提供的系统软件为解决各种实际问题而编写的计算机程序。它包括系统软件以外的所有软件，由各种应用软件包和面向问题的各种应用程序组成。应用软件具有很强的针对性，专门用于解决某个应用领域中的具体问题，它也是绝大多数用户学习、使用计算机时最感兴趣的内容。微机上一些常用的应用软件有以下几种。

办公自动化软件：办公自动化软件主要用于办公事务处理，包括文字处理、表格处理、文稿处理、事务管理等方面的功能。目前，微机上使用最多的办公自动化软件是 Microsoft Office，它是一个多种应用程序集合在一起的应用软件包，其功能包括文字处理、表格处理、演示文稿制作、桌面信息管理、数据库管理、网页制作、图形制作等。除 Microsoft Office 外，还有 WPS、Lotus、CCED 等都是办公自动化中常用的应用软件。

网络应用软件：随着计算机网络的飞速发展，利用微机上网的用户迅速增加，微机中使用的网络软件也大量出现，这些软件帮助上网用户实现网络信息的浏览、传送、下载等功能。

微机中常用的网络浏览软件有 Internet Explorer（IE）和 Netscape Communicator，常用的电子邮件软件有 Outlook Express、Foxmail、The Bat 等。

常用工具软件：在微机中有很多的工具型应用软件，它们能帮助用户完成某些特殊的专项任务。例如，计算机辅助设计软件 AutoCAD 能高效率地绘制、修改、输出工程图纸，缩短设计周期，提高设计质量，使设计工作计算机化；图形制作软件 Photoshop，能帮助用户编辑制作精美的图片；多媒体制作软件 Authorware，能设计制作用于不同场合播放的多媒体软件；数学工具软件 MATLAB，为科学工作者和工程技术人员提供了强大的科学计算、数据处理和分析等功能，将人们从烦琐的数据计算中解放出来；翻译软件和电子词典，为人们的翻译和阅读提供了极大的方便。

总之，微机中的应用软件种类繁多，不仅有通用的，而且有大量的针对各自用户目的设计的专用程序。用户使用微机，在大多数情况下都是利用微机中的应用程序。

软件可看作用户与计算机硬件系统的接口，软件之间有时是逐层依赖的。计算机系统硬件、软件与用户之间的关系如图 1.2.4 所示。

4. 常用的高级程序设计语言

程序设计语言是人与计算机之间进行信息交换的工具。人们利用程序设计语言编制程序，然后将所编程序送入计算机，计算机对这些程序进行解释或翻译，识别人的意图，按人的意图进行处理，达到处理问题的目的。随着计算机技术的飞速发展，人们总是希望设计的语言方便使用，于是不同风格的程序设计语言不断出现。从最低级的机器语言，到汇编语言，再到高级语言，程序设计语言不断向更高级、智能化的语言发展。

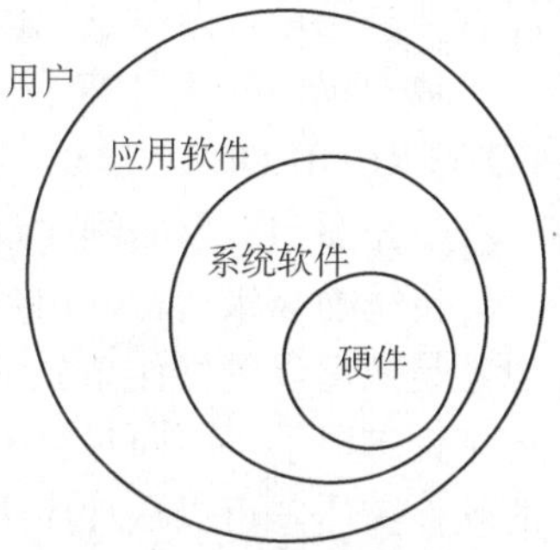

图 1.2.4　计算机系统硬件、软件与用户之间的关系

对普通用户来说，在大多数情况下所使用的程序设计语言是高级语言。微机中常用的高级语言主要有三类：面向过程的程序设计语言、面向问题的程序设计语言和面向对象的程序设计语言。

（1）面向过程的程序设计语言

传统的程序设计高级语言大部分是面向过程的程序设计语言，在程序设计中需要将任务的每个步骤逐一编写，对问题的描述接近于对问题求解过程，易于掌握和书写。微机中经常用到的这类高级语言有 BASIC、FORTRAN、PASCAL、C 等，BASIC 是国际通用的算法语言，它是一种会话式语言。BASIC 语言的命令和语句与英语单词、数学符号相近或相同，直观、易于理解，故简单易学。BASIC 语言发展到现在，其功能已相当强大，不仅适用于数值计算，也适用于数据处理，还能用于实时控制。目前常用版本有 QBASIC、TrueBASIC、TurboBASIC 等。

FORTRAN 语言是世界上最早出现的高级语言，也是目前世界上广为流行的高级程序设计语言。它的语言和数学语言比较接近，语法严谨，适合于科学和工程计算。目前，国际上流行的科学、工程计算软件包中，许多算法都由 FORTRAN 子程序提供，可以直接调用。目前微机上的典型版本有 MS-FORTRAN 和 FORTRAN PowerStation 等。

PASCAL 语言为纪念法国数学家 Pascal 而得名。PASCAL 语言的数据类型丰富、数据结构灵活、结构化强、表达力强、阅读性好、编译运行效率高，既适用于描述数值问题算法，又适用于描述非数值问题算法；既适用于应用程序设计，又适用于系统程序设计的语言，是当前世界上最流行的培养良好程序设计风格、培养结构化、规范化程序设计的教学语言。目前微机上流行的较好版本有 Turbo PASCAL 4.0～6.0 等。

C 语言最大的特点是硬件控制能力强，可以直接访问物理地址，有直接操作硬件的功能，可以完成与汇编语言相同的功能，却又克服了汇编语言不可移植的缺点，且具有高级语言结构清晰、表达力强的优点。加之 C 语言本身精练，程序设计自由、灵活，使其成为从系统设计到工程应用都能使用的一种高级程序设计语言。著名的 UNIX 操作系统就是用 C 语言编写的。

目前微机上使用较多的版本有 TurboC 和 ANSIC 等。

（2）面向问题的程序设计语言

通常把面向问题的数据库系统语言称为甚高级语言。面向过程的高级语言要仔细告诉计算机每步“怎么做”，而面向问题的甚高级语言就只需告诉计算机“做什么”，不需要告诉它“怎么做”，它就会自动完成所需的操作。例如，用某数据库系统语言，告诉计算机“打印五门课程分数在 80 分以上的优秀学生名单”，计算机则会自动检索并打印统计结果，数据库管理系统是数据库系统语言的语言处理程序。

数据库系统语言及某些应用程序生成器属于这类语言，典型有 UNIFACE、POWERBUILDER、SQL 及 DBASE、FOXBASE、ORACLE、SYBASE 等。

（3）面向对象的程序设计语言

传统的高级语言，用户不仅要告诉计算机“做什么”，而且要告诉计算机“怎么做”，也就是把每步的操作事先都设想好，用高级语言编成程序，让计算机按指定的步骤去执行。近年来出现了“面向对象（Object-Oriented）”的程序设计语言。所谓对象是数据及相关方法的软件实体，可以在程序中用软件中的对象来代表现实世界中的对象。例如，用程序中的软件对象“汽车”来代表现实中的汽车等。

目前微机上流行的这类程序设计语言有 JAVA、VFP（VISUAL FOXPRO）、C++、VB、VC、POWERBUILDER、DELPHI 等。

5. 生活中的电脑部件

随着人们生活水平的提高，现在越来越多的家庭都会有电脑。而且对于有的家庭来说电脑也成为必不可少的工具。那么又有多少人了解电脑呢？下面就以生活中的电脑（台式机）为例来学习它的主要部件。

（1）主板

主板全称是电脑机箱主板，又叫主机板（mainboard）、系统板（systemboard）或母板（motherboard），它分为商用主板和工业主板两种。它安装在机箱内，是微机最基本的也是最重要的部件之一。

主板采用开放式结构。主板上大都有 6～15 个扩展插槽，供 PC 外围设备的控制卡（适配器）插接。通过更换这些插卡，可以对微机的相应子系统进行局部升级，使厂家和用户在配置机型方面有更大的灵活性。总之，主板在整个微机系统中扮演举足轻重的角色。可以说，主板的类型和档次决定整个微机系统的类型和档次。主板的性能影响整个微机系统的性能。

典型的主板能提供一系列接合点，供处理器、显卡、声卡、硬盘、存储器、对外设备等设备接合。主机箱内部结构如图 1.2.5 所示。主板如图 1.2.6 所示。

图 1.2.5　主机箱内部结构

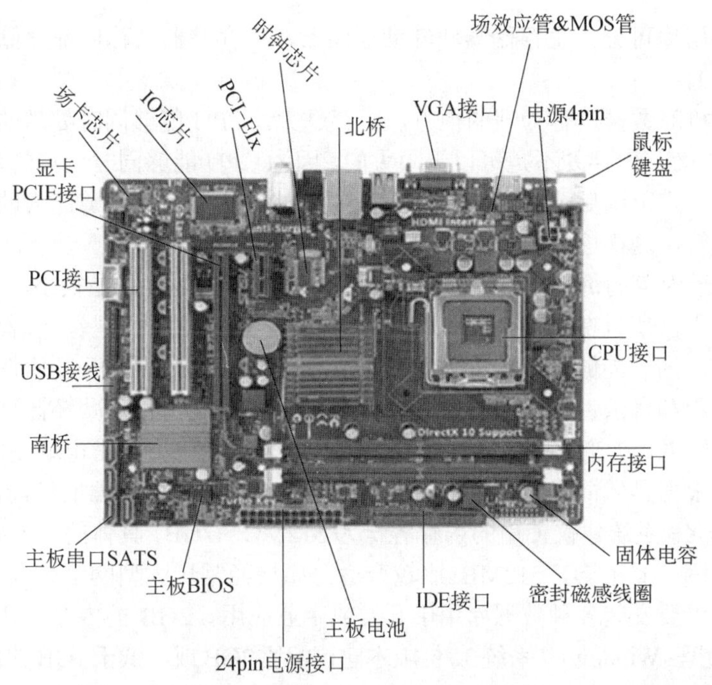

图 1.2.6 主板

（2）CPU

中央处理器（CPU，Central Processing Unit）是一块超大规模的集成电路，是一台计算机的运算核心（Core）和控制核心（Control Unit）。它的功能主要是解释计算机指令及处理计算机软件中的数据。

中央处理器主要包括运算器（算术逻辑运算单元，ALU，Arithmetic Logic Unit）和高速缓冲存储器（Cache）及实现它们之间联系的数据（Data）、控制及状态的总线（Bus）。它与内部存储器（Memory）和输入/输出（I/O）设备合称为电子计算机的三大核心部件。

计算机的性能在很大程度上由 CPU 的性能决定，而 CPU 的性能主要体现为其运行程序的速度。影响运行速度的性能指标包括 CPU 的工作频率、Cache 容量、指令系统和逻辑结构等参数。各种 CPU 如图 1.2.7～1.2.9 所示。

图 1.2.7 英特尔 CPU

图 1.2.8 AMD 的 CPU

图 1.2.9 龙芯 CPU

（3）内存

在计算机的组成结构中，有一个很重要的部分，就是存储器。存储器是用来存储程序和数据的部件，对于计算机来说，有了存储器，才有记忆功能，才能保证正常工作。存储器的种类很多，按其用途可分为主存储器和辅助存储器，主存储器又称内部存储器（简称内存，港台称为记忆体）。

内存是计算机对数据进行处理的地方，内存越大，CPU 能够同时处理的数据就越多，看起来也就越快。当然，内存并不是可以无限大的，因为 CPU 能够同时运算的数据总是有限的，内存的容量超过一定范围后，CPU 本身无暇顾及这些超过它自身运算能力的数据，也只会将它们扔在一边不管，这样这些内存就被浪费了。

在过去，由于内存的价格很高，因此过去的电脑配备的内存总是很小，大大低于 CPU 能够同时运算的能力，所以在过去，人们总是恨不得自己的内存大一些，或者说希望自己电脑的内存越大越好，为了能够节省内存方面的开支，各个软件公司在开发软件的时候都要考虑程序对内存的占用和释放，开发了各种各样的算法用于节省内存，减轻计算机的压力。现在内存的价格已经降低，人们也可以配备容量为 GB 级别的内存，但是电脑使用多少内存合适、性价比问题也要根据具体情况来判定，适合的内存容量可以提高机器的性能，并且节省成本。家用的 Windows XP 系统建议使用的内存容量为 512MB～2GB，具体的大小要看电脑的用途，如果只是用于上网、看电影，512MB 比较合适；如果经常玩大型网络游戏，建议配备 1GB 以上的内存；如果要安装各种数据库用于开发或企业应用，2GB 的内存可让电脑从容应对各种繁忙、复杂的处理。Windows 7 系统 32 位版本建议配置 2GB 或不低于 1GB 的内存，Windows 7、Windows 8、Windows 10 等 64 位系统建议配置 4～8GB 的内存。内存条如图 1.2.10 所示。

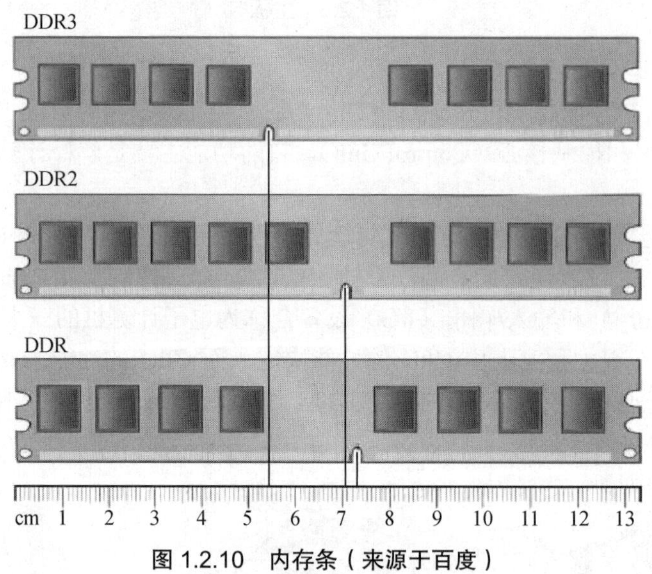

图 1.2.10　内存条（来源于百度）

桌面平台所采用的内存主要为 DDR1、DDR2、DDR3 和 DDR4 四种，其中，DDR1 和 DDR2 内存基本上已经被淘汰，而 DDR3 和 DDR4 是目前的主流内存。

四种类型 DDR 内存之间，从内存控制器到内存插槽都互不兼容。如图 1.2.10 所示，即使在同时支持两种类型内存的 Combo 主板上，两种规格的内存也不能同时工作，只能使用其中一种内存。

（4）硬盘

硬盘有固态硬盘（SSD，新式硬盘）、机械硬盘（HDD，传统硬盘）、混合硬盘（HHD，一块基于传统机械硬盘研制的新硬盘）三种。SSD 采用闪存颗粒来存储，HDD 采用磁性硬盘来存储，混合硬盘（Hybrid Hard Disk，HHD）是把磁性硬盘和闪存集成到一起的一种硬盘。绝大多数硬盘都是固定硬盘，被永久地密封、固定在硬盘驱动器中。

硬盘的基本参数包括以下几个方面。

① 容量：硬盘作为计算机系统的数据存储器，容量是硬盘最主要的参数。硬盘的容量以兆字节（MB）或千兆字节（GB）为单位，1GB=1024MB。但硬盘厂商在标示硬盘容量时通常取 1GB=1000MB，因此我们在 BIOS 中或在格式化硬盘时看到的容量会比厂家的标示值要小。

② 转速：转速（Rotation Speed 或 Spindle Speed），是硬盘内电机主轴的旋转速度，也就是硬盘盘片在一分钟内所能完成的最大转数。转速的快慢是标示硬盘档次的重要参数之一，它是决定硬盘内部传输率的关键因素之一，在很大程度上直接影响硬盘的速度。硬盘的转速越快，硬盘寻找文件的速度也就越快，相对的硬盘的传输速度也就得到了提高。硬盘转速以每分钟多少转来表示，单位表示为 RPM，RPM 是 Revolutions Per Minute 的缩写，转/每分钟。RPM 值越大，内部传输率就越快，访问时间就越短，硬盘的整体性能也就越好。

家用的普通硬盘的转速一般有 5400rpm、7200rpm 几种，高转速硬盘也是现在台式机用户的首选；而对于笔记本用户则是以 4200rpm、5400rpm 为主，虽然已经有公司发布了 7200rpm 的笔记本硬盘，但在市场中还较为少见；服务器用户对硬盘性能要求最高，服务器中使用的 SCSI 硬盘转速基本都采用 10000rpm，甚至还有 15000rpm 的，性能要超出家用产品很多。

③ 平均访问时间：平均访问时间（Average Access Time）是指磁头从起始位置到达目标磁道位置，并且从目标磁道上找到要读写的数据扇区所需的时间。

平均访问时间体现了硬盘的读写速度，它包括了硬盘的寻道时间和等待时间，即

平均访问时间=平均寻道时间+平均等待时间

④ 传输速率：传输速率（Data Transfer Rate）硬盘的数据传输率是指硬盘读写数据的速度，单位为兆字节每秒（MB/s）。硬盘数据传输率又包括了内部传输率和外部传输率。

内部传输率（Internal Transfer Rate）也称为持续传输率（Sustained Transfer Rate），它反映了硬盘缓冲区未用时的性能。内部传输率主要依赖硬盘的旋转速度。

外部传输率（External Transfer Rate）也称为突发数据传输率（Burst Data Transfer Rate）或接口传输率，它表示系统总线与硬盘缓冲区之间的数据传输率，外部数据传输率与硬盘接口类型与硬盘缓存的大小有关。

⑤ 缓存：缓存（Cache Memory）是硬盘控制器上的一块内存芯片，具有极快的存取速度，它是硬盘内部存储和外界接口之间的缓冲器。由于硬盘的内部数据传输速度和外界传输速度不同，缓存在其中起到缓冲的作用。缓存的大小与速度是直接关系到硬盘的传输速度的重要因素，能够大幅度地提高硬盘整体性能。当硬盘存取零碎数据时需要不断地在硬盘与内存之间交换数据，则可以将那些零碎数据暂存在缓存中，减小外系统的负荷，也提高了数据的传输速度。

（5）显示器

显示器是微型计算机不可或缺的输出设备，是利用视频显示技术来显示数据、图形、图像的设备，目前，至少已有六种类型的显示器件：阴极射线显示器件（CRT）、液晶显示器件（LCD）、等离子显示器件（PDP）、电致发光显示器件（EL）、真空荧光显示器件（VFD）。在微型计算机中，早期的台式微型计算机多使用 CRT 显示器，如图 1.2.11 所示；便携式计算机

和笔记本计算机则使用 LCD 液晶显示器，如图 1.2.12 所示。

图 1.2.11　CRT 显示器

图 1.2.12　LCD 液晶显示器

显示器上的每个发光点叫作一个像素，它是组成图像的最小单位。字符和图形等都是由一个个像素组成的。显示器的分辨率一般使用整个屏幕水平方向上的像素点数和垂直方向上的像素点数的乘积来表示，乘积越大，分辨率就越高，图像越清晰。早期常用的分辨率有：640×480、800×600，现在常用的分辨率有 1024×768、1280×1024、1366×768 等。

6. 计算机的主要技术指标

计算机由于用途的不同、侧重功能的差异，其衡量性能优劣的指标也大相径庭。通常所说的计算机的性能指标主要包括以下几个方面。

（1）字长

字长是指计算机内部一次可以处理的二进制代码的位数。它是由计算机内部的寄存器、加法器和数据总线的位数决定的。字长是代表计算机运算精度的主要参数，字长越长，表明所处理数据的精度越高、速度越快，但价格也越高。目前，微型计算机的字长有 16 位、32 位、64 位。

（2）时钟频率

时钟频率也称为主频，它是指 CPU 在单位时间内所发出的脉冲数，单位为兆赫兹（MHZ）。它在很大程度上决定了计算机的运算速度，时钟频率越高，运算速度就越快。时钟频率是代表计算机运算速度的一个重要参数。

（3）运算速度

指令执行时间的长短反映了计算机运算速度的快慢。对整数运算而言，运算速度的表示方式是 MIPS（Millions of Instructions Per Second），即每秒百万条指令。对于浮点运算，一般用 MFPOPS（Million Floating Point Operations Per Second）表示，即每秒百万次浮点运算。

（4）内存容量

内存的大小表示存储数据的容量大小，在微型机中一般以字节为单位。内存的单位为 KB、MB、GB。内存越大，其处理问题的能力就越强，处理数据的范围就越广，并且运算速度就越快。

（5）磁盘容量

磁盘容量就是硬盘的容量，它反映了计算机存储信息的能力。目前台式机磁盘的容量通常有 40GB、60GB、80GB、120GB、250GB、500GB、1000GB 或者更高。

以上只是一些常见的较为通用的性能指标。在评价一台计算机时应当综合考虑以上性能，并且还要考虑价格、外观、体积大小等，以能满足应用的要求为目的。

（6）存取容量

存储器完成一次读/写操作所需的时间称为存取周期。存取周期一般用微秒（μs）或纳秒（ns）表示。

注：1 秒=1000 毫秒（ms）

1 秒=1000000 微秒（μs）

1 秒=1000000000 纳秒（ns）

一般微型计算机的主存存取周期约为几百纳秒。存取周期是反映存储器性能的一个重要参数。存取周期越短，存取速度越快，运算速度就越快。

1.3 计算机的数据表示方法

计算机所能处理的数据、信息在计算机中都是以数字编码形式表示的。那么这些数字编码是以什么形式表示的，与日常表示的数有何区别，相互之间如何转换？字母、符号又如何表示。本节将重点讨论这些问题。

学习本节内容后将掌握计算机中二进制的表示方法，掌握二进制与十进制之间的转换，掌握十六进制与二进制之间的换算，掌握二进制与八进制之间的换算，掌握计算机系统中数据信息的表示单位，以及在计算机中的编码等。

1. 理解进制的概念

（1）十进制数

十进制数用 0、1、2、3、4、5、6、7、8、9 十个数字表示。十进制数的特点是逢十进一。例如，十进制数 5067 可以用如下数学式表示：

$$5067=5\times10^3+0\times10^2+6\times10^1+7\times10^0$$

一个 n 位十进制数 $a_1a_2a_3......a_n$，可以表示为：

$$a_1\times10^{n-1}+a_2\times10^{n-2}+\cdots+a_n\times1^0$$

这里的 10^{n-1}，$10^{n-2}\cdots$称为该位上的权。相邻两位中高位的权与低位的权之比称为基数，所以十进制数的基数为 10。

（2）二进制数

二进制是计算技术中广泛采用的一种数制。二进制数据使用 0 和 1 两个数来表示。它的基数为 2，进位规则是“逢二进一”，借位规则是“借一当二”，由 18 世纪德国数理哲学大师莱布尼兹发现。当前的计算机系统使用的基本是二进制系统，数据在计算机中主要以补码的形式存储。计算机中的二进制则是一个非常微小的开关，用 1 来表示“开”，0 来表示“关”。

一个 n 位二进制数 $a_1a_2a_3\cdots a_n$ 可以表示为：

$$N=(a_1a_2a_3\cdots a_n)_2$$

N 为这个二进制数所代表的十进制数的值。把二进制数按权展开求和所得到的值即为这个二进制数代表的十进制数的值。

$$N=a_1\times2^{n-1}+a_2\times2^{n-2}+a_3\times2^{n-3}+\cdots+a_n\times2^0$$

例如，二进制数 11011 按权展开为：

$$(11011)_2=1\times2^4+1\times2^3+0\times2^2+1\times2^1+1\times2^0=(27)_{10}$$

所以二进制数 11011 代表的十进制数为 27。

与十进制数的数学式相比，二进制数的基数为 2，二进制数的权值变化为：

$$2^{n-1}，2^{n-2}，2^{n-3}，\cdots，2^0。$$

（3）八进制数

基数为 8 的计数制称为八进制。八进制数用 0、1、2、3、4、5、6、7 八个数字表示。八进制数的特点是逢八进一。一个 n 位八进制数 $a_1a_2a_3\cdots a_n$ 可以表示为：

$$N=(a_1a_2a_3\cdots a_n)_8$$

N 为这个八进制数所代表的十进制数的值。把八进制数按权展开求和所得到的值即为这个八进数代表的十进制数的值。

$$N=a_1\times8^{n-1}+a_2\times8^{n-2}+a_3\times8^{n-3}+\cdots+a_n\times8^0$$

例如，八进制数 127 按权展开为：

$$(127)8=1\times8^2+2\times8^1+7\times8^0=(87)_{10}$$

所以八进制数 127 代表的十进制数为 87。

八进制数的权值变化为 8^{n-1}，8^{n-2}，8^{n-3}，…，8^0。

（4）十六进制数

基数为 16 的计数制称为十六进制。十六进制数用 0、1、2、3、4、5、6、7、8、9、A、B、C、D、E、F（大、小写字母均可）表示。其中，A、B、C、D、E、F 分别表示十进制数 10、11、12、13、14、15。十六进制数的特点是逢十六进一。一个 n 位十六进制数 $a_1a_2a_3\cdots a_n$ 可以表示为：

$$N=(a_1a_2a_3\cdots a_n)_{16}$$

N 为这个十六进制数所代表的十进制数的值。把十六进制数按权展开求和所得到的值即为这个十六进制数代表的十进制数的值。

$$N=a_1\times16^{n-1}+a_2\times16^{n-2}+a_3\times16^{n-3}+\cdots+a_n\times16^0$$

例如，十六进制数 A2F 按权展开为：

$$(A2F)16=A\times16^2+2\times16^1+F\times16^0=10\times16^2+2\times16^1+15\times16^0=(2607)_{10}$$

所以十六进制数 A2F 代表的十进制数为 2607。

十六进制数的权值变化为 16^{n-1}，16^{n-2}，16^{n-3}，…，16^0。

二进制数与八进制数、十进制数、十六进制数之间的对应关系见表 1.3.1。

表 1.3.1　各种进制之间的对应关系

二进制	八进制	十进制	十六进制
1	1	1	1
10	2	2	2
11	3	3	3
100	4	4	4
101	5	5	5

续表

二进制	八进制	十进制	十六进制
110	6	6	6
111	7	7	7
1000	10	8	8
1001	11	9	9
1010	12	10	A
1011	13	11	B
1100	14	12	C
1101	15	13	D
1110	16	14	E
1111	17	15	F
10000	20	16	10

2. 十进制数转换为非十进制数

（1）十进制数转换为二进制数

整数部分：用除 2 取余的方法转换，先余为低，后余为高。

小数部分：用乘 2 取整的方法转换，先整为高，后整为低。

例如，把十进制数 18.6875 转换为二进制数，可以用以下方法。

整数部分：用“除 2 取余法”先求出与整数 18 对应的二进制数。

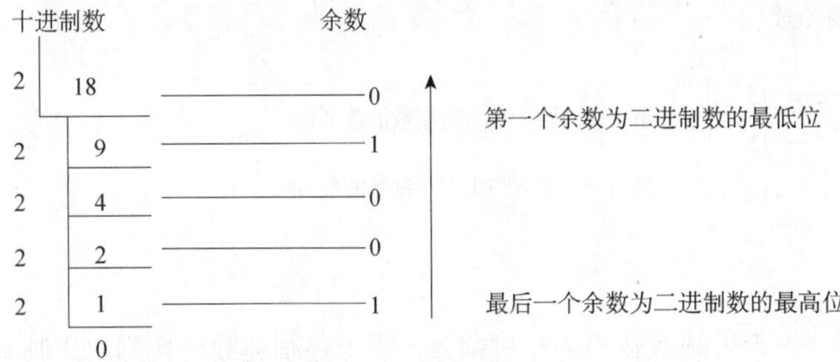

得出二进制整数部分为$(10010)_2$。

小数部分：用“乘 2 取整法”求取小数部分。

0.687 5×2=1.375　　取出整数 1　　第一个整数为二进制的最高位

0.375×2=0.75　　取出整数 0

0.75×2=1.50　　取出整数 1

0.50×2=1.00　　取出整数 1　　最后一个整数为二进制的最低位

余数为0，转换结束

得出二进制小数部分为$(0.1011)_2$。

整数部分与小数部分结合，得到十进制数 18.6875 的二进制数：

$$(18.6875)_{10}=(10010.1011)_2$$

（2）十进制数转换为八进制数

十进制数转换为八进制数的方法与十进制数转换为二进制数的方法类似。

整数部分：用除 8 取余的方法转换，先余为低，后余为高。

小数部分：用乘 8 取整的方法转换，先整为高，后整为低。

例如，把十进制 207.5 转换为八进制数，可用以下方法。

整数部分：用“除 8 取余法”先求出与整数 207 对应的八进制数。

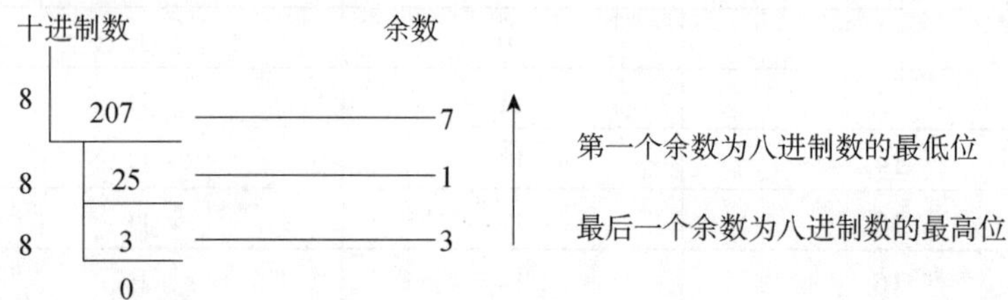

得出八进制整数部分为$(317)_8$。

小数部分：用“乘 8 取整法”求取小数部分。

0.5×8=4.0 取出整数 4，余数为 0，转换结束。得出八进制小数为$(0.4)_8$。

整数部分与小数部分结合，得：$(207.5)_{10}=(317.4)_8$。

（3）十进制数转换为十六进制数

十进制数转换为十六进制数的方法同十进制数转换为二进制数的方法类似。

整数部分：用除 16 取余的方法转换，先余为低，后余为高。

小数部分：用乘 16 取整的方法转换，先整为高，后整为低。

例如，把十进制数 1023 转换为十六进制数，可以用以下方法：

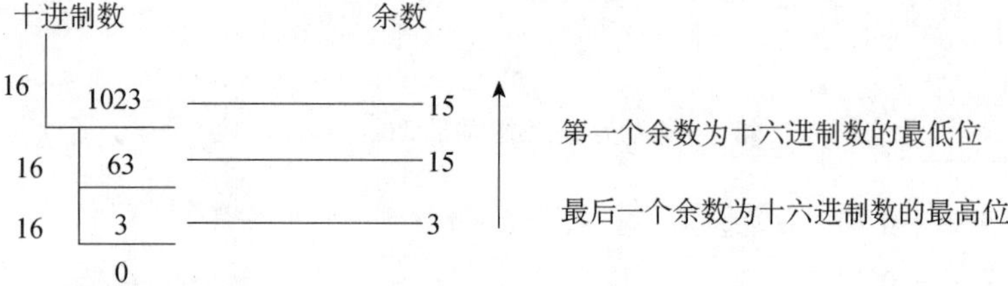

（4）转换的精度

从二进制数、八进制数、十六进制数转换为十进制数，或十进制整数转换为二进制整数，都能做到完全准确。但把十进制小数转换为其他数制时，除少数可完全准确外，大多数存在误差。例如，把$(0.6876)_{10}$转换为二进制数：

0.6876×2=1.3752　　取出整数 1

0.3752×2=0.7504　　取出整数 0

0.7504×2=1.5008　　取出整数 1

0.5008×2=1.0016　　取出整数 1

0.0016×2=0.0032　　取出整数 0

0.0032×2=0.0064　　取出整数 0

…

由此可得：　　$(0.6876)_{10}=(0.101100)_2$

上面十进制小数 0.6876，计算六步后仍有余数，需要继续转换。实际上这一转换是无限的，永无终结之时。换言之，在本例中不论将结果计算到多少位，总不能避免转换误差，只不过位数越长误差越小，精度可以更高而已。

3. 二进制数与八进制数、十六进制数间的相互转换

（1）二进制数转换为八进制数

将二进制数转换为八进制数的方法：将二进制数从最右边的低位到左边高位每三位组成一组，最后不足三位的前面补 0，然后每三位二进制数用一个八进制数来表示，即可转换为八进制数。

例如，将二进制数 10101010011 转换成八进制数：

010　　101　　010　　011

2　　5　　2　　3

(101010011) 2=(2523) 8

（2）八进制数转换为二进制数

将八进制数转换成二进制数的方法：将每一位八进制数用三位二进制数表示，即可得到相应的二进制数。

例如，将八进制数 3274 转换成二进制数：

3　　2　　7　　4

011　　010　　111　　100

(3274) 8=(11010111100) 2

（3）二进制数转换为十六进制数

将二进制数转换为十六进制数的方法：将二进制数从最右边的低位到左边高位每四位分成一组，最后不足四位的前面补 0，然后每四位二进制数用一个十六进制来表示，即可得到相应的十六进制数。

例如，将二进制数 10111010010011 转换成十六进制数：

0011　　1110　　1001　0011

2　　E　　9　　3

(10111010010011) 2=(2E93) 16

（4）十六进制数转换为二进制数

将十六进制数转换成二进制数的方法：将每一位十六进制数用四位二进制数表示，即可得到相应的二进制数。

例如，将十六进制数 4C3F 转换成二进制数：

4　　C　　3　　F

0100　1100　　0011　　1111

(4C3F) 16=(0100110000111111) 2

由以上例题可见，二进制数很容易转换成八进制数或十六进制数，比十进制数表示方便

得多。

（5）十六进制数与八进制数的转换

十六进制数与八进制数直接转换有些麻烦，最简单的方法就是先换成二进制数，再换成八进制或十六进制数。

4. 计算机中数的表示

在十进制数中，可以在数字前面加上“+”“−”符号来表示正、负，显然计算机不能直接识别“+”“−”号，那么可以用“0”来表示“+”，用“1”来表示“−”，这样数的符号也可以数字化。

在计算机中，通常将二进制数的首位（最左边那一位）作为符号位，若二进制数是正数则其首位是 0，二进制数是负数则首位是 1。像这种符号也数字化的二进制数称为“机器数”，原来带有“+”“−”号的数称为“真值”。例如，

十进制	+67	−67
二进制（真值）	+1000011	−1000011
计算机内（机器数）	01000011	11000011

机器数在计算机内也有三种不同的表示方法：原码、反码和补码。

（1）原码

首位表示数的符号，0 表示正，1 表示负，其他位则为数的真值的绝对值，这样表示的数就是数的原码。

例如，

$X=(+105)$　　　　$[X]_{原}=(01101001)_2$

$Y=(-105)$　　　　$[Y]_{原}=(11101001)_2$

0 的原码有两种，即 $[+0]_{原}(00000000)_2$
$[-0]_{原}(10000000)_2$

原码简单易懂，与真值转换起来很方便。但若是两个异号的数相加或两个同号的数相减就要做减法，就必须判别这两个数哪一个绝对值大，用绝对值大的数减去绝对值小的数，运算结果的符号就是绝对值大的那个数的符号，这些操作比较麻烦，运算的逻辑电路实现起来较复杂。于是，为了将加法和减法运算统一成只做加法运算则引进了反码和补码。

（2）反码

反码使用得较少，它只是补码的一种过渡形式。

正数的反码与其原码相同，负数的反码是这样求得的：符号位不变，其余各位按位取反，即 0 变为 1，1 变为 0。例如，

$[+65]_{原}=(01000001)_2$　　　　$[+65]_{反}=(01000001)_2$

$[-65]_{原}=(11000001)_2$　　　　$[-65]_{反}=(10111110)_2$

很容易验证：一个数的反码的反码就是这个数本身。

（3）补码

正数的补码与其原码相同，负数的补码是它的反码加 1，即求反加 1。例如，

$[+63]_{原}=(00111111)_2$　　　　$[+63]_{反}=(00111111)_2$

$[+63]_{补}=(00111111)_2$　　$[-63]_{原}=(10111111)_2$

$[-63]_{反}=(11000000)_2$　　$[-63]_{补}=(11000001)_2$

同样也很容易验证：一个数的补码的补码就是其原码。

引入补码以后，两个数的加、减法运算就可以统一用加法运算来实现，此时两数的符号位也当成数值直接参加运算，并且有这样一个结论，即两数和的补码等于两数补码的和。所以在计算机系统中一般采用补码来表示带符号的数。

例如，用计算机数的表示方式，表示 13−17 的差。

解　第一步：分别求补码

$[+13]_{原}=00001101$　　$[+13]_{补}=00001101$

$[-17]_{原}=10010001$　　$[-17]_{补}=11101111$

第二步：求补码之和。

$[+13]_{补}+[-17]_{补}=111111100$

第三步：求和的补码。

$[11111100]_{补}=10000100$，即−4。

（4）定点数与浮点数

计算机处理的数有整数，也有实数。实数有整数部分，也有小数部分。机器数的小数点的位置是隐含规定的。若约定小数点的位置是固定的，这就是定点表示法；若给定小数点的位置是可以变动的，则称为浮点表示法。

① 定点数。定点数是小数点的位置固定的机器数。通常用一个存储单元的首位表示符号，小数点的位置约定在符号位的后面或约定在有效数位之后。当小数点位置约定在符号位之后时，此时的机器数只能表示小数，称为定点小数；当小数点位置约定在所有有效数位之后时，此时机器数只能表示整数，称为定点整数。图 1.3.1 表示定点数的两种情况。

（定点小数）　　（定点整数）

图 1.3.1　定点数的两种情况

例如，字长为 16 位（2 个字节），符号位占 1 位，数值部分占 15 位，小数点约定在尾部，于是机器数 0111111111111111 表示二进制数+111111111111111，也就是十进制数+32767，这就是定点整数。若小数点约定在符号位后面，则机器数 1000000000000001 表示二进制数−000000000000001，也就是十进制数-2^{15}。

② 浮点数。浮点数是小数点位置不固定的机器数。从以上定点数的表示中可以看出，即便用多个字节来表示一个机器数，其范围也往往不能满足一些问题的需要，于是就增加了浮点运算的功能。

一个十进制数 M 可以规范化成 $M=m\times10^e$，例如，$123.456=0.123456\times10^3$，那么任意一个数 N 都可以规范化为：

$$N=m\times b^e$$

其中，b 为基数（权），e 为阶码，m 为尾数，这就是科学记数法。图 1.3.2 表示一个浮点数。在浮点数中，机器数可分为两部分：阶码部分和尾数部分。从尾数部分中隐含的小数点位置可知，尾数总是纯小数，它只是给出有效数字，尾数部分的符号位确定了浮点数的正、负。阶码给出的总是整数，它确定小数点移动的位数，其符号位为正，则向右移动，符号位为负，则向左移动。阶码部分的数值部分越大，则整个浮点数所表示的值域肯定越大。

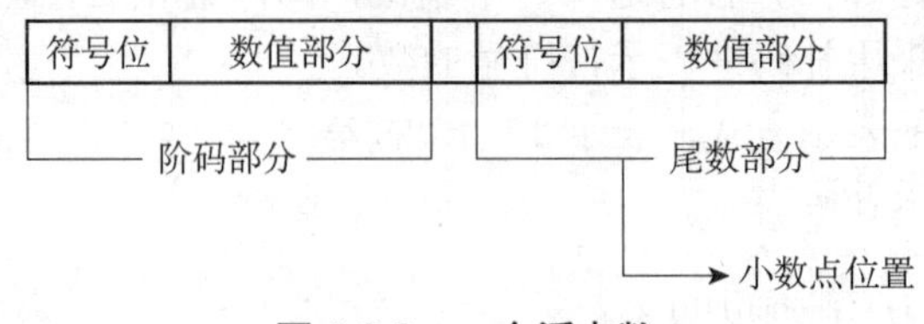

图 1.3.2　一个浮点数

5. 计算机中的信息单位

（1）位（bit）

一位二进制数（1 或 0）是计算机处理数据的最小单位，音译为“比特”。

（2）字节（Byte）

将八位二进制数放在一起就组成一个字节，音译为“拜特”。字节是计算机内存储数据的基本单位，字节简记为 B，1B=8bit。

（3）字（Word）和字长

计算机进行数据处理时，一次存取、加工、传送的数据长度称为一个字，一个字一般由若干字节组成。计算机一次能处理的二进制位数的多少称为计算机的字长，字长决定了计算机处理数据的速率。显然，字长越长，速度越快，所以字长是衡量计算机性能的一个重要标志。

（4）千字节（KiloBytes，记作 KB）

将 2^{10}（即 1024）个字节称为 1KB，1KB=1024B。

（5）兆字节（MegaBytes，记作 MB）

将 2^{20}（即 1048576）个字节记为 1MB，1MB=1024KB。

（6）千兆字节（GigaBytes，记作 GB）

将 2^{30}（即 1073741824）个字节记为 1GB，1GB=1024MB。

6. 计算机中信息的编码

从本质上说，计算机只“认识”两个数字，即 1 和 0。在计算机内部，无论是运算处理的数据、发出的控制指令、数据存放的地址，还是通信时传输的数据都是二进制数。那么计算机为什么会这么“神奇”，功能如此强大呢？原来，计算机计算的数，处理的字母符号、汉字、图形、图像、声音都必须按一定规则变成二进制数，这就是说，任何数据提交给计算机处理都必须用二进制数字 1 和 0 表示，这一过程就是数据的编码。

（1）BCD 码

人们已习惯十进制数，而计算机只使用二进制数，为了直观和方便起见，在计算机输入和输出时另外规定了一种用二进制编码表示十进制数的方式，即每一位十进制数数字对应四位二进制数编码，这种编码称为 BCD 码（Binary Coded Decimal，二进制编码的十进制数）或称为 8421 码。此处所述的 8421 是这四位二进制数的权，十个十进制数对应的 BCD 码见表 1.3.2。

表 1.3.2 十个十进制数对应的 BCD 码

十进制数	BCD 码	十进制数	BCD 码
0	0000	5	0101
1	0001	6	0110
2	0010	7	0111
3	0011	8	1000
4	0100	9	1001

 注意：

BCD 码仅在形式上将十进制数变成了由 1 和 0 组成的二进制形式，实质上它仍表示十进制数，只不过每位十进制数用四位二进制数编码，其运算规则和数值大小都符合十进制数的要求。

例如，有一个序列 01100101。将它理解成二进制数时，对应的十进制数：

$$0\times2^7+1\times2^6+1\times2^5+0\times2^4+0\times2^3+1\times2^2+0\times2^1+1\times2^0=64+32+4+1=(101)_{10}$$

若将它理解成 BCD 码，则对应的十进制数是 65，因为前四位表示 6，后四位表示 5。

（2）字符的编码

前面所述的是数值数据的编码，而计算机处理的另一类数据是字符，各种字母和符号也必须用二进制数编码后才能提交给计算机处理。目前，国际上通用的西文字符编码是 ASCII（American Standard Code for Information Interchange，美国国家标准信息交换代码）。ASCII 码有两个版本，标准 ASCII 码和扩展的 ASCII 码。7 位 ASCII 编码见表 1.3.3。

表 1.3.3 7 位 ASCII 编码

<table>
<tr><th>b7b6b5
b4b3b2b1</th><th>000</th><th>001</th><th>010</th><th>011</th><th>100</th><th>101</th><th>110</th><th>111</th></tr>
<tr><td>0000</td><td>NUL</td><td>DLE</td><td>空格</td><td>0</td><td>@</td><td>P</td><td>、</td><td>p</td></tr>
<tr><td>0001</td><td>SOH</td><td>DC1</td><td>!</td><td>1</td><td>A</td><td>O</td><td>a</td><td>q</td></tr>
<tr><td>0010</td><td>STX</td><td>DC2</td><td>”</td><td>2</td><td>B</td><td>R</td><td>b</td><td>r</td></tr>
<tr><td>0011</td><td>ETX</td><td>DC3</td><td>#</td><td>3</td><td>C</td><td>S</td><td>c</td><td>s</td></tr>
<tr><td>0100</td><td>EOT</td><td>DC4</td><td>S</td><td>4</td><td>D</td><td>T</td><td>d</td><td>t</td></tr>
<tr><td>0101</td><td>ENO</td><td>NAK</td><td>%</td><td>5</td><td>E</td><td>U</td><td>e</td><td>u</td></tr>
<tr><td>0110</td><td>ACK</td><td>SYN</td><td>&</td><td>6</td><td>F</td><td>V</td><td>f</td><td>v</td></tr>
<tr><td>0111</td><td>BEL</td><td>ETB</td><td>’</td><td>7</td><td>G</td><td>W</td><td>g</td><td>w</td></tr>
<tr><td>1000</td><td>BS</td><td>CAN</td><td>（</td><td>8</td><td>H</td><td>X</td><td>h</td><td>x</td></tr>
<tr><td>1001</td><td>IIT</td><td>EM</td><td>）</td><td>9</td><td>I</td><td>Y</td><td>i</td><td>y</td></tr>
<tr><td>1010</td><td>LF</td><td>SUB</td><td>*</td><td>:</td><td>J</td><td>Z</td><td>j</td><td>z</td></tr>
<tr><td>1011</td><td>VT</td><td>ESC</td><td>+</td><td>;</td><td>K</td><td>[</td><td>k</td><td>{</td></tr>
<tr><td>1100</td><td>FF</td><td>FS</td><td>,</td><td><</td><td>L</td><td>\</td><td>l</td><td>|</td></tr>
<tr><td>1101</td><td>CR</td><td>GS</td><td>–</td><td>=</td><td>M</td><td>]</td><td>m</td><td>}</td></tr>
<tr><td>1110</td><td>SO</td><td>RS</td><td>.</td><td>></td><td>N</td><td>↑</td><td>n</td><td>–</td></tr>
<tr><td>1111</td><td>SI</td><td>US</td><td>/</td><td>?</td><td>O</td><td>—</td><td>o</td><td>DEL</td></tr>
</table>

标准 ASCII 码是 7 位码，即是用 7 位二进制数来编码，用一个字节存储或表示，其最高位总是 0。7 位二进制数总共可编出 128（27）个码，表示 128 个字符，前面 32 个码及最后 1 个码分别代表不可显示或打印的控制字符，它们为计算机系统专用。数字 0～9 的 ASCII 码是连续的，其 ASCII 码分别是 48～57；英文大写字母 A～Z 和小写字母 a～z 的 ASCII 码分别也是连续的，分别为 65～90 和 97～122。依据这个规律，当知道一个字母或数字的 ASCII 码后很容易推算其他字母和数字的 ASCII 码。

扩展的 ASCII 码是 8 位码，即使用 8 位二进制来编码，用一个字节存储或表示，8 位二进制数总共可编出 256（2^8）个码，它的前 128 个码与标准的 ASCII 码相同，后 128 个码表示一些花纹图案符号。

【课后练习】

一、填空题

1. 世界上第一台名为（　）的电子计算机于（　）年在（　）国家研制成功。

2. 冯·诺依曼的思想可归纳为以下三点：第一，采用（　）进制，第二，采用（　）的思想，第三，把计算机从逻辑上划分为五个部分，即：（　）、（　）、（　）、（　）、（　）。

3. 根据电子计算机不同时期采用的物理器件的不同，一般将电子计算机的发展分成以下几个阶段：（　）、（　）、（　）、（　）。

4. 开机时，首先要打开（　）电源，然后打开（　）电源。

5. 关闭计算机时，要选择（　）按钮中的（　）命令。

二、选择题

1.（　）不是计算机的必备部分。

A. 键盘　　B. 鼠标　　C. 显示器　　D. 音箱

2. 计算机输出设备主要包括（　）。

A. 打印设备、显示设备、外存储器、声音输出设备

B. 打印设备、键盘、外存储器、语音信息识别设备

C. 打印设备、显示设备、外存储器、语音信息识别设备

D. 打印设备、显示设备、键盘、语音信息识别设备

3. 下面关于关机的方法中，正确的表述是（　）。

A. 单击“开始”菜单，选择“关闭计算机”命令

B. 按下显示器的电源按钮

C. 按下主机的电源按钮

D. 拔掉电源

4. 一个完整的计算机系统包括（　）。

A. 运算器、控制器、存储器、输入和输出设备

B. 主机与外部设备

C. 硬件系统与软件系统

D. 主机、键盘和显示器

5. 计算机硬件的基本组成部件包括（　）。

A. 主机、电源、CPU、输入和输出设备
B. 运算器、控制器、存储器、输入和输出设备
C. 主机、硬盘、键盘、显示器、鼠标
D. 控制器、运算器、硬盘、显示器、键盘
6. 存储器的容量单位为字节，它的英文名称是（　）。
A. bit　　B. Byte　　C. KB　　D. MB
7. 在计算机内部对信息的加工处理都是以（　）形式进行的。
A. 二进制码　　B. 八进制码　　C. 十进制码　　D. 十六进制码
8. 微型计算机系统中 CPU 是指（　）。
A. 内存储器和运算器　　B. 控制器和运算器
C. 输入设备和输出设备　　D. 内存储器和控制器
9. 下列描述中，正确的描述是（　）。
A. 内存储器是主机的一部分，可与 CPU 直接交换信息，存取时间快，但价格较贵
B. CPU 可以直接执行外存储器中的程序
C. 内存可分为 RAM 和 ROM 两种
D. RAM 是随机存储器的简称，ROM 是只读存储器的简称
E. 软盘、硬盘、光盘等都是外部存储器
10. 电子计算机能够自动地按照人们的意图进行工作的最基本思想是（　）。
A. 采用逻辑器件　　B. 程序存储控制原理
C. 识别控制代码　　D. 总线结构
11. 软盘加上写保护后，这时对它可以进行的操作是（　）。
A. 只能读盘，不能写盘　　B. 既可读盘，又可写盘
C. 只能写盘，不能读盘　　D. 不能读盘，也不能写盘
12. 显示器分辨率一般用（　）表示。
A. 能显示多少个字符　　B. 能显示的信息量
C. 横向点×纵向点　　D. 能显示的颜色数
13. 十进制数 29.625 的二进制数为（　）。
A. 10111.101　　B. 11101.101　　C. 101.10111　　D. 101.11101
14. 十进制数 29.625 的十六进制数为（　）。
A. 113.10　　B. 113.5　　C. 1D.A　　D. 1D.5
15. 二进制数 11101.010 的十进制数为（　）。
A. 31.25　　B. 29.75　　C. 29.5　　D. 29.25
16. 二进制数 11101.010 的十六进制数为（　）。
A. 1C.4　　B. 1C.2　　C. 1C.1　　D. 1C.1
17. 十六进制数 23.4 的十进制数为（　）。
A. 35.5　　B. 23.4　　C. 35.75　　D. 35.25
18. 多媒体微机必须配置（　）。
A. 触摸屏、CD-ROM 驱动器、数字照相机、电影卡
B. 声音卡、CD-ROM 驱动器、VGA 显示器、音箱
C. 声音卡、CD-ROM 驱动器、电影卡、视频卡

D. 视频卡、CD-ROM 驱动器、声音卡、VGA 显示器

19. 存储一个 16×16 点阵的汉字字形需占用的字节数是（ ）。

A. 2　　B. 8　　C. 16　　D. 32

20．计算机内部处理汉字，使用的是汉字的（ ）。

A. ASCII 码　　B. 区位码　　C. 机内码　　D. 字形码

21. 一个 ASCII 使用的二进制编码是（ ）。

A. 2 位　　B. 4 位　　C. 7 位　　D. 8 位

22. 在通常情况下，计算机内存储一个汉字需要（ ）字节。

A. 1　　B.2　　C. 4　　D. 8

23. 一个 32×32 点阵字模的汉字存储在硬盘里，需占用（ ）字节。

A. 32　　B.64　　C. 128　　D. 256

24. 电子计算机的发展阶段通常以计算机所使用的（ ）来划分。

A. 内存容量　　B. 物理器件　　C. 操作系统　　D. 运算速度

25. 将十进制数 1000 转换为等值的二进制数结果是（ ）。

A. 1111101010　　B. 1111101000　　C. 1111101100　　D. 1111101110

26. 十进制小数 0.6875 转换成八进制小数结果是（ ）。

A.0.045　　B.0.054　　C.0.54　　D.0.45

三、操作题

1. 电子计算机的特点是什么？
2. 计算机的发展经历了哪几代？各以什么器件为其主要特征？请简要叙述其发展过程。
3. 什么是计算机文化，它与计算机技术有何区别？
4. 计算机有哪些方面的应用？请举例说明。
5. 什么是信息高速公路？信息社会的特征是什么？
6. 尝试组装一台计算机，在各部件安装完成后，开机运行并关闭 Windows。

第 2 章　计算机操作系统——Windows 7

操作系统是计算机中最重要的系统软件，是用户和计算机硬件之间的桥梁，用户通过操作系统提供的命令和有关规范来操作和管理计算机。

本章首先介绍操作系统的有关基本概念，然后简单介绍虚拟机软件的安装与使用，然后在虚拟机中安装 Windows 7 操作系统，安装 Windows 7 系统以后，就有了实验的基本环境，然后在 Windows 7 系统中完成各种实验操作，包括分区软件的使用，使用户了解计算机的管理和使用方法。

2.1　操作系统概述

操作系统是一组控制和管理计算机系统的硬件和软件资源、控制程序执行、改善人机界面、合理地组织计算机工作流程并为用户使用计算机提供良好运行环境的一种系统软件。在计算机系统中设置操作系统的目的在于提高计算机系统的效率，增强系统的处理能力，提高系统资源的利用率，方便用户使用计算机。

1. 操作系统的功能

从资源管理的角度来说，操作系统的主要任务是对系统中硬件、软件实施有效的管理，以提高系统资源的利用率。计算机硬件资源主要是指处理机、主存储器和外部设备；软件资源主要是指信息（文件系统）和各类程序。因此，操作系统的主要功能相应地就有处理机管理、存储管理、设备管理、文件管理和作业管理。

（1）处理机管理

处理机管理主要有两项工作：一是处理中断事件，二是处理机调度。正是由于操作系统对处理机的管理策略不同，其提供的作业处理方式也就不同，如批处理方式、分时处理方式、实时处理方式等。

（2）存储管理

存储管理的主要任务是管理存储器资源，为多道程序运行提供有力的支撑。存储管理的主要功能包括存储分配、存储共享、存储保护和存储扩充。

（3）设备管理

设备管理的主要任务是管理各类外围设备，完成用户提出的I/O请求，加快I/O信息的传递速度，发挥I/O设备的并行性，提高I/O设备的利用率，以及提供每种设备的设备驱动程序和中断处理程序，向用户屏蔽硬件使用细节。设备管理具有以下功能：提供外围设备的控制与处理、提供缓冲区的管理、提供外围设备的分配、提供共享型外围设备的驱动和实现虚拟设备。

（4）文件管理

文件管理是对系统的信息资源进行管理。文件管理主要完成以下任务：提供文件的逻辑组织方法、物理组织方法、存取方法、使用方法，实现文件的目录管理、存取控制和存储空间管理。

（5）作业管理

用户需要计算机完成某项任务时要求计算机所做工作的集合称为作业。作业管理的主要功能是把用户的作业装入内存并投入运行。一旦作业进入内存，就称为进程。作业管理是操作系统的基本功能之一。

2. 操作系统的主要特征

目前的操作系统广泛采用并行操作技术，使多种硬件设备能并行工作。如I/O操作和CPU计算同时进行，在内存中同时存放并执行多道程序等。以多道程序设计为基础的操作系统具有以下主要特征。

（1）并发性

并发性（Concurrence）是指两个或两个以上的运行程序在同一时间段内同时执行。发挥并发性能够消除计算机系统中部件和部件之间的相互等待，有效地提高系统资源的利用率，改进了系统的吞吐率，提高了系统效率。采用并发技术的系统又称为多任务系统（Multitasking）。

（2）共享性

共享性（Sharing）是操作系统的另一个重要特征。共享是指操作系统中的资源（包括硬件资源和信息资源）可被多个并发执行的进程所使用。并发和共享是操作系统的两个最基本的特征，它们又互为对方存在的条件。若系统不允许程序并发执行，自然不存在资源共享问题；若系统不能对资源共享实施有效管理，协调多个程序对共享资源的访问，也必然影响程序并发执行的程度，甚至无法并发执行。

（3）异步性

异步性（Asynchronism）又称随机性。操作系统内部产生的事件序列有许多种可能，而操作系统的一个重要任务是必须确保正确捕捉和处理可能发生的随机事件，否则将会导致严重后果。例如，操作员发出命令或按按钮的时刻是随机的，各种各样的硬件和软件中断事件发生的时刻也是随机的。

（4）虚拟性

虚拟是指将一个物理实体映射为若干个逻辑实体。例如，在多道程序系统中，虽然只有一个CPU，每次只能执行一道程序，但采用多道程序技术后，在一段时间内，宏观上有多个程序在运行。在用户看来，就好像有多个CPU在各自运行自己的程序。这种情况就是将一个物理的CPU虚拟为多个逻辑的CPU，逻辑的CPU称为虚拟处理机。类似地，也可以把一台物理I/O设备虚拟为多台逻辑的I/O设备。

3. 操作系统的分类

按照操作系统的功能特征，操作系统一般可分为三种基本类型，即批处理操作系统、分时操作系统和实时操作系统。按照使用环境的不同，又可分为嵌入式操作系统、个人计算机操作系统、网络操作系统和分布式操作系统。

（1）按照系统的功能特征

① 批处理操作系统。批处理（Batch Processing）操作系统的工作方式：用户将作业提交给系统操作员，系统操作员将许多用户的作业组成一批作业，之后输入到计算机中，在系统中形成一个自动连接的连续的作业流，然后启动操作系统，系统自动执行每个作业，最后由操作员将作业结果交给用户。

② 分时操作系统。分时（Time Sharing）操作系统的工作方式：一台主机连接若干个终端，每个终端有一个用户使用。用户向系统提出命令请求，系统接收每个用户的命令，采用时间片轮转方式处理服务请求，并通过交互方式在终端上向用户显示结果。用户根据上一步的处理结果发出下一道命令。

分时操作系统具有多路性、交互性、独占性和及时性的特征，它将 CPU 的运行时间划分成若干个片段，称为时间片。操作系统以时间片为单位，轮流为每个终端用户服务。由于时间片非常短，所以每个用户感觉不到其他用户的存在。

③ 实时操作系统。实时（Real Time）操作系统是指使计算机能及时响应外部事件的请求，在严格规定的时间内完成对该事件的处理，并控制所有实时设备和实时任务协调一致工作的操作系统。实时操作系统对外部请求在严格时间范围内做出反应，具有高可靠性和完整性。

（2）按照使用环境的不同

① 嵌入式操作系统。嵌入式（Embedded）操作系统是运行在嵌入式系统环境中，对整个嵌入式系统及它所操作、控制的各种部件装置等资源进行统一协调、调度、指挥和控制的系统软件。

② 个人计算机操作系统。根据同一时间段内使用计算机用户的多少，操作系统又可以分为单用户操作系统和多用户操作系统，单用户操作系统是指一台计算机在同一时间段内只能由一个用户使用，一个用户独自享用系统的全部硬件和软件资源。如果在同一时间段内允许多个用户同时使用计算机，则称为多用户操作系统。

另外，如果用户在同一时间段内可以运行多个应用程序（每个应用程序被称作一个任务），则这样的操作系统称为多任务操作系统。如果用户在同一时间段内只能运行一个应用程序，则对应的操作系统称为单任务操作系统。

个人计算机操作系统是单用户操作系统。个人计算机操作系统主要供个人使用，功能强、价格低，可以在几乎任何地方安装使用，能满足一般人工作、学习、游戏等方面的需求。早期的 DOS 操作系统是单用户单任务操作系统。Windows XP、Windows 7、Windows 10 等则是单用户多任务操作系统。

③ 网络操作系统。网络操作系统是基于计算机网络的，是在各种计算机操作系统上按网络体系结构协议标准开发的系统软件，包括网络管理、通信、安全、资源共享和各种网络应用，其目标是实现网络通信及资源共享。比如：Windows Server 2003、Windows Server 2008、Windows Server 2012、红帽（RedHat）Linux、红旗（Red Flag）Linux、UNIX 等都是网络操作系统。

④ 分布式操作系统。通过高速互联网络将许多台计算机连接起来形成一个统一的计算机系统，可以获得极高的运算能力及广泛的数据共享，这种系统被称作分布式系统（Distributed System），它具有统一性、共享性、透明性、自治性等特征。

2.2 构建学习实验环境——虚拟机

虚拟机（Virtual Machine）是指通过软件模拟的具有完整硬件系统功能的、运行在一个完全隔离环境中的完整计算机系统。

虚拟系统通过生成现有操作系统的全新虚拟镜像，它具有与真实操作系统完全一样的功能，进入虚拟系统后，所有操作都是在这个全新的独立的虚拟系统里面进行，可以独立安装、运行软件，保存数据，拥有自己独立的桌面，不会对真正的系统产生任何影响，而且具有能够在现有系统与虚拟镜像之间灵活切换的功能。

为了学习的方便，一般在真实的操作系统上安装虚拟机软件，然后在虚拟机软件里面安装各种各样的操作系统及应用程序。这样操作都在虚拟系统中进行，即使破坏性的操作也不会对真实的操作系统造成影响。

虚拟机的部署不仅为研究、学习提供了方便，而且为了管理方便与隔离故障，在现实的生产环境中都要部署虚拟机软件。虚拟机已经成为现今网络中必不可少的软件之一。

在此小节中，主要了解虚拟机软件的种类，学会虚拟机的安装与虚拟机的工作模式，学会利用虚拟机软件搭建学习研究的环境。掌握虚拟机软件中操作系统的安装。掌握虚拟机中操作系统与真实环境的连接通信方法。理解虚拟机的工作原理。熟悉虚拟机软件的基本操作。

1. 虚拟机软件

当前流行的虚拟机软件有 VMware（VMware ACE）、Virtual Box 和 Virtual PC，它们都能在 Windows 系统上虚拟出多个计算机。

（1）VMware 工作站（VMware Workstation）

VMware 工作站（VMware Workstation）是 VMware 公司销售的商业软件产品之一。该工作站软件包含一个用于与英特尔 x86 相容电脑的虚拟机套装，其允许用户同时创建和运行多个 x86 虚拟机。每个虚拟机实例可以运行自己的客户端操作系统，如（但不限于）Windows、Linux、BSD 等操作系统。用简单术语描述就是，VMware 工作站允许一台真实的电脑在一个操作系统中同时开启并运行多个操作系统。VMware Workstation 是需要付费的软件。

（2）Oracle VirtualBox

Oracle VirtualBox 是由德国 InnoTek 软件公司出品的虚拟机软件，现在则由甲骨文公司进行开发，是甲骨文公司 xVM 虚拟化平台技术的一部分。它提供用户在 32 位或 64 位的 Windows、Solaris 及 Linux 操作系统上虚拟其他 x86 的操作系统。用户可以在 VirtualBox 上安装并且运行 Solaris、Windows、DOS、Linux、OS/2 Warp、OpenBSD 及 FreeBSD 等系统作为客户端操作系统。

相对来说，VMware Workstation 产品功能丰富，稳定性较佳，适合稳定性要求高的用户使用；而 VirtualBox 在用户体验方便稍有不足，VMware Workstation 使用向导界面即可完成的克隆、压缩等操作，VirtualBox 需要调用命令行完成。毕竟 VMware Workstation 是需要付费软件，而 VirtualBox 是免费的开源软件。

2. 虚拟机 VMware Workstation10.0 的安装

首先在网上下载 VMware Workstation 10.0 的安装包，然后单击 VMware-workstation-full-10.0.1-1379776.exe 文件开始安装。出现如图 2.2.1 所示的 VMware Workstation 安装界面，等待几秒钟出现如图 2.2.2 所示的 VMware Workstation 安装向导。

图 2.2.1　VMware Workstation 安装界面

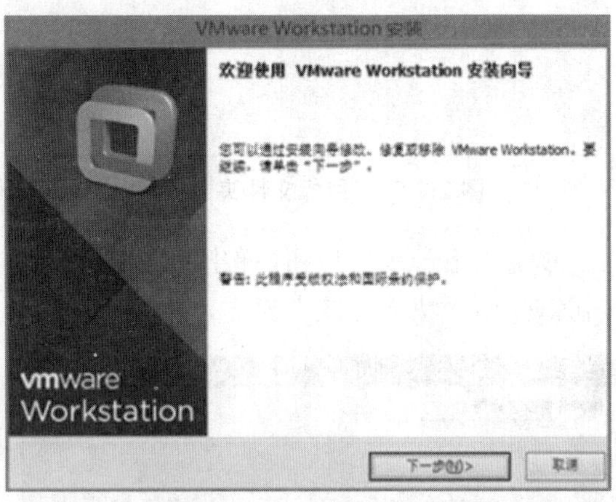

图 2.2.2　VMware Workstation 安装向导

单击“下一步”按钮，选择“我接受许可协议中的条款”单选按钮，“许可协议”界面如图 2.2.3 所示。

单击“下一步”按钮，弹出“安装类型”界面，如图 2.2.4 所示，选择“典型”方式进行安装。单击“下一步”按钮，弹出“目标文件夹”界面，如图 2.2.5 所示，单击“更改”按钮，更改安装虚拟机的默认路径。单击“下一步”按钮，弹出“软件更新”界面，如图 2.2.6 所示，根据实际情况进行设置。

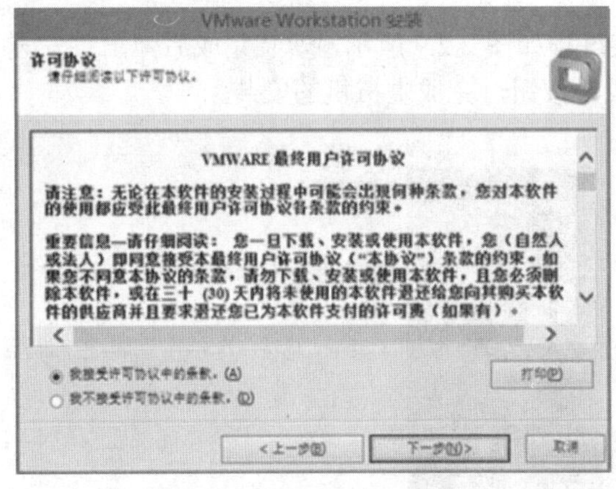

图 2.2.3 “许可协议”界面

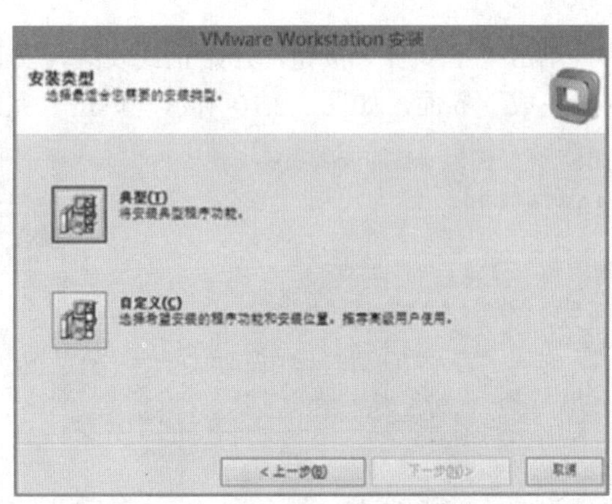

图 2.2.4 “安装类型”界面

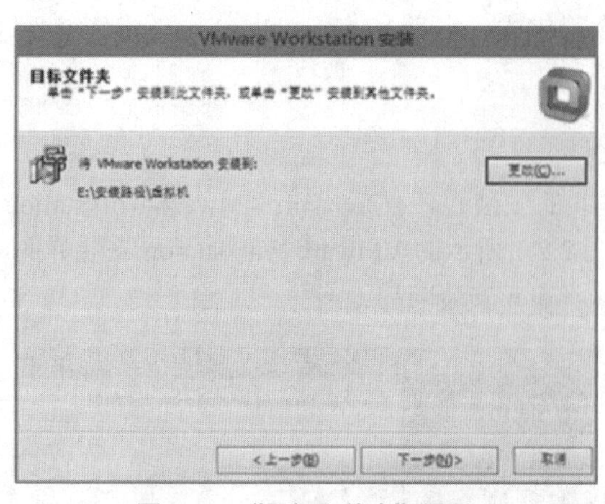

图 2.2.5 “目标文件夹”界面

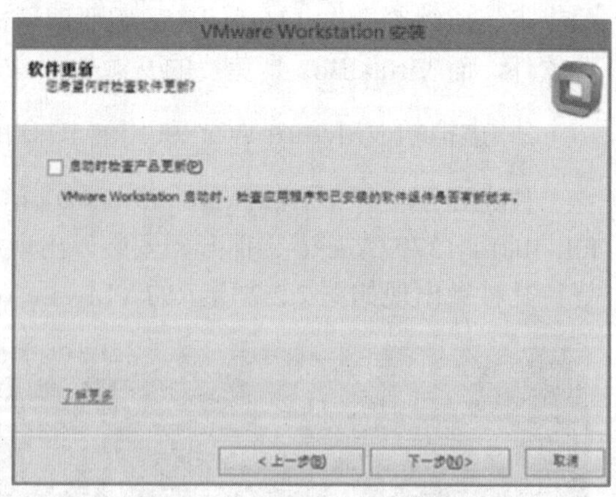

图 2.2.6 “软件更新”界面

单击“下一步”按钮，弹出“用户体验改进计划”界面，如图 2.2.7 所示。单击“下一步”按钮，弹出“快捷方式”界面，如图 2.2.8 所示，选择需要创建快捷方式的位置。

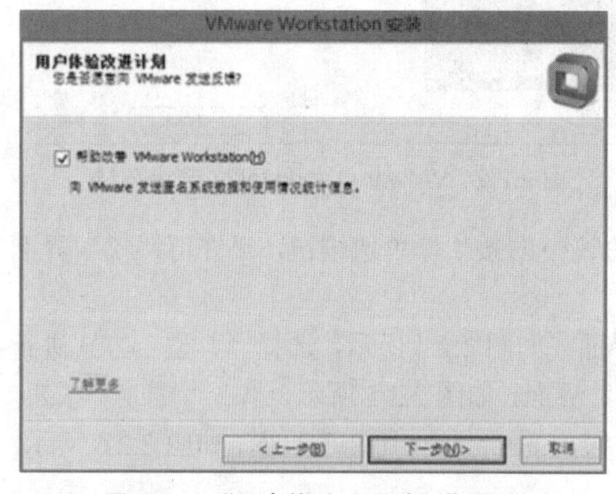

图 2.2.7 “用户体验改进计划”界面

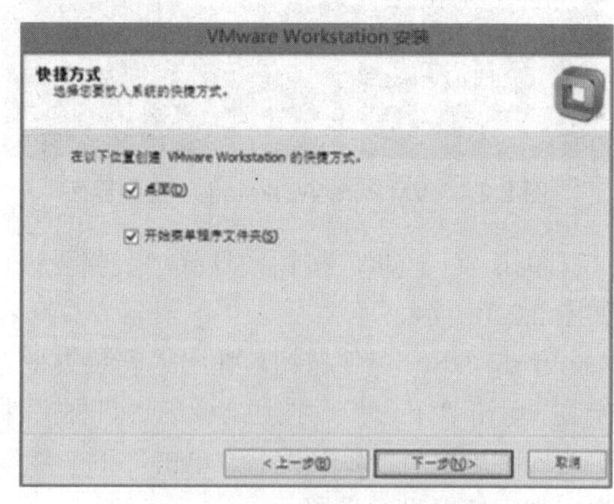

图 2.2.8 “快捷方式”界面

单击“下一步”按钮，开始正式安装，安装过程如图 2.2.9 所示，安装完成后弹出“安装向导完成”界面，如图 2.2.10 所示，单击“完成”按钮，完成虚拟机的安装。

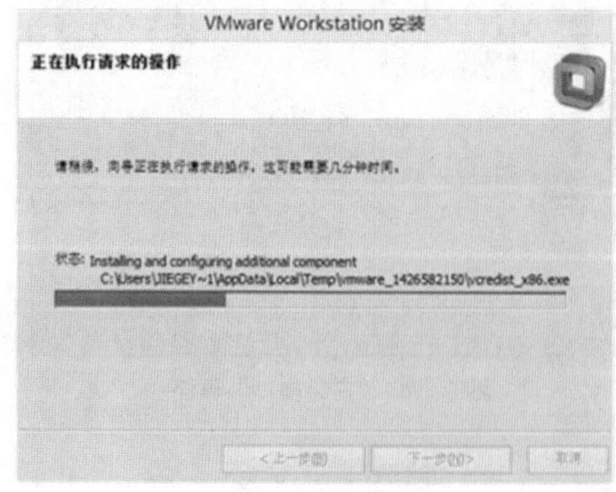

图 2.2.9 安装过程

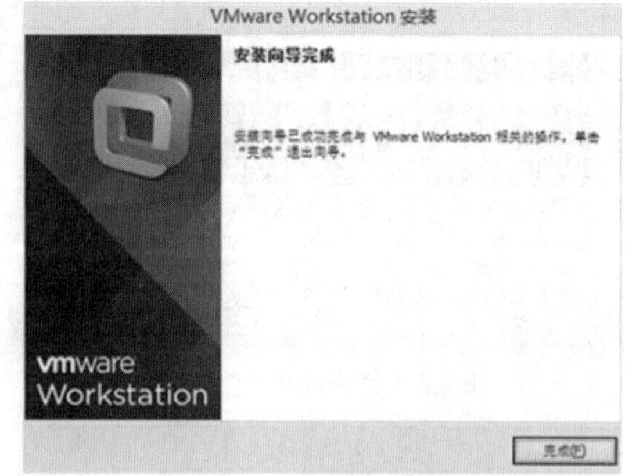

图 2.2.10 “安装向导完成”界面

安装完成后在桌面会出现 VMware Workstation 的快捷方式图标，双击打开 VMware Workstation 10 可以看到它的主窗口，如图 2.2.11 所示。

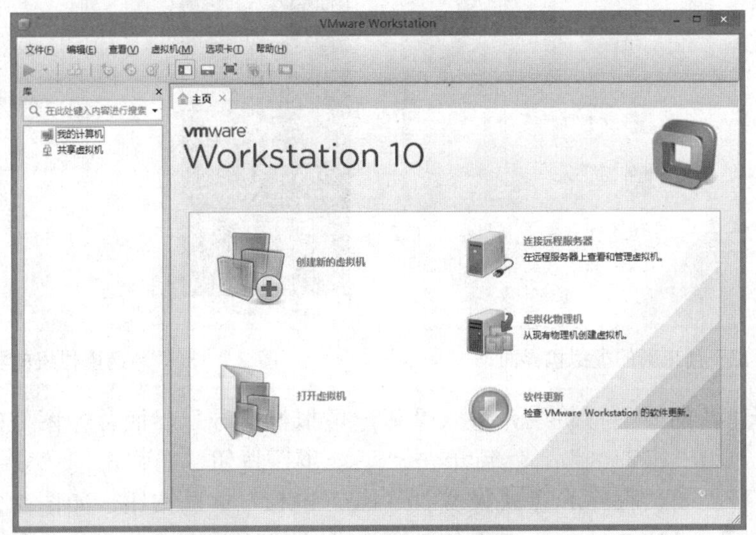

图 2.2.11 VMware Workstation10 主窗口

3. 安装 Windows 7 操作系统

Windows 7 旗舰版属于微软公司开发的 Windows 7 操作系统系列中的功能最高级的版本，也被叫作终结版本，是为了取代 Windows XP 和 Windows vista 等老系统的新系统，Windows 7 操作系统的版本还有简易版、家庭普通版、家庭高级版、专业版、企业版等，而且旗舰版是所有 Windows 7 系统中是最贵的（正版系统）也是功能最完善的系统。拥有 Windows 7 Home Premium 和 Windows 7 Professional 及 Windows 7 enterprise 的全部功能，硬件要求与 Home Premium 和 Professional、enterprise 等其他 Windows 7 版本基本相同，没有太大差距。

Windows 8 是微软面向平板电脑及触摸屏设备设计的一款系统，其对电脑的配置要求基本和 Windows 7 32 位与 64 位一样，甚至还可以略低于 Windows 7 系统所要求的配置。但此系统初上市口碑就不高，Windows 8 的命运跟 Windows Vista 一样，很快退出历史舞台，微软已经不提供支持。

Windows 10 其实可以看作 Windows 7 和 Windows 8 的融合升级版，Windows 10 解决了 Windows 8 没有开始菜单的尴尬，回归的开始菜单和 Windows 7 很像，并改进升级 Windows 7，加入了贴片功能。此外，Windows 10 界面融合了 Windows 8 精美特性，依旧保持了开始屏幕界面，触摸设备或者平板电脑也可以轻松使用。此外，Windows 10 还采用了新的压缩技术，比 Windows 7 更节省空间，除此外 Windows 10 还内置了最新的 Dircctx 12，可以带来更好的游戏体验。不过 Windows 10 作为新一代系统，很多软件和游戏的兼容性，包括 DirectX 12 支持，都还需要等待微软与游戏厂商优化改进，总的来说，Windows 10 要比之前的系统性能都好，不过 Windows 10 初期可能会出现很多兼容性问题，建议大家耐心等待。

基于以上多种原因，本书采用 Windows 7 操作系统作为讲解的对象，下面将一步步带领大家在虚拟机中安装 Windows 7 操作系统，打开虚拟机软件，创建新的虚拟机界面如图 2.2.12 所示。

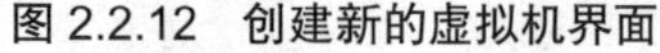

图 2.2.12　创建新的虚拟机界面

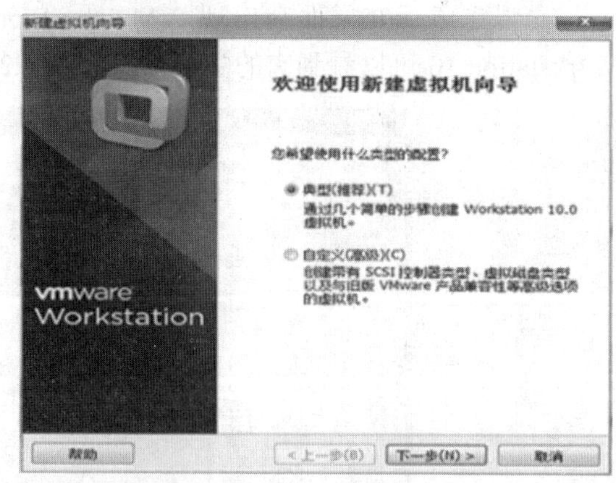

图 2.2.13　“新建虚拟机向导”界面

单击“创建新的建虚拟机”，进入“新建虚拟机向导”界面，如图 2.2.13 所示，配置类型选择“典型（推荐）”，然后单击“下一步”按钮。在弹出的“安装客户端操作系统”界面选择“安装程序光盘映像文件（iso）（M）”单选按钮，如图 2.2.14 所示，单击“浏览”按钮，找到 Windows 7 系统映像文件，然后单击“下一步”按钮。弹出“选择客户端操作系统”界面，如图 2.2.15 所示，选择要安装的操作系统“Microsoft Windows”单选按钮，然后在“版本”下拉菜单中选择“Windows 7”选项，然后单击“下一步”按钮。

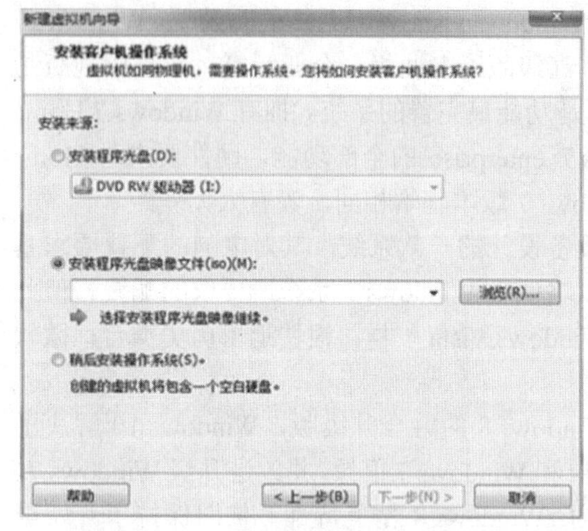

图 2.2.14　“安装客户端操作系统”界面

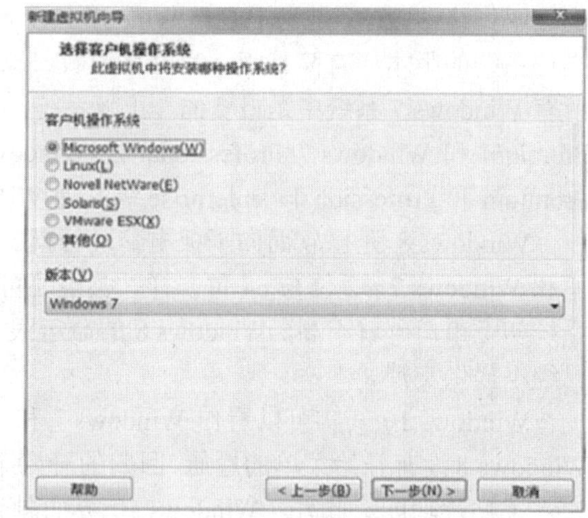

图 2.2.15　“选择客户端操作系统”界面

在弹出的“命名虚拟机”界面，为新建的虚拟机命名，以及选择虚拟机文件的存放路径，如图 2.2.16 所示，然后单击“下一步”按钮。在弹出的“指定磁盘容量”界面，设置最大磁盘大小，以及虚拟磁盘文件的存放形式，如图 2.2.17 所示，真实机安装 Windows 7 系统，C 盘（系统盘）建议大小为 60GB，在虚拟机中安装 Windows 7 系统 C 盘大小为 10GB 左右即可。

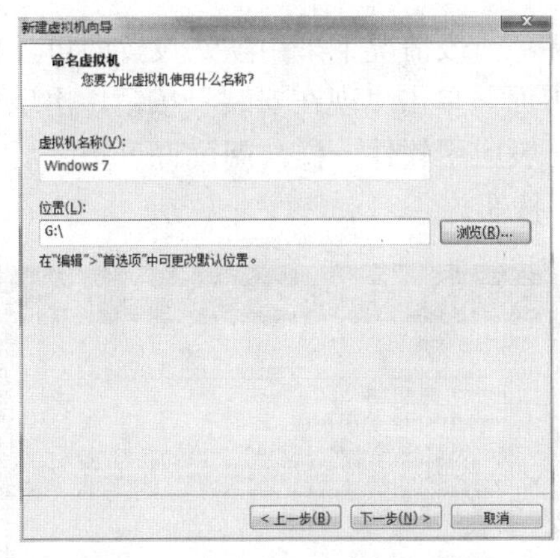

图 2.2.16 “命名虚拟机”界面

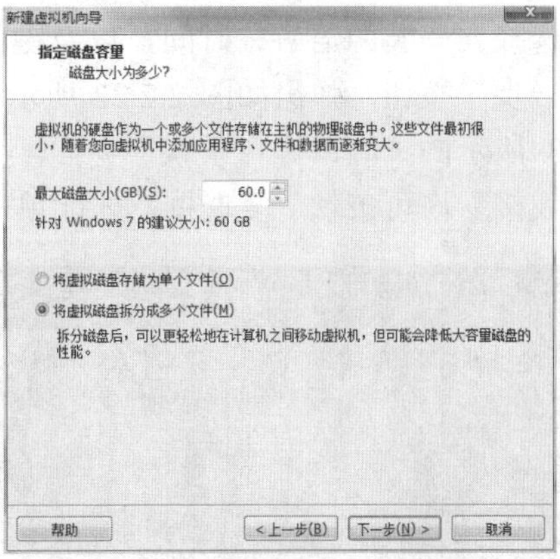

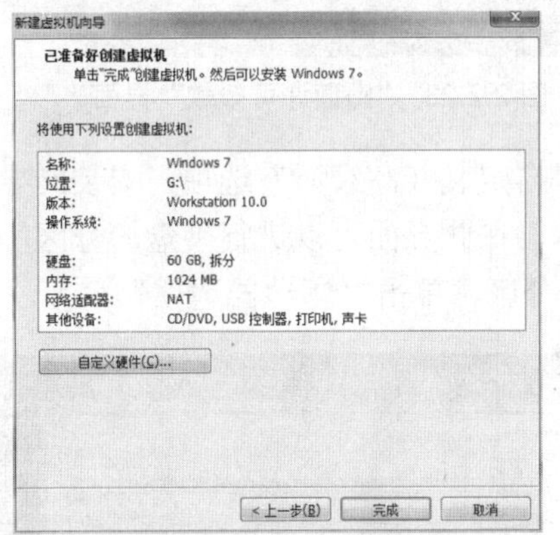

图 2.2.17 “指定磁盘容量”界面

单击“下一步”按钮，弹出“已准备好创建虚拟机”界面，如图 2.2.18 所示，完成虚拟机的设置向导。单击“完成”按钮，出现 Windows 7 虚拟机硬件清单界面，如图 2.2.19 所示。

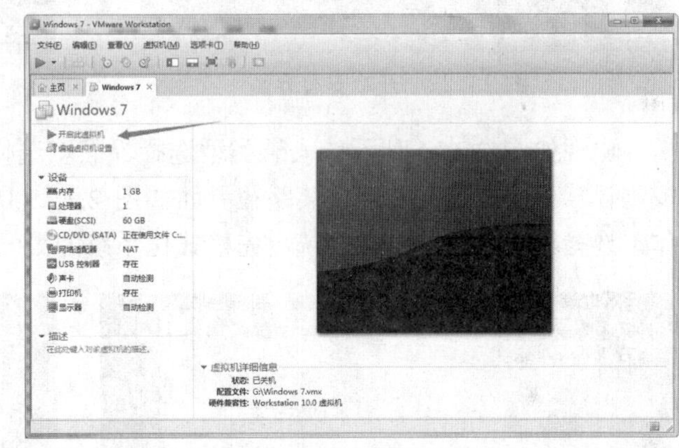

图 2.2.18 “已准备好创建虚拟机”界面

图 2.2.19 Windows 7 虚拟机硬件清单界面

如果对新建的虚拟机硬件配置不满意，如内存、处理器等，可以在图 2.2.19 中单击左侧“编辑虚拟机设置”选项，对新建的虚拟机进行设置，调整虚拟机配置界面如图 2.2.20 所示。编辑虚拟机的硬件以后，单击“开启此虚拟机”开始安装 Windows 7 系统，Windows 7 安装界面如图 2.2.21 所示。

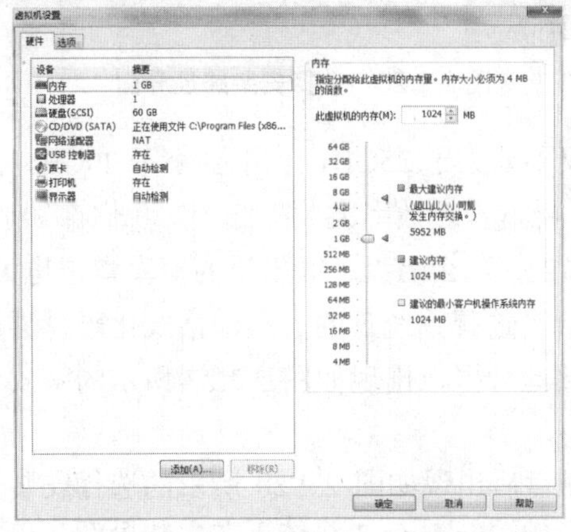

图 2.2.20 调整虚拟机配置界面

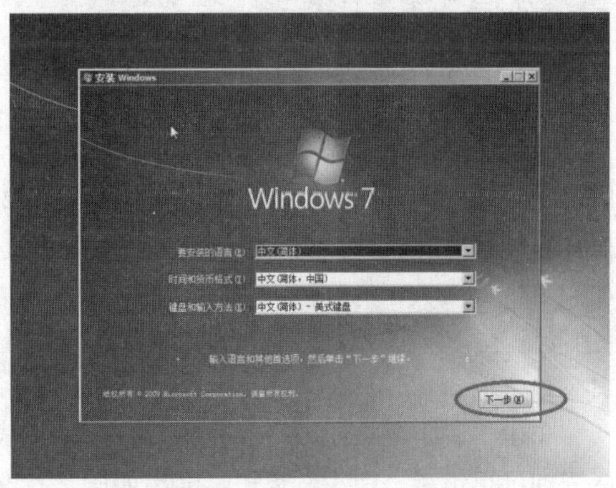

图 2.2.21 Windows 7 安装界面

选择要安装的语言、时间，以及键盘等基本信息，一般情况下采用默认设置即可，单击“下一步”按钮，弹出如图 2.2.22 所示的开始安装界面。单击“现在安装”按钮，出现如图 2.2.23 所示的“阅读许可条款”界面。就如同安装一般应用软件一样，阅读许可条款后，选择“我接受许可条款”复选框，才能单击“下一步”按钮。

图 2.2.22　开始安装界面

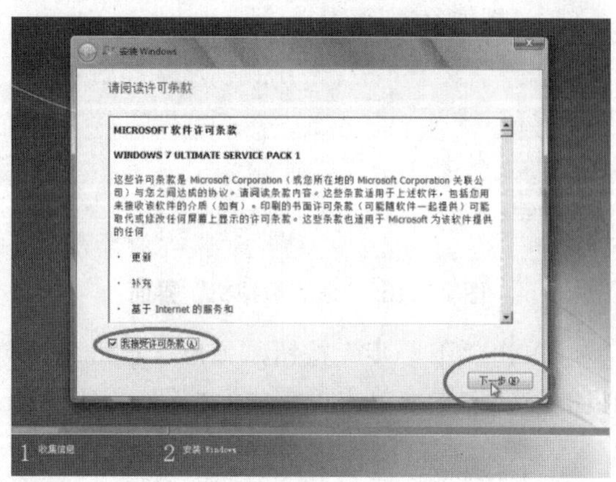

图 2.2.23　“阅读许可条款”界面

出现如图 2.2.24 所示的安装类型选择界面。选择“自定义（高级）”选项，安装向导将找到计算机的硬盘，选择安装路径界面如图 2.2.25 所示，在此界面可以进行硬盘的分区等操作，选择第一个分区安装系统，先格式化系统的第一个分区，单击“驱动器选项”。

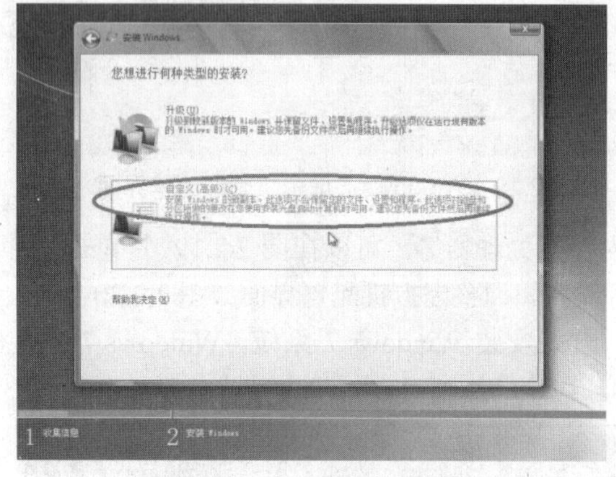

图 2.2.24　安装类型选择界面

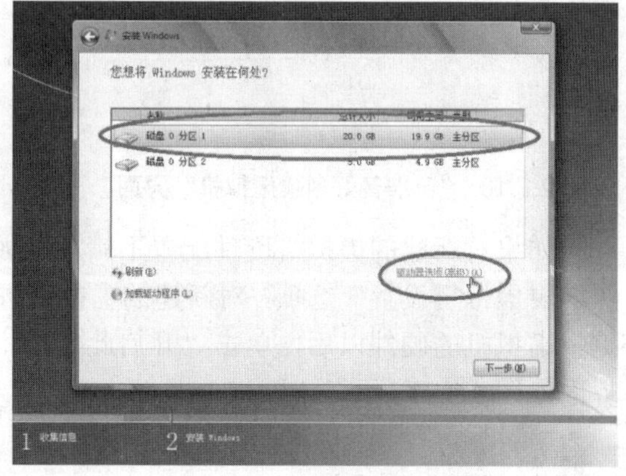

图 2.2.25　选择安装路径界面

安装 Windows 7 系统应留有 20GB 的空间。建议不要大于 25GB，也不要小于 20GB，原因是小于 20GB 会把系统装成精简版，而大于 25GB 磁盘管理效率大大降低了。我们都知道，操作系统是计算机的灵魂，系统盘的读写次数是最多的，那么磁盘扇区出错的概率肯定也大，如果系统盘太大，进行磁盘管理时费时多，所以要恰当选择系统盘的大小，格式化磁盘界面如图 2.2.26 所示。单击“格式化”按钮，准备格式化此分区，出现如图 2.2.27 所示的格式化风险提示框。

单击“确定”按钮，格式化磁盘分区，格式化磁盘后出现如图 2.2.28 所示的选择安装分区界面。单击“下一步”按钮，弹出如图 2.2.29 所示的 Windows 7 系统正在安装界面，正式开始系统文件的安装复制过程。注意以上的几步都是针对分区 1（一般是电脑的 C 盘）进行操作，如果你对其他的磁盘格式化，结果就是磁盘内存储文件不见了，所以在格式化磁盘的时候需谨慎操作。

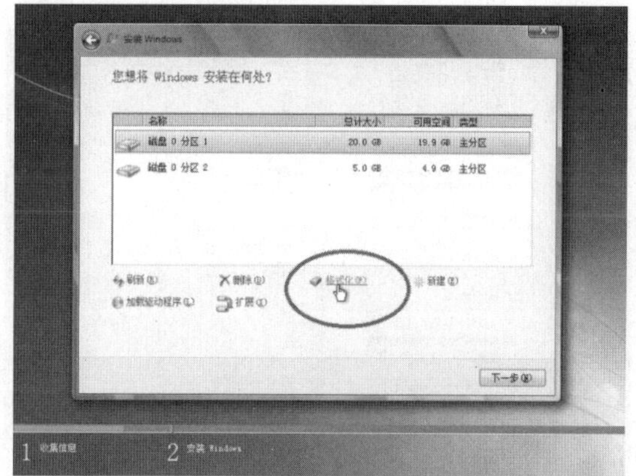

图 2.2.26　格式化磁盘界面

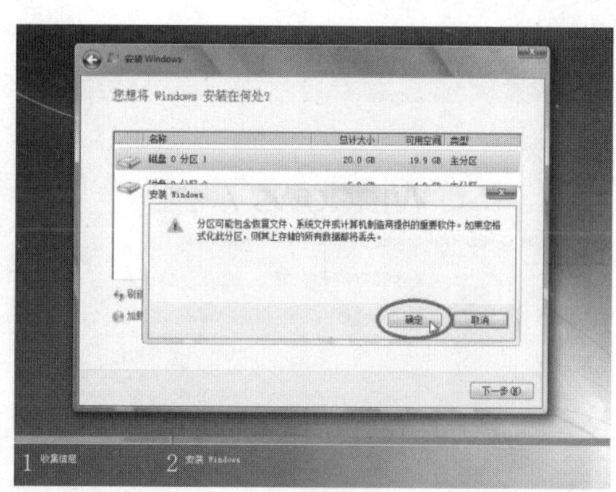

图 2.2.27　格式化风险提示框

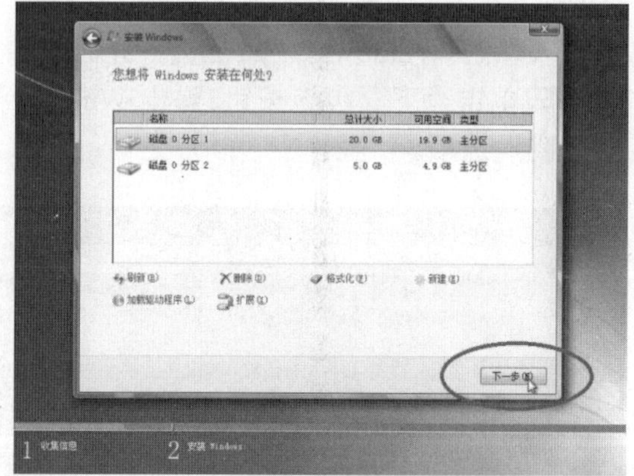

图 2.2.28　选择安装分区界面

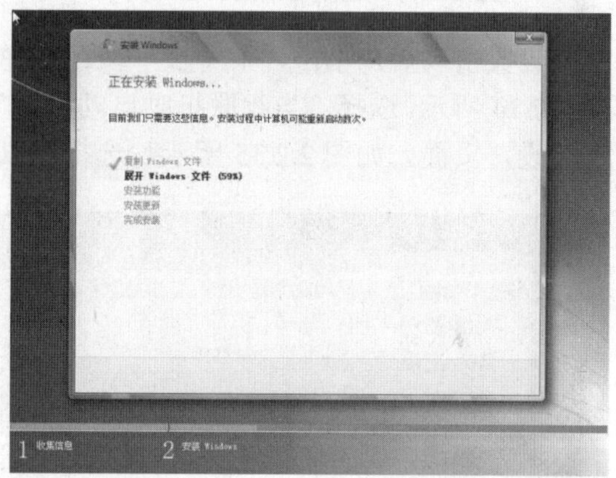

图 2.2.29　Windows 7 系统正在安装界面

等待几十分钟的时间，系统会自动完成安装且自动重启两次，如图 2.2.30 和 2.2.31 所示。此过程不需要人为干预即可完成。

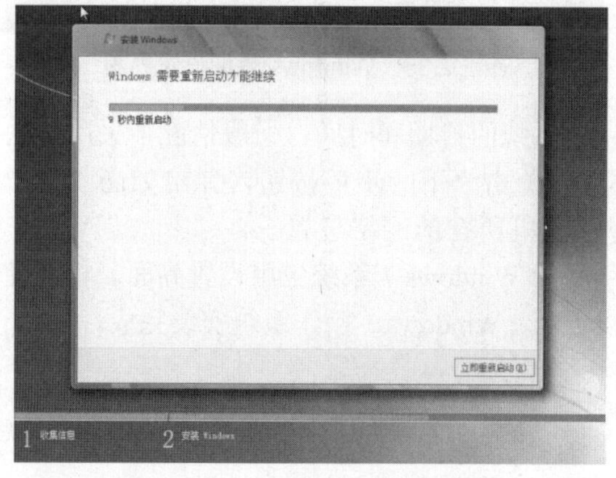

图 2.2.30　第一次自动重启界面

图 2.2.31　第二次自动重启界面

第三次重启后，弹出如图 2.2.32 所示的初始化系统设置界面，在此界面设置一个普通用户的用户名，设置完成后，单击“下一步”按钮，设置用户的密码及密码提示，密码设置界面如图 2.2.33 所示。

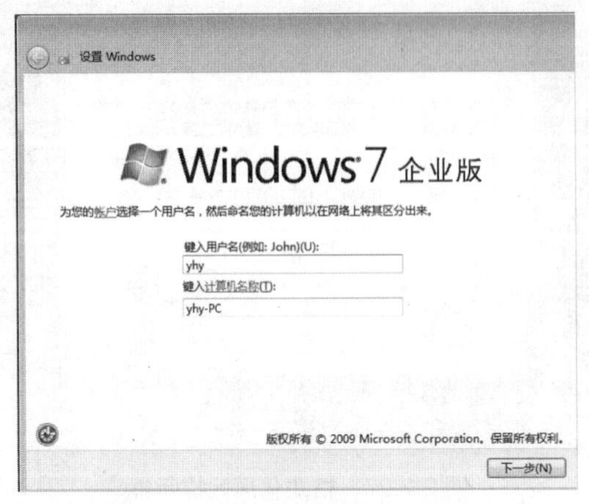

图 2.2.32　初始化系统设置界面

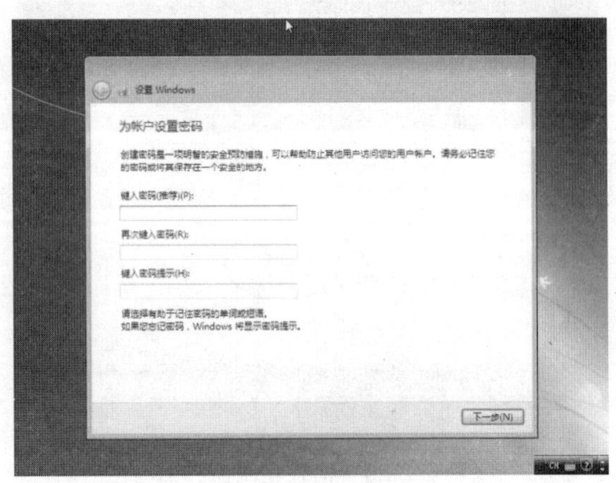

图 2.2.33　密码设置界面

设置密码后，单击“下一步”按钮，弹出“输入您的 Windows 产品密钥”界面，如图 2.2.34 所示。选择“当我联机时自动激活”复选框，单击“下一步”按钮。弹出 Windows 性能设置页面，如图 2.2.35 所示，选择“以后询问我”选项。

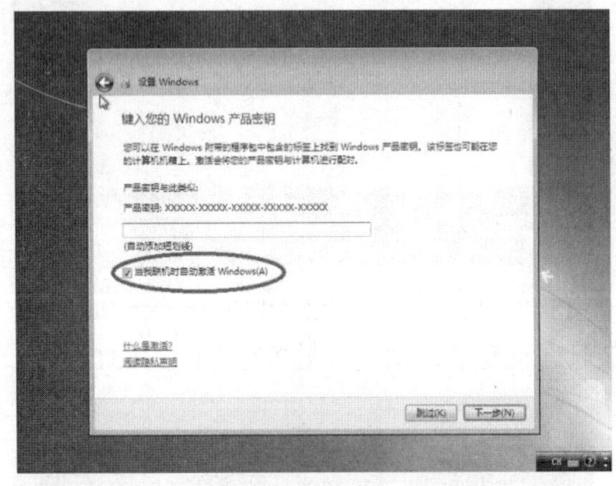

图 2.2.34　“输入您的 Windows 产品密钥”界面

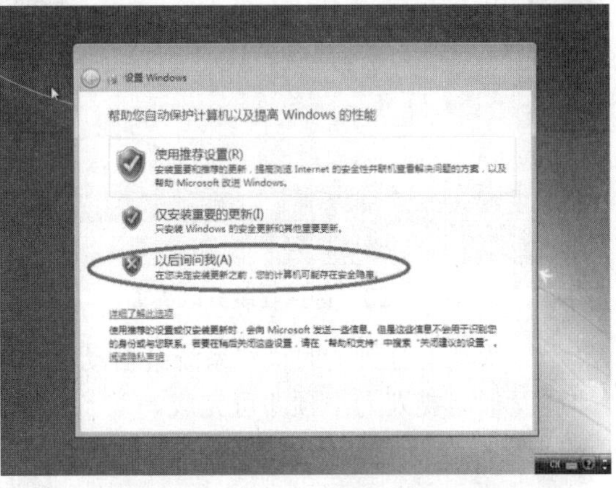

图 2.2.35　Windows 性能设置界面

在弹出的“查看时间和日期设置”界面，设置系统的日期和时间，一般情况下采用默认设置即可，如图 2.2.36 所示。确认日期和时间后，单击“下一步”按钮，弹出如图 2.2.37 所示的选择当前位置界面，根据实际情况选择计算机所在的网络位置。

选择“公用网络”选项，出现如图 2.2.38 所示的 Windows 7 系统应用设置界面。稍等几秒钟，系统进入桌面，系统登录桌面如图 2.2.39 所示，Windows 7 操作系统安装完成。

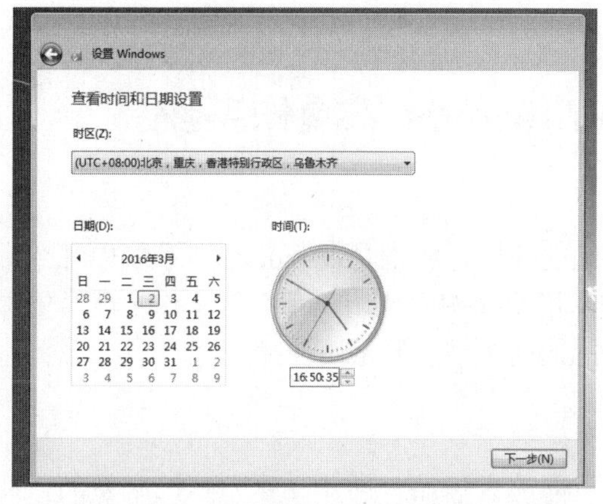

图 2.2.36 “查看时间和日期设置”界面

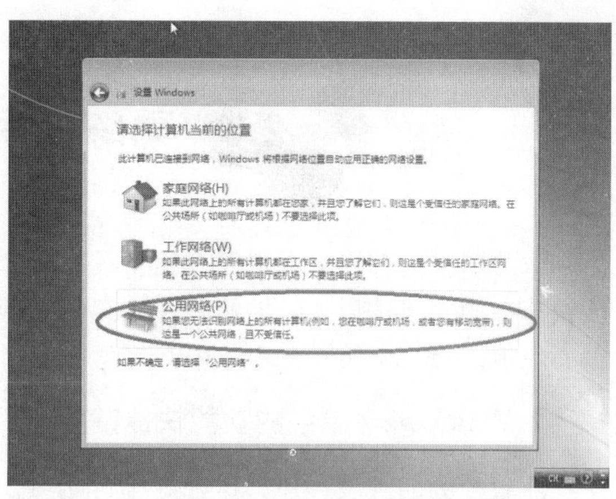

图 2.2.37 选择当前位置界面

图 2.2.38 Windows 7 系统应用设置界面

图 2.2.39 系统登录桌面

安装完成的 Windows 7 桌面只有一个回收站，右击选择最下方“个性化”设置菜单，弹出如图 2.2.40 所示的个性化设置界面，单击“更改桌面图标”按钮，弹出如图 2.2.41 所示的桌面图标设置界面，选择需要在桌面上显示的图标。

图 2.2.40 个性化设置界面

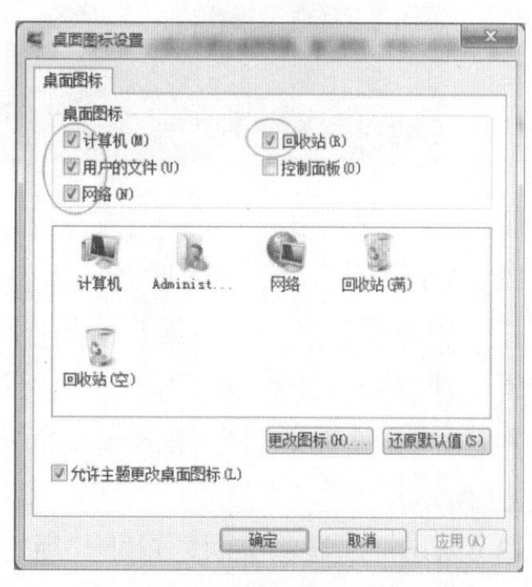

图 2.2.41 桌面图标设置界面

2.3 熟练使用 Windows 7 操作系统

本节要求读者能基本掌握 Windows 7 操作系统的使用，特别是 Windows 7 系统中几个常用快捷键的使用技巧。如果熟悉 Windows 7 系统常用快捷键的使用，那么在工作中就会更加得心应手，挥洒自如。在本节中，将学习使用 Windows 7 系统的常用快捷键。

1. Windows 7 系统的功能快捷键

随着社会的发展，计算机已经不再是可望不可即的奢侈品，而是千家万户的必备品，而输入则成了每个人的必备技能。现在大多数电脑都是 Windows 7 系统，有些操作使用鼠标很麻烦，相反使用快捷键就简单多了，掌握这些快捷键，让你与众不同，能提高工作效率，让你变成电脑达人。

（1）Ctrl +滚轮，放大或缩小图标

拨动鼠标中间的滚轮向前放大图标，向后缩小图标。有兴趣的朋友不妨用左手按住 Ctrl 键，用右手拨动鼠标中间的滚轮，注意观察图标的变化，桌面图标变化效果图如图 2.3.1 所示。

图 2.3.1　桌面图标变化效果图

（2）Win +E 打开资源管理器

打开资源管理器，这是最常用的操作。我们进行文件管理，要找出已知位置的文件并进行编辑处理就要打开资源管理器，使用这个方法是十分方便的；当然也可以用鼠标直接单击任务栏的“资源管理器”图标或桌面上的“我的电脑”图标，打开的资源管理器界面如图 2.3.2 所示。

（3）Win + D 显示桌面，最小化所有窗口

当正在工作中需要临时打开另一个程序或文件时，左手按一下 Win+D 快捷键组合，立即在眼前呈现一个清爽的桌面。

图 2.3.2　打开的资源管理器界面

（4）Alt+Tab 在多个应用程序间切换

在打开的多个应用程序间可选择并切换（Alt+Esc 在打开的应用程序间切换）。当我们同时打开几个窗口或应用程序时，这两个快捷键组合绝对方便，应用程序切换效果图如图 2.3.3 所示。

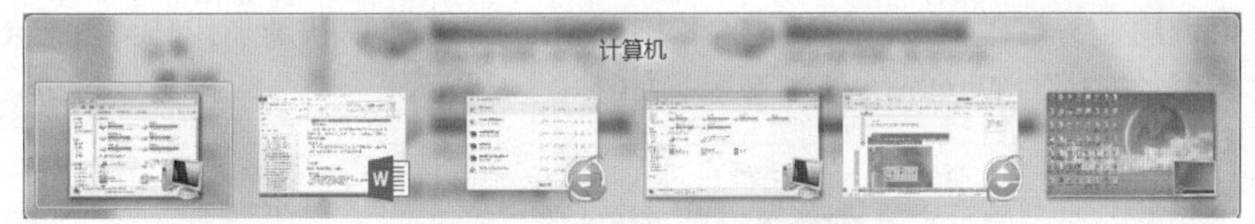

图 2.3.3　应用程序切换效果图

（5）Win +L 锁定计算机，回到登录窗口

当需要离开计算机而不关机情况下，不妨试试这个快捷键组合。

（6）快速切换 3D 窗口

Windows 7 系统中，Win+Tab 快捷键可以进行 3D 窗口切换，是比较新颖的切换程序窗口的方法。首先，按住 Win 键，然后按一下 Tab 键并放开 Tab 键，即可在桌面显示已打开的各应用程序 3D 窗口。继续按住 Win 键，每按一次 Tab 键，即可按顺序切换一次程序窗口，直至切换至最上面应用程序为所需程序时，即可放开 Win 键，桌面随之显示该应用程序窗口。切换窗口 3D 效果图如图 2.3.4 所示。

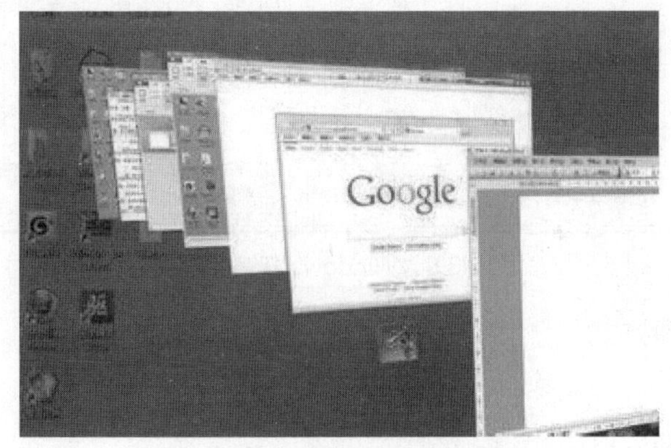

图 2.3.4　切换窗口 3D 效果图

（7）Win+X 启动移动中心

使用快捷键 Win+X，可以快速启用并打开 Windows 移动中心。在 Windows 移动中心，用户可以快速设置显示器亮度、音量、电池状态、显示器、同步中心及演示等方面的功能，Windows 移动中心如图 2.3.5 所示。

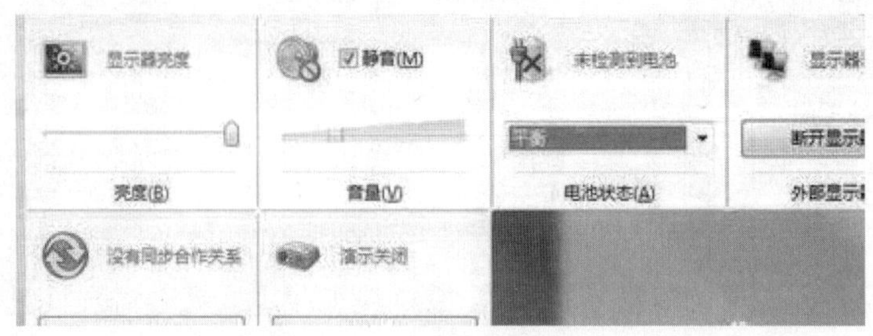

图 2.3.5　Windows 移动中心

（8）Ctrl+Shift+Esc 快调任务管理器

快捷键 Ctrl+Shift+Del 是大家常用的打开任务管理器的快捷组合键，但在 Windows 7 中使用该组合键会多出现一个功能选择界面，可以选择计算机锁定、切换用户、注销、更改密码、启动任务管理器等操作，但无疑增加了用户启动任务管理器的时间。但是，Windows 7 中特别增加一个调用任务管理器的快捷键组合 Ctrl+Shift+Esc，可以快速调用任务管理器，减少任务管理器调用的时间。Windows 任务管理器如图 2.3.6 所示。

图 2.3.6　Windows 任务管理器

2. 常规键盘快捷方式

F1　显示帮助

Ctrl+C　复制选择的项目

Ctrl+X　剪切选择的项目
Ctrl+V　粘贴选择的项目
Ctrl+Z　撤销操作
Ctrl+Y　重新执行某项操作
Delete　删除所选项目并将其移动到“回收站”
Shift+Delete　不先将所选项目移动到“回收站”而直接将其删除
F2　重命名选定项目
Ctrl+向右键　将光标移动到下一个字段的起始处
Ctrl+向左键　将光标移动到上一个字段的起始处
Ctrl+向下键　将光标移动到下一个段落的起始处
Ctrl+向上键　将光标移动到上一个段落的起始处
Ctrl+Shift　选择文本
Shift+任意箭头键　在窗口中或桌面上选择多个项目，或者在文档中选择文本
Ctrl+任意箭头键+空格键　选择窗口中或桌面上的多个单个项目
Ctrl+A　选择文档或窗口中的所有项目
F3　搜索文件或文件夹
Alt+回车　显示所选项的属性
Alt+F4　关闭活动项目或者退出活动程序

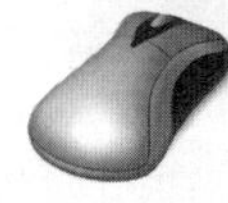

2.4　使用分区软件灵活进行磁盘分区

使用专业的分区软件，打造随心所欲的分区结构，貌似现在很多人在购买电脑的时候磁盘上只有一个 C 盘，一个盘容量就几百个 GB，用系统自带的磁盘管理器无法达到预期的效果；用软件通常要先压缩出未分配空间之后，才能在未分配空间的基础上创建新分区。而切割分区功能省去了以上操作，简单快捷，对于一般用户来说，不需要太多的理解就能够实现想要达到的目标。

1. 下载分区助手软件

在百度搜索“分区助手”关键字，如图 2.4.1 所示。

图 2.4.1　在百度搜索“分区助手”关键字

取消选择“安装百度杀毒确保软件安全”前面的复选框，然后单击“立即下载”按钮。开始下载“分区助手”软件。

2. 安装并运行分区助手软件

下面以分区助手专业版 4.0 为例讲解使用，其他版本使用基本一致，打开分区助手，可以看到磁盘情况如图 2.4.2 所示。

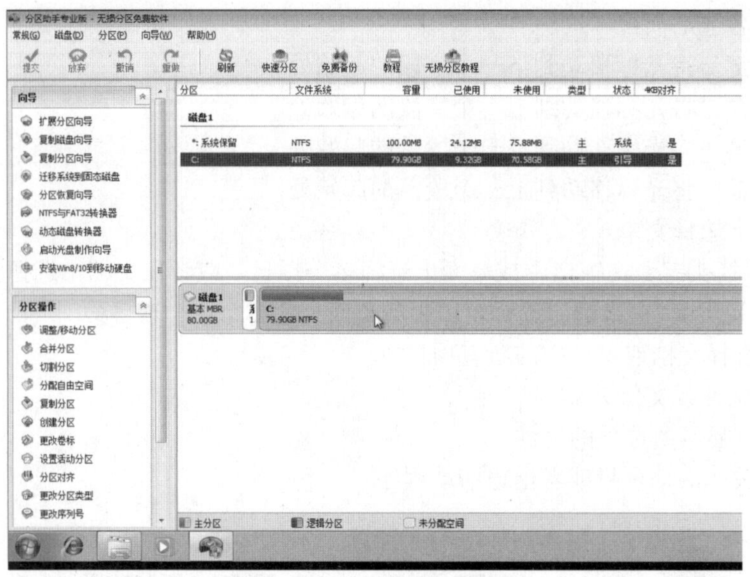

图 2.4.2 磁盘情况

从图 2.4.2 可以看到磁盘 1 上只有一个分区 C，容量约 80GB，没有更多的分区。下面就在 C 盘的基础上快速创建三个新的分区，在图 2.4.2 中选择 C 盘，右击，选择“切割分区”选项，如图 2.4.3 所示：

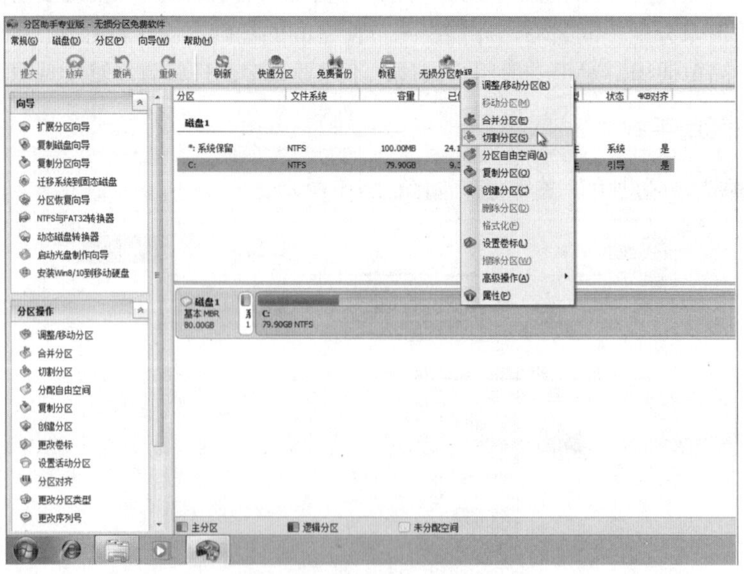

图 2.4.3 “切割分区”选项

切割分区如图 2.4.4 所示，在切割过程中可以调整切割分区的大小，直到满意为止，如果不调整，默认是对分区的未使用空间进行等分切割。

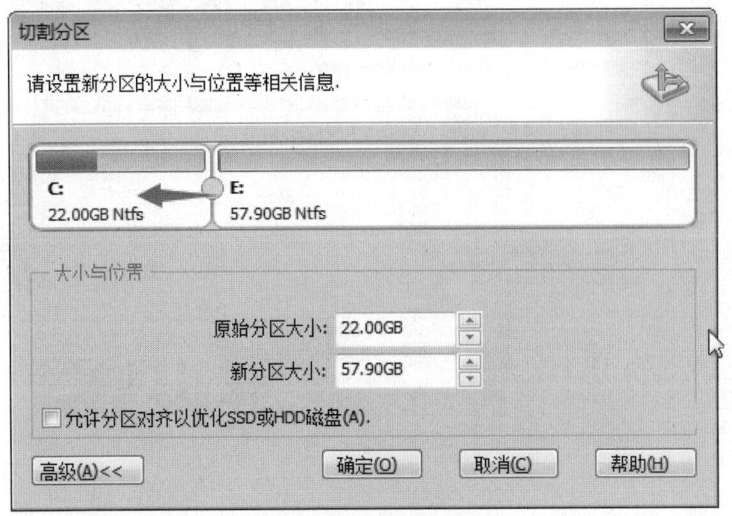

图 2.4.4 切割分区

切割的分区如图 2.4.5 所示，三次连续切割以后磁盘 1 上已经建立了 E、F、H 三个新的分区。

分区	文件系统	容量	已使用	未使用	类型	状态	4KB对齐
磁盘1							
*: 系统保留	NTFS	100.00MB	24.12MB	75.88MB	主	系统	是
C:	NTFS	22.00GB	9.32GB	12.68GB	主	引导	是
E:	NTFS	14.12GB	66.25MB	14.06GB	主	无	是
F:	NTFS	19.07GB	65.81MB	19.01GB	逻辑	无	
G:	NTFS	24.71GB	65.21MB	24.65GB	逻辑	无	是

磁盘1 基本 MBR 80.00GB | C: 22.00GB NTFS | E: 14.12GB NTFS | F: 19.07GB NTFS | G: 24.71GB NTFS

图 2.4.5 切割的分区

提交以上操作，单击工具栏的“提交”按钮，在弹出的“等待执行的操作”窗口中单击“执行”按钮，如图 2.4.6 所示，操作过程中可能要重启电脑，单击“是”按钮，让程序在重启模式下完成这些等待执行的操作。

当拆分非系统分区时，不必重启，但是当前被拆分的分区上有程序正在运行时，单击“执行”按钮后会弹出提示关闭正在这个分区上运行的程序，单击“重试”按钮，可以关闭当前正在运行的程序，完成磁盘分割后的界面，如图 2.4.7 所示。

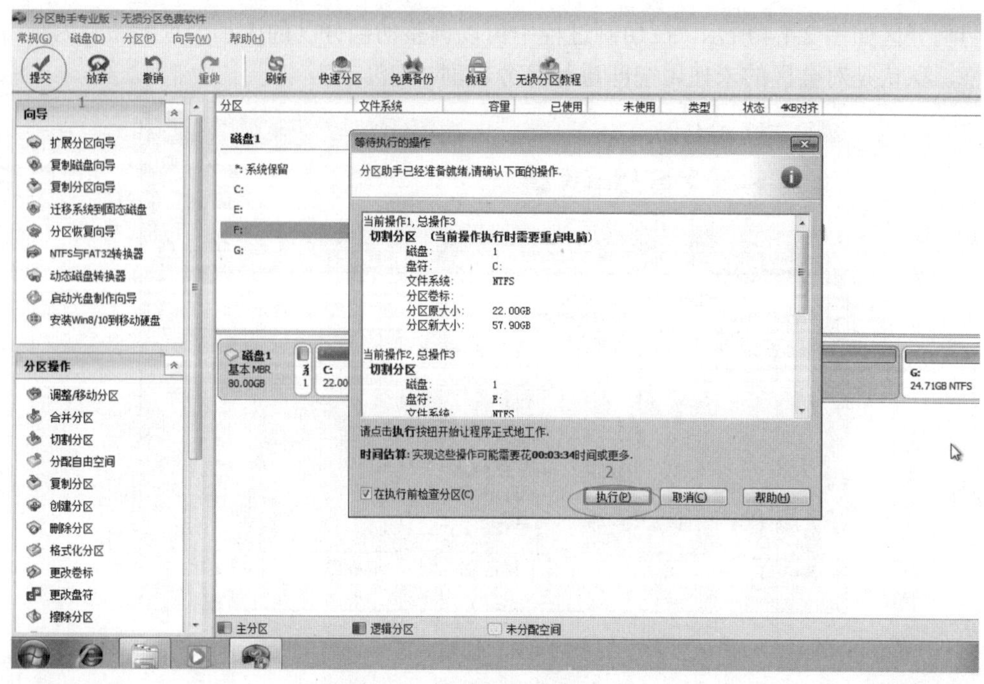

图 2.4.6 “等待执行的操作”窗口

图 2.4.7 完成磁盘分割后的界面

【课后练习】

1. 什么是操作系统？操作系统主要有哪些特性？
2. 操作系统的主要功能有哪些？主要有哪些类型？
3. 谈谈目前的几种主流操作系统。
4. 安装 Windows 7 系统时，系统创建了哪几个用户账户？
5. Windows 应用程序的主窗口由什么构成？
6. 打开“文件夹选项”对话框，认识其中的控件。
7. Windows 应用程序的主窗口由什么构成？
8. 什么是 Windows 桌面？如何将任务栏隐藏？
9. 什么是快捷方式，怎样在任务栏上建立一个应用程序的快捷方式？
10. 什么是文件？什么是文件夹？

11. Windows 7 中自带了哪些中文输入法？怎样添加一种输入法？

12. 怎样切换输入法，什么是默认输入法？如何设置？

13. Windows 7 中的“记事本”程序和“写字板”程序有什么区别？

14. 利用“画图”程序，将 Windows 7 桌面的“我的电脑”图标保存为一个大小为 32×32 的图像文件。

15. 读一篇文章，并用“录音机”程序录下自己的声音。

16. 在 C 盘根目录下建立两个文件夹，分别命名为 LSH 和 LX，在 LSH 文件夹下新建一个名为 read.txt 的文件，内容自定；用“画图”应用程序在 LX 文件夹下新建一个名为 map.bmp 的图像文件，写出具体的操作步骤。

17. 什么是绿色软件？什么是非绿色软件？两者的主要区别是什么，

18. 能否将自己画的一幅画设为墙纸？具体如何实现？

19. 什么是卷标？快速格式化与完全格式化有什么区别？

20. 如果允许网络中的其他用户使用你的打印机，应该如何设置？

21. 如何设置共享文件夹或驱动器？

22. 设置网络映射驱动器有什么优点？如何进行设置？

第 3 章　计算机网络技术

计算机网络是计算机技术和通信技术紧密结合的产物，它的诞生使计算机的体系结构发生了巨大变化，并在当今社会经济发展中发挥非常重要的作用。本章介绍计算机网络的基础知识，包括计算机网络发展历程、计算机网络的组成、计算机网络的功能与分类、计算机网络的拓扑结构、计算机网络的应用等，使大家对其有大概的认识和了解。

3.1　计算机网络概述

计算机网络，是指将地理位置不同的具有独立功能的多台计算机及其外部设备，通过通信线路连接起来，在网络操作系统、网络管理软件及网络通信协议的管理和协调下，实现资源共享和信息传递的计算机系统。

在此节中，将了解计算机网络的定义及信息传播与交换方式。

1. 计算机网络的定义

学术界对于计算机网络的精确定义目前尚未统一，最简单、直接的定义：计算机网络是一些互相连接的、自治的计算机的集合。它透露计算机网络的三个基本特征：多台计算机；通过某种方式连接在一起；能独立工作。

计算机网络的专业定义：利用通信设备和通信介质将地理位置不同、具有独立工作能力的多个计算机系统互联起来，并按照一定通信协议进行数据通信，以实现资源共享和信息交换为目的的系统。计算机网络如图 3.1.1 所示。

一个完整的计算机网络包括四部分：计算机系统、网络设备、通信介质和通信协议。

- 计算机系统：由计算机硬件系统和软件系统构成，如 PC、工作站和服务器等。
- 网络设备：具有转发数据等基本功能的设备，如中继器、交换机、路由器等。
- 通信介质：通信线路，如同轴电缆、双绞线、光纤等。
- 通信协议：计算机之间通信所必须遵守的规则，如以太网协议、令牌环协议等。

用一条连线将两台计算机连接起来，这种网络没有中间网络设备的数据转发环节，也不存在数据交换等复杂问题，可以认为是最简单的计算机网络。而 Internet 是由数以万计的计算机网络通过网络设备互联而成的，堪称“国际互联网”，它是世界上最大的计算机网络系统。

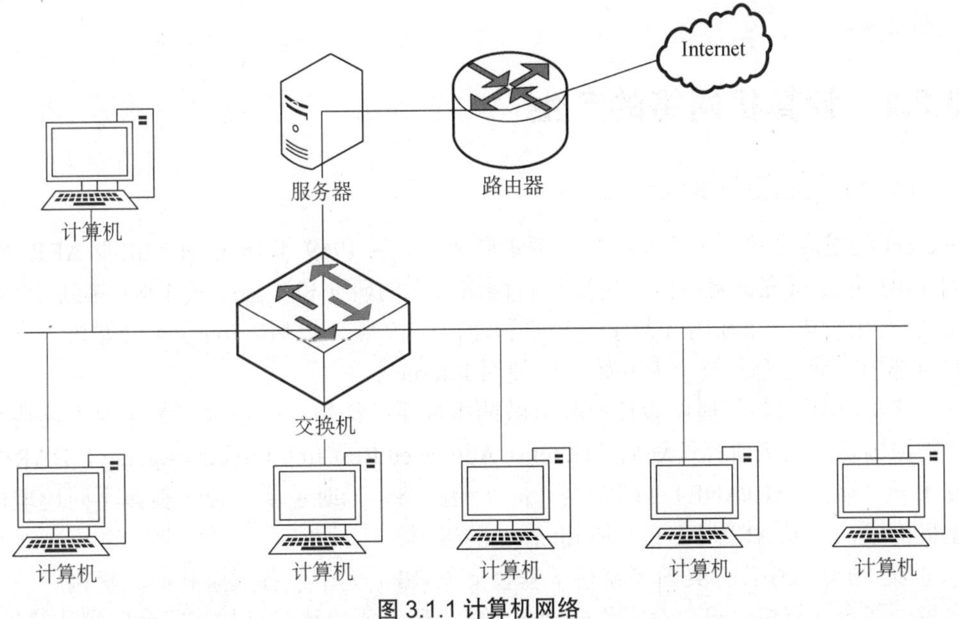

图 3.1.1 计算机网络

2. 信息传播与交换方式

简单地说，计算机网络不过是两台或两台以上的计算机通过某种方式连在一起，以便交换信息。计算机网络与我们平常接触的有线电视网和电话网在信息传播及信息交换方式上又有什么不同呢？

有线电视网是一个单向的、广播式的网络，每个接入用户只能作为接收者被动地接收相同的信息，网络上的两个接入点之间无法进行信息沟通，接入用户无法对整个网络施加影响。这样的网络最简单，最容易管理。

电话网比有线电视网要复杂，它是一个双向的、单播式的网络，每个接入用户既可以接收信息，也可以对外发送信息，不过在同一时间内只能和一个接入用户进行信息交流。接入用户只能对整个网络施加极其有限、微弱的影响，所以在管理上电话网比有线电视网要难一些。

而计算机网络却是一个双向的、多种传送方式并存的网络，每个接入用户可以自由地通过单播、组播和广播三种不同的方式同时与一个或者多个用户进行信息交换，每个接入用户都可以在不同程度上对整个网络施加影响，所以说计算机网络是一个非常明显的、共享性的和协作性的网络。这样的网络最复杂，功能也最强，管理难度也最大，当然也最容易出问题。

3.2 计算机网络的发展历程

尽管电子计算机在20世纪40年代研制成功，但是到了30年后的20世纪80年代初期，计算机网络仍然被认为是一种昂贵的技术。近20年来，计算机网络技术取得了长足的发展，在今天，计算机网络技术已经和计算机技术本身一样精彩纷呈，涉及人们的生活和商业活动的方方面面，对社会各个领域产生了非常广泛而深远的影响，在本节中主要了解计算机网络的产生和发展。

3.2.1 计算机网络的产生

1. Internet 的起源与基础

Internet 的发展经历了三个阶段，逐渐走向成熟。从 1969 年 Internet 的前身 ARPANET 的诞生到 1983 年是研究试验阶段，主要进行网络技术的研究和试验；从 1983 年到 1994 年是 Internet 的实用阶段，主要用于教学、科研和通信；1994 年以后，Internet 开始进入商业化阶段，政府部门、商业企业及个人开始广泛使用 Internet。

1962 年，美国国防部提出设计一种分散的指挥系统构想；1969 年，为了对上述构想进行验证，美国国防部高级研究计划局（Defense Advanced Research Projects Agency，DARPA）资助建立了一个名为 ARPANET（阿帕网）的实验网络，当时主要由位于美国不同地理位置的四台主机构成，所以 ARPANET 就是 Internet 的雏形。

20 世纪 80 年代中期，美国国家科学基金会（NSF）为了使各大学和研究机构能共享他们非常昂贵的四台计算机主机，希望并鼓励各大学、研究所的计算机与其四台巨型计算机连接。从 1986 年至 1991 年，NSFNET 的子网从 100 个迅速增加到 3000 多个。1986 年 NSFNET 建成后正式营运，实现与其他已有的和新建的网络的互联和通信，成为今天 Internet 的基础。

1990 年 6 月，NSFNET 全面取代 ARPANET 成为 Internet 的主干网。可以这样描述，NSFNET 的出现，给予 Internet 的最大贡献就是向全社会开放，它准许各大学和私人科研机构网络的接入，促使 Internet 迅速商业化，并出现第二次的飞跃发展。

随着 Internet 的发展，美国早期的四大骨干网互联对外提供接入服务，形成 Internet 初期的基本结构，Internet 初期结构示意图如图 3.2.1 所示。

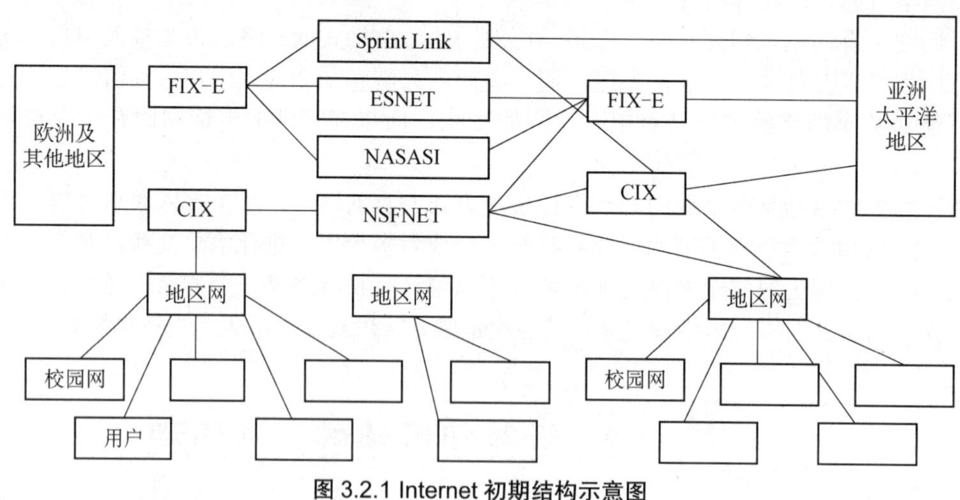

图 3.2.1 Internet 初期结构示意图

2. 我国计算机网络的产生与发展

中国互联网的产生虽然比较晚，但是经过几十年的发展，依托中国国民经济和政府体制改革的成果，已经显露巨大的发展潜力。中国已经成为国际互联网的一部分，并且将会成为最大的互联网用户群体。

纵观我国互联网发展的历程，我们可以将其划分为以下四个阶段。

① 从 1987 年 9 月 20 日钱天白教授发出第一封 E-mail 开始，到 1994 年 4 月 20 日 NCFG 正式联入 Internet 这段时间，中国的互联网正在艰苦地孕育。它的每一步前进都留下了深深的脚印。

② 从 1994～1997 年中国互联网信息中心发布第一次《中国 Internet 发展状况统计报告》，互联网已经开始从少数科学家手中，走向广大群众。人们通过各种媒体了解到互联网的神奇之处：通过廉价的方式方便地获取自己所需要的信息。

③ 1998～1999 年中国网民数量开始呈几何级数增长，上网变成了广大居民一种真正的需求。一场互联网的革命就在两年的时间里轰轰烈烈地开展。对于 IT 行业来说，这是个追梦的年代，这个时候到处充斥着美梦成真的故事。

④ 对于进入 2000 年的中国 IT 行业来说，梦想已不再那么浪漫，尽管跨入新千年的天仍然是互联网的天，但这片天空中已飘起了阵阵冷雨，让“为网而狂”的人们分明感到了几许凉意。

3. 中国网络“第一”的年代

中国网络时代自 1994 年从零开始以后，就不停地产生“第一”，因为这是一个创新的年代。让我们通过这些“第一”记住这个时代。

- 中科院高能物理研究所的 IHEPNET 与互联网的联通，迈出了中国和世界各地共享信息和软、硬件的第一步。边疆也因此成为我国第一个进入 Internet 的地区。
- 中国的第一批互联网使用者是全国一千多名科学家。
- 高能所提供了中国第一个万维网服务器。
- 1994 年 5 月 15 日，中国科学院高能物理研究所设立了国内第一个 Web 服务器，推出中国第一个网页，内容除介绍我国高科技发展外，还有一个栏目叫作“Tour in China”。此后，该栏目开始提供包括新闻、经济、文化、商贸等更为广泛的图文并茂的信息，并改名为“中国之窗”。
- 1994 年，由 NCFC 生理委员会主办，中国科学院、北京大学、清华大学协办的 APNG（亚太地区网络工作组）年会在清华大学召开。这是国际 Internet 领域人士在中国召开的第一次亚太地区年会。
- NCFC 是我国最早的 Internet 网站。

4. 将联网争取到底

现在，很多人都知道互联网的特点：平等、自由。但美国一直以来都反对中国加入互联网。1991 年 10 月的中美高能物理研究会上，美方发言人沃尔特•托基（Walter Toki）再次提出将中国纳入互联网。经过托基的努力，会后双方达成一项协议：美方资助中国联网所需的一半经费，另一半由高能所自行解决。然而，通往 Internet 之路并未因此而变得平坦。

经过重重波折，中国终于在 1993 年 3 月与互联网联通。可是美国政府担心中国会从互联网上攫取大量信息和技术成果，提出了苛刻的条件阻挠中国与美国网络联通：中国专线只能连入能源科学网（ESNET）；不得散布病毒；不得将 Internet 用于军事和商业领域。为了长久的发展，中国接受了这些条件，美国才基本同意。但是即便如此，中国在 1992 年 6 月于日本神户举行的 INET'92 年会上，仍被告之：接入 Internet 有阻碍，理由仅仅是互联网中有很多美国政府机构。

专线开通后，美国政府以 Internet 上有许多科技信息和其他各种资源，不能让社会主义国家接入为由，只允许这条专线进入美国能源网而不能连接到其他地方。尽管如此，这条专线仍是我国连入部分 Internet 的第一根专线。几百名科学家得以在国内使用电子邮件。

直到 1993 年 6 月，NCFC 专家们在 INET'93 会议上利用各种机会重申中国联入 Internet 的要求，获得大部分到会人员的支持。这次会议对中国能够最终真正联入 Internet 起到了很大的推动作用。1994 年 1 月，美国国家科学基金会接受 NCFC 正式联入 Internet 的要求；1994 年 3 月，我国开通并测试了 64Kbps 专线，中国获准加入 Internet；1994 年 4 月初中科院副院长胡启恒院士在中美科技合作联委会上，代表中国政府向美国国家科学基金会（NSF）正式提出要求联入 Internet，并得到认可。至此，中国终于打通了最后的关卡，在 1994 年 4 月 20 日，NCFC 工程联入 Internet 国际专线，中国与 Internet 全面接触。同年 5 月，中国联网工作全部完成。中国政府对 Internet 进入中国表示认可。中国网络域名也最终确定为 cn。

5. 逐渐开通的电子邮件

1987 年 9 月 20 日，我国第一封电子邮件越过长城，通向世界，揭开了中国人使用 Internet 的序幕。这封电子邮件正式实现了电子邮件的存储、转发功能。

1988 年 12 月，清华大学校园网采用胡道元教授从加拿大 UBC 大学（University of British Columbia）引进的 X400 协议的电子邮件软件包，通过 X.25 网与加拿来大 UBC 大学互联，开通电子邮件应用。中国科学院高能物理研究所的 DECnet 随后成为西欧中心 DECnet 的延伸，实现了计算机国际远程联网及与欧洲和北美地区的电子邮件通信。1989 年 5 月，中国研究网（CRN）通过德国 DFN 的网关，开始与 Internet 联通。1991 年，中国科学院高能物理研究所联入美国斯坦福线性加速器中心（SLAC）的 LIVEMORE 实验室，并开通电子邮件应用。中国网络开始像蜘蛛结网一样慢慢延伸到世界各地，通往互联网的红地毯渐渐在我们的眼前展开。

从 1993 年开始，几个全国范围的计算机网络工程相继启动，从而使 Internet 在我国出现了迅猛发展的势头。到目前为止在我国已形成四大互联网络，包括中国公用计算机互联网（ChinaNET）、中科院科技网（CSTNET）、中国教育科研网（CERNET）、中国金桥网（ChinaGBN）。

6. 国内四大互联网成长过程

① 中国公用计算机互联网：该网络于 1994 年 2 月，由中国原邮电部与美国 Sprint 公司签约，为全社会提供 Internet 的各种服务。1994 年 9 月，中国电信与美国商务部部长签订中美双方关于国际互联网的协议，协议中规定中国电信将通过美国 Sprint 公司开通两条 64Kbps 专线（一条在北京，另一条在上海）。中国公用计算机互联网的建设开始启动。1995 年初中国公用计算机互联网与 Internet 联通，同年 5 月正式对外服务。目前，全国大多数用户是通过该网联入因特网的。ChinaNET 的特点是入网方便。

② 中科院科技网：中科院科技网也称为中关村地区教育与科研示范网络（National Computing & Networking Facility of China，NCFC）。它是由世界银行贷款，国家发展和改革委员会、科学技术部、中国科学院等配套投资和扶持的。项目由中国科学院主持，联合北京大学、清华大学共同实施。

1989 年 NCFC 立项，1994 年 4 月正式启动。由于受到政治环境的影响，网络在建设初期遇到许多困难。1992 年，NCFC 工程的院校网，即中科院院网，清华大学校园网和北京大学校园网全部建设完成；1993 年 12 月，NCFC 主干网工程完工。采用高速光缆和路由器将三个院校网互联；直到 1994 年 4 月 20 日，NCFC 工程连入 Internet 的 64Kbps 国际专线开通，实现了与 Internet

的全功能连接，整个网络正式运营。从此我国被国际上正式承认为有 Internet 的国家，此事被我国新闻界评为 1994 年中国十大科技新闻之一，被国家统计公报列为中国年重大科技成就之一。

③ 中国教育科研网：该网络是为了配合我国各院校更好地进行教育与科研工作，由国家教委主持兴建的一个全国范围的教育科研互联网。该网络于 1994 年开始建设。该项目的目标是建设全国性的教育科研基础设施，利用先进、实用的计算机技术和网络通信技术，把全国大部分高等院校和中学联系起来，推动这些学校校园网的建设和各处资源的交流共享。目前它已经连接了全国 1000 多所院校，共 3 万多个用户。该网络并非商业网，以公益性为主，所以采用免费服务或低收费方式经营。

④ 中国金桥网：中国金桥网是由原电子部志通通信有限公司承建的互联网。1993 年 8 月 27 日，李鹏总理批准使用 300 万美元总理预备金支持启动金桥前期工程建设。1994 年 6 月 8 日，金桥前期工程建设全面开展。1994 年底，金桥网全面开通。目前，已在全国各个省、市、地区开通了服务。ChinaGBN 是国家授权的四个互联网之一，也是在全国范围内进行 Internet 商业服务的两大互联网络之一（另一个是 ChinaNET）。1996 年 8 月，国家发展和改革委员会正式批准金桥一期工程立项，并将金桥一期工程列为“九五”期间国家重大续建工程项目。1996 年 9 月 6 日，中国金桥网（ChinaGBN）联入美国的 256Kbps 专线正式开通。中国金桥网宣布开始提供 Internet 服务。

3.2.2 计算机网络的发展

计算机网络经历了从简单到复杂，从单一主机到多台主机，从终端与主机之间的通信到计算机与计算机之间的直接通信等阶段，其发展历程大致可划分为四个阶段。

1. 计算机技术与通信技术相结合（诞生阶段）

20 世纪 60 年代末是计算机网络发展的萌芽阶段。此时，计算机是只具有通信功能的单机系统，一台计算机经通信线路与若干终端直接相连，该系统被称为终端—计算机网络，是早期计算机网络的主要形式，如图 3.2.2 所示。

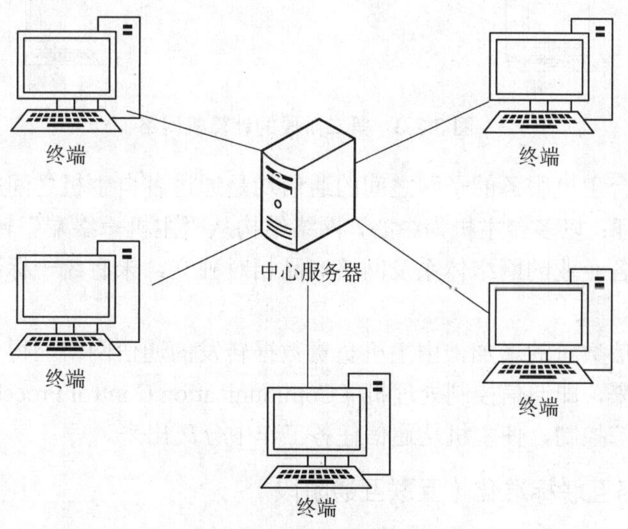

图 3.2.2 终端—计算机网络

第一个远程分组交换网 ARPANET，第一次实现了由通信网络和资源网络复合构成计算机网络系统，标志计算机网络的真正产生，ARPANET 是这一阶段的典型代表。

这一阶段的网络特征：共享主机资源。存在的问题：主机负荷较重，主机既要承担通信任务又要负责数据处理；通信线路利用率低；网络可靠性差。

 注意：

终端是一台计算机的外部设备（包括显示器和键盘），无 CPU 和内存，不具备自主处理数据的能力，仅能完成输入、输出等功能，所有数据处理和通信任务均由中央主机来完成。

2. 计算机网络具有通信功能（形成阶段）

第二阶段的计算机网络是由多个主机通过通信线路互联，为用户提供服务的，主机之间不是直接用线路互联，而是由 IMP（接口报文处理机）转接后互联的。IMP 和主机之间互联的通信线路一起负责主机间的通信任务，构成了通信子网。与通信子网互联的主机负责运行程序，提供资源共享服务，组成资源子网。

这个时期，“以能够相互共享资源为目的互联的具有独立功能的计算机集合体”，是计算机网络的基本概念，第二阶段的计算机网络如图 3.2.3 所示。

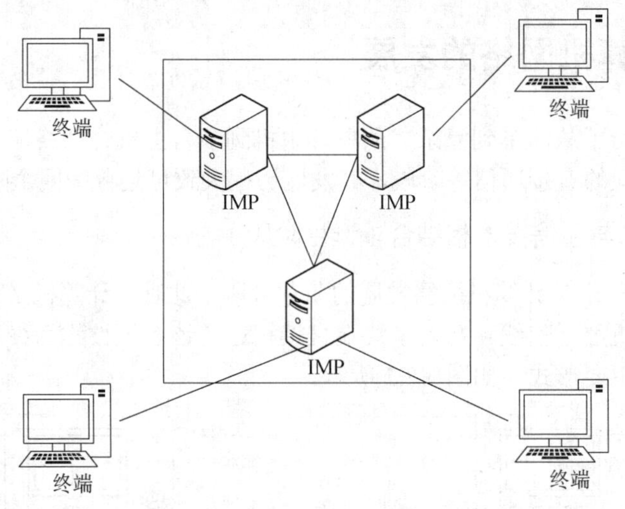

图 3.2.3　第二阶段的计算机网络

这个阶段，每台主机服务的子网之间的通信均是通过各自主机之间的直接连线实现数据的转发。其网络特征：以多台主机为中心，网络结构从“主机—终端”转向“主机—主机”。存在问题：该阶段各企业的网络体系及网络产品相对独立，未有统一标准。此时的网络只能面向企业内部服务。

随着子网间通信数量的增加，由主机负责数据转发的通信网络显得力不从心，于是新的网络设备被研制出来，即通信控制处理机（Communication Control Processor，CCP），该设备负责主机之间的通信控制，使主机从通信任务工作中分离出来。

3. 计算机网络互联标准化（互联互通阶段）

20 世纪 70 年代末 80 年代初，计算机网络发展到第三阶段，主要体现在如何构建一个标准化的网络体系结构，使不同公司或部门的网络系统之间可以互联，相互兼容，增加互操作性，以实现各公司或部门间计算机网络资源的最大共享。

1977 年，国际标准化组织成立了“计算机与信息处理标准化委员会”下属的“开放系统互联分技术委员会”，专门着手制定开放系统互联的一系列国际标准。1983 年，ISO 推出“开放系统互联参考模型”（Open System Interconnection/Recommended Model，OSI/RM）的国际标准框架。自此，各网络公司的网络产品有了统一标准的依据，各种不同网络的互联有了可参考的网络体系结构框架。

目前，有两种国际通用的最重要的体系结构，OSI 和 TCP/IP。这两种结构使网络产品有了统一的标准，同时也促进了企业的竞争，尤其为计算机网络向国际标准化方向发展提供了重要依据。

20 世纪 80 年代，随着个人计算机（PC）的广泛使用，局域网获得了迅速发展。美国电气与电子工程师协会（IEEE）为了适应微机、个人计算机，以及局域网发展的需要，于 1980 年 2 月在旧金山成立了 IEEE802 局域网标准委员会，并制定了一系列局域网标准。为此，新一代光纤局域网——光纤分布式数据接口（FDDI）网络标准及产品也相继问世，从而为推动计算机局域网技术进步及应用奠定了良好的基础。这一阶段典型的标准化网络结构如图 3.2.4 所示，通信子网的交换设备主要是路由器和交换机。

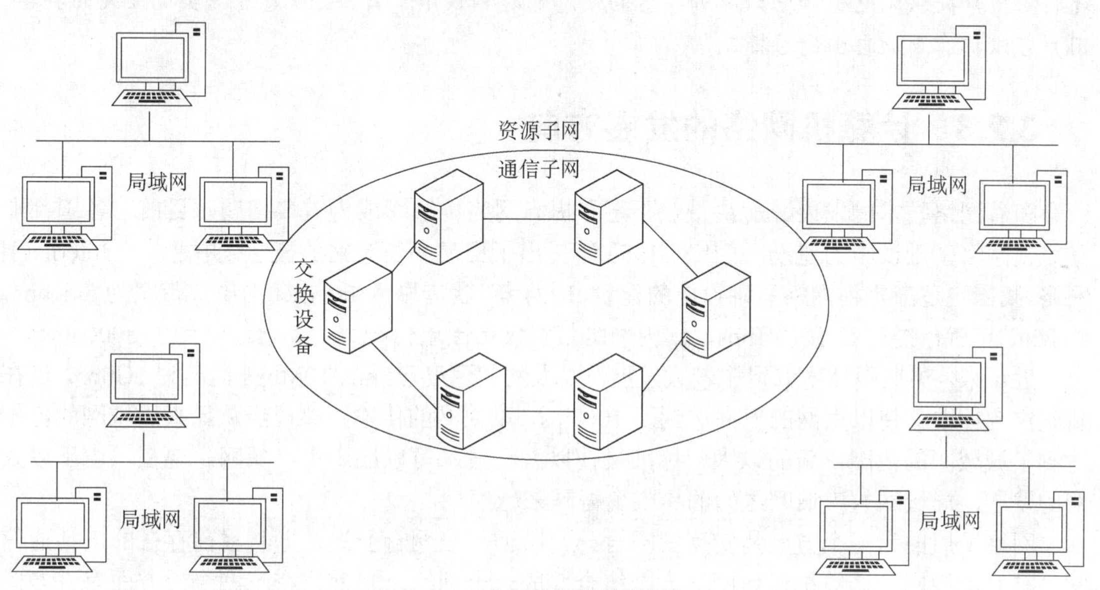

图 3.2.4　典型的标准化网络结构

4. 计算机网络高速和智能化发展（高速网络技术阶段）

进入 20 世纪 90 年代，随着计算机网络技术的迅猛发展，特别是 1993 年美国宣布建立国家信息基础设施（National Information Infrastructure，NII）后，全世界许多国家都纷纷制定和建立本国的 NII，从而极大地推动了计算机网络技术的发展，使网络发展进入了世界各个国家的骨干网络建设、骨干网络互联与信息高速公路的发展阶段，也使计算机网络的发展进入一个崭新的阶段，即计算机网络高速和智能化阶段，网络互联与信息高速公路，如图 3.2.5 所示。

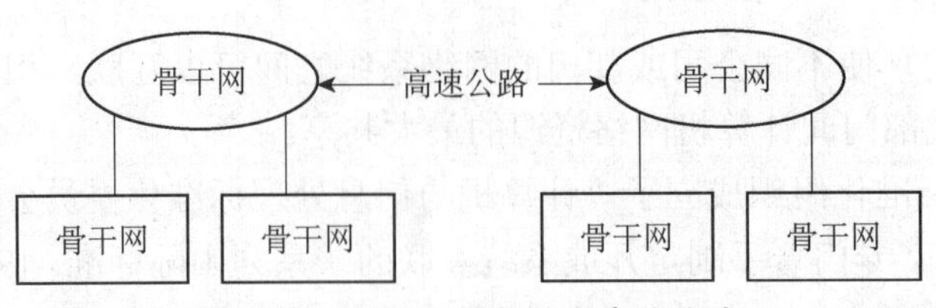

图 3.2.5　网络互联与信息高速公路

这一阶段计算机网络的主要特征：计算机网络化，随着计算能力发展及全球互联网（Internet）的盛行，计算机的发展已经完全与网络融为一体，体现了“网络就是计算机”的口号。目前，计算机网络已经真正进入社会各行各业。此外，虚拟网络、FDDI 及 ATM 等技术的应用，使网络技术蓬勃发展并迅速走向市场，走进平民百姓的生活。

注意：

所谓“信息高速公路”，就是一个高速度、大容量、多媒体的信息传输网络系统。建设信息高速公路就是利用数字化大容量的光纤通信网络，使政府机构、媒体、各大学、研究所、医院、企业，甚至办公室、家庭等的所有网络设备全部联网。届时，人们的吃、穿、住、行及工作、看病等生活需求，都可以通过网络实施远程控制，并得到优质的服务。同时，网络还将给用户提供比电视和电话更加丰富的信息资源和娱乐节目，使信息资源实现极大的共享，用户可以拥有更加自由的选择。

3.2.3　计算机网络的发展方向

随着网络技术的发展，解决带宽不足和提高网络传输率成为首要问题。目前，各国都非常重视网络基础设施的建设。美国在 1993 年提出了信息高速公路的概念，并建设了 Internet II 网络。我国也逐渐重视网络基础设施的建设，1994 年，我国联入 Internet 的出口带宽为 64Kbps，到 2002 年就已经达到了 10Gbps，国内网络带宽仅中国电信一家，就已经达到了 800Gbps。

近年来，局域网技术取得了较大发展，以太网的速度已经从 10Mbps 提高到 1Gbps，现在新制定的标准又使以太网的速率达到了 10Gbps。以太网的传输距离已经从原来局域网的范围达到了城域网的范围，新的以太网标准又使以太网技术可以应用于广域网。现在，由于以太网的发展，局域网与广域网之间的界限变得越来越模糊。

网络发展的另一个方向是实现三网合一。所谓“三网合一”，即将目前存在的电话通信网、有线电视网和计算机通信网三大网络合并成一个网络。目前，在三网合一方面有许多问题亟待解决，这方面的研究工作也一直在进行。将所有的信息，包括语音、视频及数据都统一到 IP 网络是今后的发展方向。

为什么要三网合一？因为目前三网并存的现象不仅浪费资源，管理困难，而且存在下列问题：电话网虽然已经接入千家万户，但是电话网存在带宽不足的先天缺陷；有线电视虽然具有很高的带宽，但有线电视信号是单向传递的；计算机通信网虽然能够很好地解决带宽，但是目前很难普及到家庭。虽然计算机光纤通信骨干网已经架设完成，但接入用户的接入网的投资也是非常巨大的。如果能把三种网络统一起来，那么存在的上述困难就可以迎刃而解。

3.3 计算机网络的组成

计算机网络是由负责传输数据的网络传输介质、网络设备、使用网络的计算机终端设备、服务器及网络操作系统所组成的。

1. 计算机网络子网系统

计算机网络的基本功能可分为数据处理与数据通信两大部分，因此所对应的结构也分成两个部分：负责数据处理的计算机与终端设备；负责数据通信的通信控制处理机（CCP）与通信线路。所以，从计算机网络的通信角度看，典型的计算机网络按其逻辑功能可以分为“资源子网”和“通信子网”。计算机网络组成示意图如图3.3.1所示。

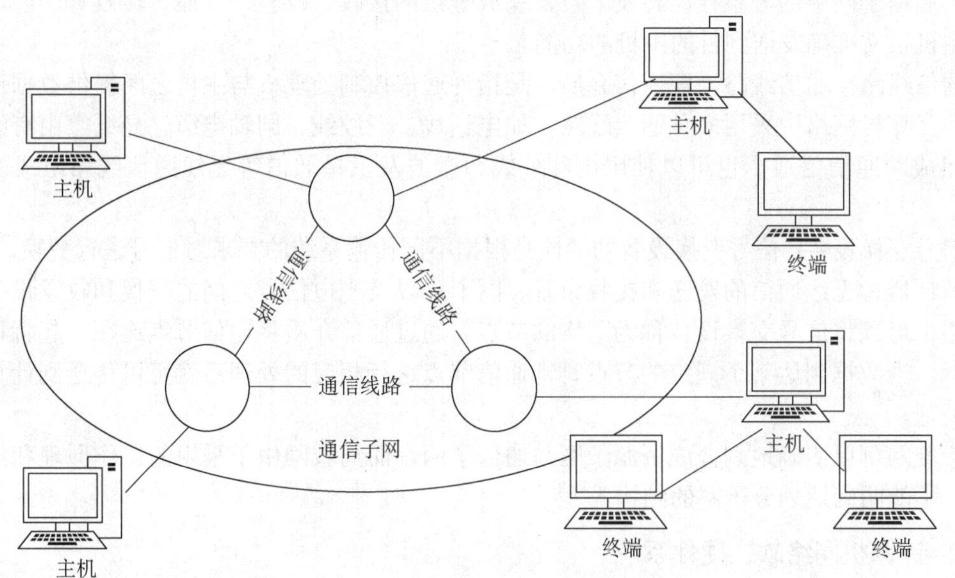

图 3.3.1 计算机网络组成示意图

（1）计算机资源子网

资源子网的基本功能是负责全网的数据处理业务，并向网络用户提供各种网络资源和网络服务。资源子网由拥有资源的主计算机、请求资源的用户终端、联网的外部设备、各种软件资源及信息资源等组成。

资源子网的组成如下。

主计算机：主计算机系统简称为主机（Host），它可以是大型机、中型机、小型机、工作站或微机。主机是资源子网的主要组成单元，它通过高速通信线路与通信子网的通信控制处理机相连接。主计算机主要为本地用户访问网络中其他主机设备与资源提供服务，同时要为网络中远程用户共享本地资源提供服务。

终端：终端（Terminal）是用户访问网络的界面。终端一般是指没有存储与处理信息能力的简单输入、输出设备，也可以是带有微处理机的智能终端。智能终端除具有输入、输出信息的功能外，本身还具有存储与处理信息的能力。各类终端既可以通过主机联网，也可以通过终端控制器、报文分组组装/拆卸装置或通信控制处理机联入网络。

网络共享设备：网络共享设备一般是指计算机的外部设备，例如，高速网络打印机、高档扫描仪等。

（2）计算机通信子网

通信子网的基本功能是提供网络通信功能，完成全网主机之间的数据传输、交换、控制和变换等通信任务；负责全网的数据传输、转发及通信处理等工作。

通信子网由通信控制处理机、通信线路及信号变换设备等其他通信设备组成。

通信控制处理机：通信控制处理机（CCP）在网络拓扑结构中称为网络节点，是一种在数据通信系统中专门负责网络中数据通信、传输和控制的专门计算机或具有同等功能的计算机部件。通信控制处理机一般由配置通信控制功能的软件和硬件的小型机、微型机承担。一方面，它作为与资源子网的主机、终端的连接接口，将主机和终端联入网内；另一方面，它又作为通信子网中的分组存储转发节点，完成分组的接收、校验、存储、转发等功能，实现将源主机报文准确发送到目的主机的功能。

通信线路：通信线路，即通信介质，是指为通信控制处理机与主机之间提供数据通信的通道。计算机网络中采用多种通信线路，如电话线、双绞线、同轴电缆、光纤等由有线通信线路组成的通信信道，也可以使用由红外线、微波及卫星通信等无线通信线路组成的通信信道。

信号变换设备：信号变换设备的功能是根据不同传输系统的要求对信号进行变换。例如，调制解调器、无线通信的发送和接收设备、网卡，以及光电信号之间的变换和收发设备等。在网络中可以将信号交换设备称为网络的节点。通过通信介质将通信节点连在一起就构成通信子网。当数据到达某个规定的节点时，通信节点进行相应的处理后就可以传送到计算机中进行处理。

广域网可以明确地划分成资源子网与通信子网，而局域网由于采用的工作原理和结构的限制，不能明确地划分子网的结构。

2. 计算机网络软、硬件系统

（1）计算机网络硬件部分

计算机网络硬件部分包括计算机、通信控制设备和网络连接设备。计算机是信息处理设备，属于资源子网的范畴。如在因特网中，有些计算机作为信息的提供者，称为服务器，服务器是因特网上具有网络上唯一标志（IP 地址）的主机。有些计算机作为信息的使用者，被称为客户端。

通信控制设备（或称通信设备）是信息传递的设备，通信设备构成网络的通信子网，是专门用来完成通信任务的。网络连接设备属于通信子网，负责网络的连接，主要包括路由器，局域网中的交换机、网桥、集线器及网络连线等。网络连接设备是网络中的重要设备，局域网若没有网络连接设备就很难构成网络。如在因特网中，正是由于路由器的强大功能才使不同的网络得以无缝连接。

（2）计算机网络软件部分

计算机网络软件主要包括网络操作系统、网络通信协议及网络应用软件等。网络操作系统负责计算机及网络的管理，网络应用软件完成网络的具体应用，它们都属于资源子网的范畴；网络通信协议完成网络的通信控制功能，属于通信子网的范畴。

3.4 计算机网络的功能及分类

1. 计算机网络的功能

计算机网络的主要功能可归纳为以下五个。

（1）资源共享

资源共享是构建计算机网络的基本功能之一。其可共享的资源包括软件资源、硬件资源和数据资源，如计算机的处理能力、大容量磁盘、高速打印机、大型绘图仪，以及计算机特有的专业工具、特殊软件、数据库数据、文档等。这些资源并非所有用户都能独立拥有，因此，将这些资源放在网络上共享，供网络用户有条件地使用，既提供了便捷的应用服务，又节约了巨额的设备投资。另外，网络中各地区的资源互通、分工协作，也极大地提高了系统资源的利用率。

（2）数据通信

数据通信是计算机网络的另一基本功能，它以实现网络中任意两台计算机间的数据传输为目的。如在网上接收与发送电子邮件、阅读与发布新闻消息、网上购物、电子贸易、远程教育等网络通信活动。数据传输提高了计算机系统的整体性能，也极大地方便了人们的工作和生活。

（3）高可靠性

在计算机系统中，某个部件发生故障或系统运行中各种未知的中断都是有可能发生的，问题一旦发生，在单台工作机中，应用系统只能被迫中断或关机。而在计算机网络中，一台计算机出现故障，可立刻启用备份机替代。通过计算机网络提供的多机系统环境，实现两台或多台计算机互为备份，使计算机系统的冗余备份功能成为可能，这不仅有效避免因单个部件或某个系统的故障影响用户的使用，同时还使应用系统的可靠性大大提高，最大限度地保障了应用系统的正常运行。

另外，计算机网络还具有均衡负载的功能，当网络上某台主机的负载过重时，通过网络和一些应用程序的控制和管理，可以将任务交给网上其他计算机处理，由多台计算机共同完成，起到均衡负荷的作用，以减少延迟、提高效率，充分发挥网络系统上各主机的作用。

（4）信息管理

计算机应用从数值计算到数据处理，从单机数据管理到网络信息管理，发展至今，计算机网络的信息管理应用已经非常广泛。例如，管理信息系统（Management Information System，MIS）、决策支持系统（Decision Support System，DSS）、办公自动化（Office Automation，OA）等都是在计算机网络的支持下得以发展起来的。

（5）分布式处理

由多个单位或部门位于不同地理位置的多台计算机，通过网络连接起来，协同完成大型的数据计算或数据处理问题的一项复杂工程，称为分布式处理。

分布式处理解决了单机无法胜任的复杂问题，增强了计算机系统的处理能力和应用系统的可靠性能，不仅使计算机网络可以共享文件、数据和设备，还能共享计算能力和处理能力。

例如，Internet 上众多提供域名解析的域名服务器（Domain Name Service，DNS），所有域名服务器通过网络连接就构成一个大的域名系统。其中，每台域名服务器负责各自域的域名解析任务。这种由网络上多台域名服务器协同完成一项域名解析任务的工作方式就是一个典型的分布式处理。

2. 计算机网络的分类

计算机网络可以按照不同的方式进行分类，最常用的有四种分类方法：按网络传输技术分类、按网络分布距离分类、按传输介质分类、按协议分类。

（1）按网络传输技术进行分类

在通信技术中，通信信道的类型有广播通信信道与点对点通信信道两类。网络要通过通信信道完成数据传输任务，所采用的传输技术是广播方式与点对点方式。因此，相应的计算机网络可以分为：广播式网络与点对点式网络。

① 广播式网络。在广播式网络中，所有联网的计算机都共享一个公共通信信道。当一台计算机利用共享通信信道发送报文分组时，所有其他的计算机都会“收听”这个分组。

广播式网络中，由于发送的分组中带有目的地址与源地址，接收到该分组的计算机将检查目的地址是否与本地节点地址相同，如果被接收报文分组的目的地址与本地节点地址相同，则接收该分组，否则丢弃该分组。广播式网络中，发送的报文分组的目的地址有三类：单一节点地址、多节点地址和广播地址。

② 点对点式网络。与广播式网络相反，点对点式网络中，每条物理线路只能连接两台计算机。两台计算机之间的分组传输通过中间节点进行接收、存储与转发，且从源节点到目的节点的路由器需要有路由选择算法。采用分组存储转发与路由选择机制是点对点式网络与广播式网络的重要区别之一。

（2）按网络分布距离进行分类

① 局域网：局域网（Local Area Network，LAN）用于将有限范围内（如一个实验室、一幢大楼、一个校园）的各种计算机、终端与外部设备互联成网络。局域网按采用的技术可分为共享局域网和交换式局域网；按传输介质可分为有线网和无线网；按拓扑结构可分为总线型、星型和环型。此外，还可分为以太网、令牌环网和 FDDI 环网等。近年来，以太网发展速度非常快，所以目前所见到的局域网几乎都是以太网。

局域网组网方便、价格低廉，技术实现比广域网容易，一般应用于企业、学校、机关及部门机构等内部网络。局域网技术发展非常迅速，应用也日益广泛，它是计算机网络中最活跃的领域之一，局域网的主要特点如下。

- 网络覆盖的地理范围较小，一般在几十米到几十千米之间。
- 传输速率高，目前已达到 10Gbps。
- 误码率低。
- 拓扑结构简单，常用的拓扑结构有总线型、星型和环型等。
- 局域网通常归属于一个单一的组织管理。

② 城域网：城域网（Metropolitan Area Network，MAN）是一种大型的 LAN。它的覆盖范围介于局域网和广域网之间，一般是在一个城市范围内组建的网络。城域网设计的目标是要满足几十千米范围内大量企业、机关、公司的多个局域网互联的需求，以实现大量用户之间的数据、语音、图像与视频等多种信息的传输功能。目前，城域网的发展越来越接近局域

网，通常采用局域网和广域网技术构成宽带城域网。

③ 广域网：广域网（Wide Area Network，WAN）是在一个广阔的地理区域内进行数据、语音、图像信息传送的通信网，地理范围比较大，一般在几十千米以上。广域网通常能覆盖一个城市、一个地区、一个国家、一个洲，甚至全球。

在地理范围上，广域网与城域网的概念存在交叉，对多大范围以外属于广域网没有严格规定，主要看采用什么技术。广域网一般由中间设备（路由器）和通信线路组成，其通信线路大多借助于一些公用通信网，如 PSTN、DDN、ISDN 等。广域网的主要特点如下。

- 覆盖的地理区域大。
- 广域网通过公用通信网进行连接。
- 传输速率早期一般为 64 Kbps～2Mbps，或 45Mbps。现今也得到了很大的提高。

随着广域网技术的发展，传输速率也在不断提高，目前通过光纤介质，采用 POS、DWDM、万兆以太网等技术，其传输速率可提高到 155Mbps～2.5Gbps，最高可达 10Gbps。

LAN、MAN 和 WAN 的比较，见表 3.4.1。

表 3.4.1　LAN、MAN 和 WAN 比较

内容	LAN	MAN	WAN
范围描述	较小范围	较大范围	远程网或公用通信网
网络覆盖的范围	20 米以内	几十千米	几千米到几万千米
数据传输速率	100Mbps～10Gbps	100Mbps～1000Mbps～10Gbps	9.6Kbps～45Mbps
传输介质	有线介质：同轴电缆、双绞线、光缆	无线介质：微波、卫星 有线介质：光缆	有线或无线传输介质：公用数据网，PSTN、DDN、ISDN、光缆、卫星、微波
信息误码率	低	较高	高
拓扑结构	简单型、总线型、星型、环型、网状型	环型	复杂型、网状型

由于 10Gbps 以太网技术和 IP 网络技术的出现，以太网技术已经可以应用到广域网中。这样，广域网、城域网与局域网的界限也就越来越模糊。

（3）按传输介质分类

根据网络的传输介质，可以将网络分为有线网和无线网。有线网根据线路的不同又分为同轴电缆网、双绞线网和光纤网，还有最新的全光网络；无线网则是卫星无线网和使用其他无线通信设备的网络。

（4）按协议分类

按照协议对网络进行分类是一种常用的方法，多用在局域网中。分类所依照的协议一般是指网络所使用的底层协议。例如，在局域网中主要有两种协议，一种是以太网，另一种是令牌环网。以太网用的网络接口层（底层）协议为 802.3 标准，这个标准在制定时就参考了以太网协议，所以人们把这种网络称为以太网。令牌环网的协议标准是 802.5 标准，这个标准在制定时参考了 IBM 公司著名的环网协议，所以这种网络又称为令牌环网。广域网也有类似的例子。分组交换网遵循 X.25 协议的标准，所以这种广域网经常称为 X.25 网。另外，还有帧中继网 FRN 和 ATM 网等。

除上述几种主要分类方法外，还经常使用其他分类方法。例如，按照传输带宽，将网络分为窄带网和宽带网；按照网络信道的介质，可将网络分为铜线网、光纤网和卫星通信网等；按照网络所使用的操作系统，可将网络分为Novell网和NT网等。按照网络的规模及组网方式，可将网络分为工作组级、部门级和企业级等。

3.5 计算机网络的拓扑结构

计算机网络的拓扑结构是指计算机网络节点和通信链路所组成的几何形状，也可以描述为网络设备及它们之间的互联布局或关系，拓扑结构与网络设备类型、设备能力、网络容量及管理模式等有关。

拓扑结构基本上可以分成两大类，一类是无规则的拓扑，这种拓扑结构只有网状图形，一般广域网采用这种拓扑结构，称为网状网；还有一类是有规则的拓扑，这种拓扑结构的图形一般是有规则的、对称的，局域网多采用这种拓扑结构。计算机网络的拓扑结构有很多种，下面介绍最常见的几种。

1. 总线型拓扑结构

总线型拓扑结构采用单一的通信线路（总线）作为公共的传输通道，所有的节点都通过相应的接口直接连接到总线上，并通过总线进行数据传输。对总线结构而言，其通信网络中只有传输媒体，没有交换机等网络设备，所有网络站点都通过介质直接与传输媒体相连，总线型拓扑结构如图3.5.1所示。

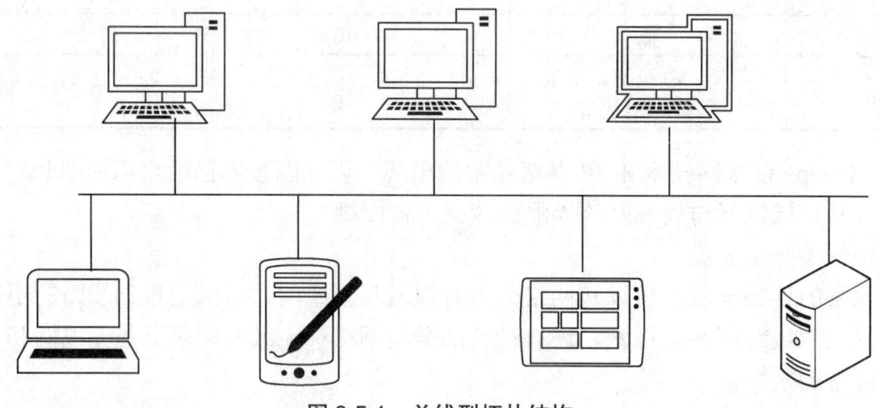

图3.5.1　总线型拓扑结构

总线型拓扑结构的网络简单、便宜，容易安装、拆卸和扩充，适于构造宽带局域网，如教学网，一般都采用总线型拓扑结构。总线型拓扑结构网络的主要缺点是对总线的故障敏感，总线一旦发生故障将导致网络瘫痪。总线型拓扑结构的特点如下。

- 结构简单，易于扩展，易于安装，费用低。
- 共享能力强，便于广播式传输。
- 网络响应速度快，但负荷重时则性能迅速下降。
- 网络效率和带宽利用率低。
- 采用分布控制方式，各节点通过总线直接通信。

● 各工作节点平等，都有权争用总线，不受某节点仲裁。

2. 环型拓扑结构

在环型拓扑结构中，各个网络节点通过环节点连在一条首尾相接的闭合环状通信线路中。环节点通过点到点链路连接成一个封闭的环，每个环节点都有两条链路与其他环节点相连，环型拓扑结构如图 3.5.2 所示。

环型拓扑结构有两种类型，即单环结构和双环结构。令牌环（Token Ring）网采用单环结构，而光纤分布式数据接口（FDDI）是双环结构的典型代表。环型拓扑结构的主要特点如下。

● 各工作站间无主从关系，结构简单。

● 信息流在网络中沿环单向传递，延迟固定，实时性较好。

● 两个节点之间仅有唯一的路径，简化了路径选择。

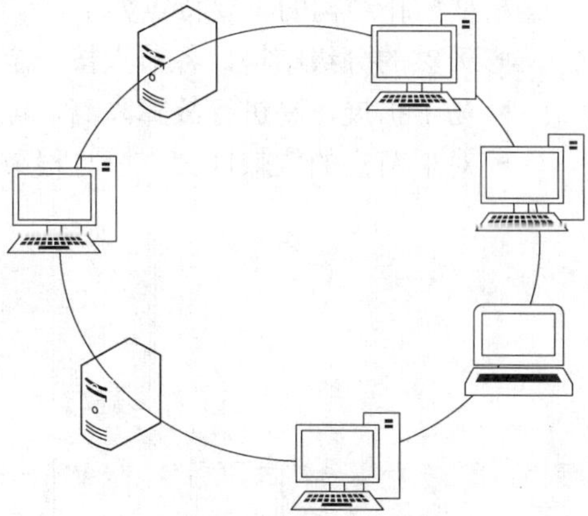

图 3.5.2　环型拓扑结构

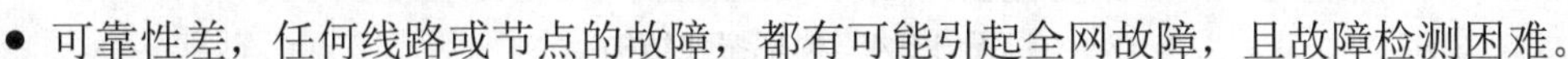

● 可靠性差，任何线路或节点的故障，都有可能引起全网故障，且故障检测困难。

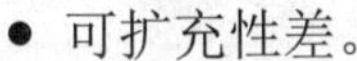

● 可扩充性差。

3. 星型拓扑结构

在星型拓扑结构中，每个节点都由一条点到点的链路与中心节点相连，任意两个节点之间的通信都必须通过中心节点，星型拓扑结构如图 3.5.3 所示。中心节点通过存储、转发技术实现两个节点之间的数据帧的传送。中心节点的设备可以是集线器（HUB）、中继器，也可以是交换机。目前，在局域网系统中，星型拓扑结构几乎取代了总线结构。星型拓扑结构的主要特点如下。

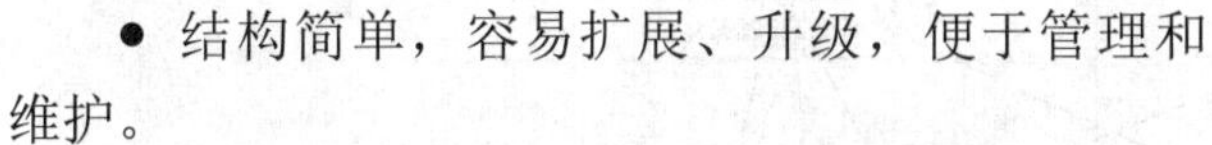

● 结构简单，容易扩展、升级，便于管理和维护。

● 容易实现结构化布线。通信线路专用，电缆成本高。

● 中心节点负担重，易成为信息传输的瓶颈。

● 星型拓扑结构的网络由中心节点控制与管理，中心节点的可靠性基本上决定整个网络的可靠性，中心节点一旦出现故障，便导致全网瘫痪。

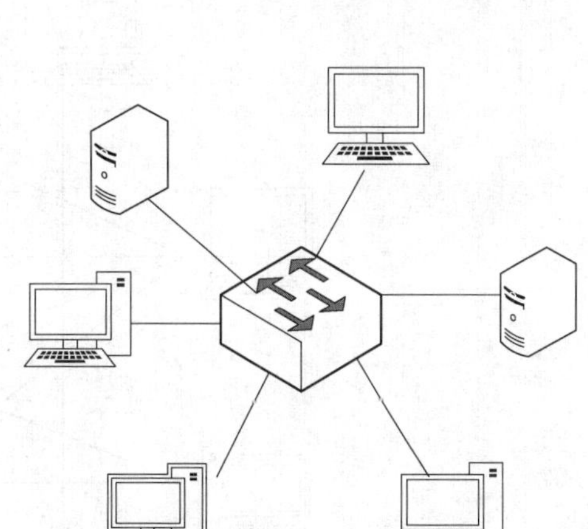

图 3.5.3　星型拓扑结构

4. 树型拓扑结构

树型拓扑结构是由总线型和星型演变而来的。它有两种类型：一种是由总线型拓扑结构派生出来的，它由多条总线连接而成，不构成闭合环路而是分支电缆；另一种是星型拓扑结构的扩展，各节点按一定的层次连接起来，信息交换主要在上、下节点之间进行。在树型拓扑结构中，顶端有一个根节点，它带有分支，每个分支还可以有子分支，其几何形状像一棵倒置的树或横置的树，故得名树型拓扑结构，树型拓扑结构如图 3.5.4 所示。

树型拓扑结构的主要特点如下。

- 天然的分级结构，各节点按一定的层次连接。
- 易于扩展，易进行故障隔离，可靠性高。
- 对根节点的依赖性大，一旦根节点出现故障，将导致全网瘫痪，电缆成本高。

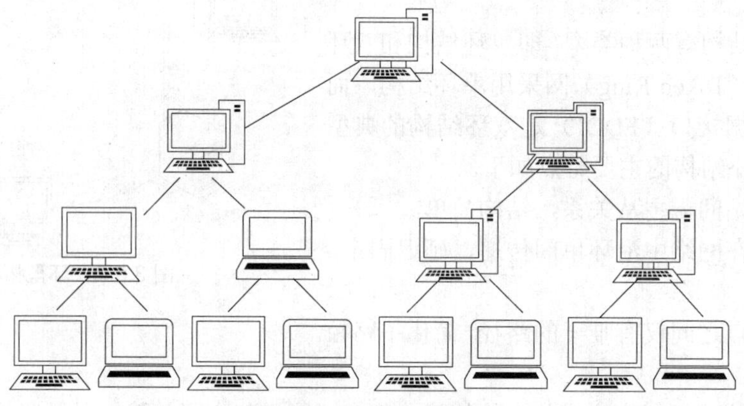

图 3.5.4　树型拓扑结构

5. 网状型拓扑结构

网状型拓扑结构又称为完整结构。在网状型拓扑结构中，网络节点与通信线路连接成不规则的形状，节点之间没有固定的连接形式，一般每个节点至少与其他两个节点相连，即每个节点至少有两条链路连到其他节点。数据在传输时可以选择多条路由，网状型拓扑结构如图 3.5.5 所示。

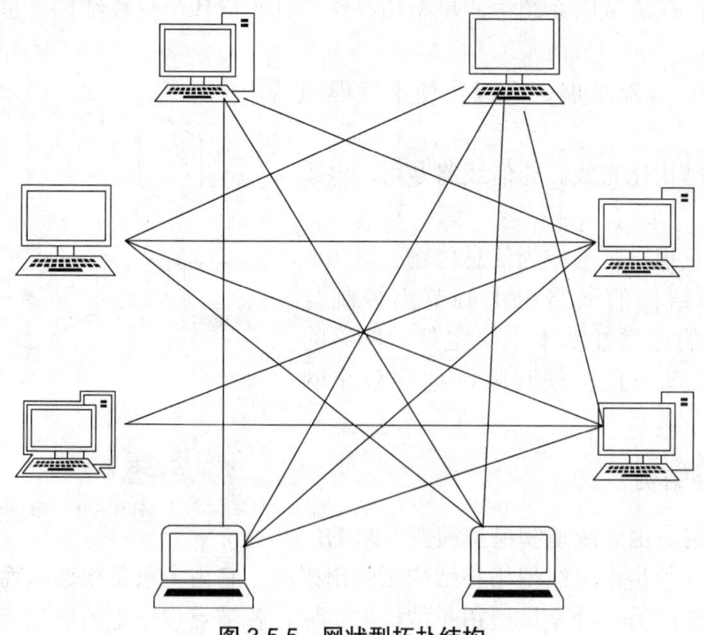

图 3.5.5　网状型拓扑结构

网状型拓扑结构的特点是节点间的通路比较多，当某一条线路出现故障时，数据分组可以寻找其他线路迂回，最终到达目的地，所以网络具有很高的可靠性。但该网络控制结构复杂，建网费用较高，管理也复杂。因此，一般只在大型网络中采用这种结构。有时，园区网的主干网也会采用节点较少的网状拓扑结构。我国教育科研示范网 CERNET 的主干网和国际互联网 Internet 的主干网都采用网状结构。其中，CERNET 主干网的拓扑结构如图 3.5.6 所示。在网状网中，两个节点间传输数据与其他节点无关，所以又称为点对点的网络。

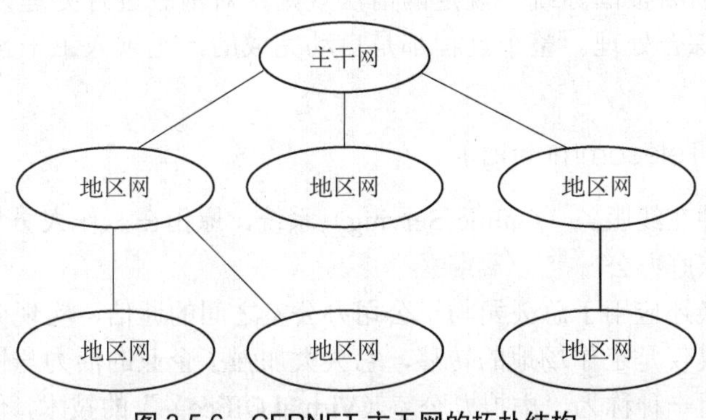

图 3.5.6 CERNET 主干网的拓扑结构

3.6 计算机网络的应用

计算机网络在资源共享和信息交换方面所具有的功能是其他系统所不能替代的，它的应用范围也比较广泛。

1. 办公自动化

办公自动化是指利用先进的科学技术，尽可能充分地利用信息资源，提高生产、工作效率和质量，取得更好的经济效益。一般来说，一个较完整的办公自动化系统应当包括信息采集、信息加工、信息传输、信息保存四个环节。

办公自动化一般可分为三个层次：事务型、管理型、决策型。事务型为基础层，包括文字处理、个人日程管理、行文管理、邮件处理、人事管理、资源管理，其他有关机关行政事务处理等；管理型为中间层，包含事务型，管理型系统是支持各种办公事务处理活动的办公系统与支持管理控制活动的管理信息系统相结合的办公系统；决策型为最高层，它以事务型和管理型办公系统的大量数据为基础，同时又以自带的决策模型为支持，决策层办公系统是上述系统的再结合，是具有决策或辅助决策功能的最高级系统。

多媒体技术是办公自动化发展的又一趋势。它使处理语音、图像的功能加强，更能够满足办公要求，提高办公信息处理的应用范围和价值。近年来，随着技术的不断进步和市场的进一步需求，电子商务（E-business）已日益成为国内外企、事业单位的热点。所谓电子商务，是指把企业最关键的商业系统，通过网络与员工、顾客、供应商及销售商直接相连，将传统的商务活动通过计算机网络加以实现。

2. 电子数据交换（Electronic Data Interchange，EDI）

电子数据交换是一种利用计算机进行商务处理的新方法。电子数据交换将贸易、运输、保险、银行和海关等行业的信息，用一种国际公认的标准格式，通过计算机通信网络，在各有关部门、公司与企业之间进行数据交换与处理，并完成以贸易为中心的全部业务过程。

电子数据交换不是用户之间简单的数据交换，发送方需要按照国际通用的消息格式发送信息，接收方也需要按国际统一规定的语法规则，对消息进行处理，并引起其他相关系统电子数据交换的综合处理。整个过程都是自动完成的，无须人工干预，减少了差错，提高了效率。

3. 远程交换（Telecommuting）

远程交换是一种在线服务（Online Serving）系统，原指在工作人员与其办公室之间的计算机通信形式，即家庭办公。

另外，远程交换还应用于总公司与子公司办公室之间的通信，实现分布式办公系统。远程交换的作用也不仅仅是工作场地的转移，它大大加强了企业的活力与快速反应能力。近年来各大企业纷纷采用一种称为“虚拟办公室（Virtual Office）”的技术，创造一种全新的商业环境与空间，远程交换技术的发展对世界经济运作规则产生了巨大的影响。

4. 远程教育（Distance Education）

远程教育是一种利用在线服务系统开展学历或非学历教育的全新教学模式。远程教育几乎可以提供大学所有的课程，学员们通过远程教育，同样可获取正规大学的学位。这种教育方式，对于已从事工作而仍想继续学习的人特别有吸引力。

5. 电子银行（Electronic Banking）

电子银行也是一种在线服务系统，是一种由银行提供的，基于计算机和计算机网络的新型金融服务系统。电子银行的功能包括：金融交易卡服务、自动存取款业务、销售点自动转账服务、电子汇款与清算等，其核心为金融交易卡服务。

6. 证券及期货交易（Securities and Futures）

证券和期货市场通过计算机网络提供行情分析和预测、资金管理和投资计划等服务；还可以通过无线网络将各机构相连，利用手持通信设备输入交易信息，通过无线网络将证券和期货交易信息迅速传递到计算机、报价服务系统和交易大厅的显示板。管理员、经纪人和交易者也可以迅速利用手持设备直接进行交易，避免了由于手势、传话器、人工录入等方式的信息不准确和时间延误所造成的损失。

7. 娱乐和在线游戏

网络在线游戏逐渐成为互联网娱乐的重要组成部分。一般而言，电脑游戏可以分为四类：完全不具备联网能力的单机游戏、具备局域网联网功能的多人联网游戏、基于 Internet 的多用户小型游戏和基于 Internet 的大型多用户游戏（有大型的客户端软件和复杂的后台服务器系统）。

3.7 组建与使用计算机网络

了解计算机网络的概念、分类和功能以后，在本节中，将主要了解计算机局域网组建与管理的流程；掌握网络寻址等基本知识；了解域名系统 DNS 的功能及工作原理，掌握浏览器的使用和信息搜索方法；掌握文件下载和电子邮件的收发；掌握利用浏览器检索和获取信息的方法，掌握各种搜索引擎搜索功能的使用和收藏网页，信息搜索及文件下载方法；了解常用双绞线的种类与应用场合；掌握双绞线的制作方法与连接方法；掌握网线连通性测试方法等。

3.7.1 网络寻址

计算机网络是靠网络地址（IP）、物理地址（MAC）和端口号的联合寻址来完成数据传送的。缺少其中的任何一个地址，网络都无法完成寻址。

IP 地址是由 TCP/IP 协议定义的地址，用来标志每台电脑所在的位置。正是由于有了 IP 地址，互联网中的每台电脑才能够跨越地域互相寻找并相互通信。IP 地址相对于互联网通信，其作用就像通信地址对于现实世界通信的作用。 IP 地址就像我们的家庭住址，如果你要写信给一个人，你必须知道其地址，邮递员通过地址将信送达，计算机世界的地址与现实世界的地址其表示方式是不同的。在电话通信系统中，电话用户是靠电话号码来识别对方的。同样，在网络中为了区别不同的计算机，也需要给计算机指定一个号码，这个号码就是“IP 地址”。

1. IP 地址的结构

IP 地址由 32 位二进制数组成，每 8 位组成一组，组间用点来隔开，即由四块 8 位组和三个小圆点组成。其结构如下所示：

8 位.8 位.8 位.8 位

计算机使用和理解 IP 地址是基于二进制的，一个 IP 地址的示例如下：

11000000.10101000.00000001.00000011

二进制是计算机使用的数制表示方法，为了方便使用者阅读和使用 IP 地址，通常 IP 地址会被转换成十进制。有一点需要强调的是，IP 地址在计算机内就是以二进制的形式存在的，平常为便于记忆和理解才以十进制的形式呈现。

二进制转换成十进制的方法见表 3.7.1。

表 3.7.1　二进制转换成十进制的方法

位号	8	7	6	5	4	3	2	1
二进制	1	1	1	1	1	1	1	1
十进制	2^7	2^6	2^5	2^4	2^3	2^2	2^1	2^0

从表 3.7.1 可以看出，从左往右，一个 8 位组的二进制数其不同位号的数与十进数间的关系就是 $2^{(n-1)}$，即二进制数第 5 位的“1”相当于十进制 2^4=16，一个 8 位组的二进制数转换成十进制的方法：将所有二进制数“1”对应的十进制数相加即得十进数的最后结果。

示例：$(11110011)_2=(2^7+2^6+2^5+2^4+2^1+2^0=243)_{10}$

由于 8 位组二进制数其最大值（8 个全是 1）是 255，因此一个 IP 地址的十进制表示不可以超过 255.255.255.255。

在 IP 地址的四个 8 位组中，可以分成两个部分，一是网络部分，二是主机部分。即 IP 地址=网络部分+主机部分。网络部分和主机部分的长度是可变的，其长度由主机数量确定。

2. IP 地址的分配

IP 地址=网络号+主机号。

IP 地址与现实世界的通信地址是一样的，它在互联网世界中必须是唯一的。为了实现 IP 地址的唯一性，它必须是受管理、由组织进行分配的。分配 IP 地址的机构是国际性组织，称为网络信息中心（Network Information Center，NIC），它负责分配 IP 地址中的网络部分。目前全世界共有三个这样的网络信息中心。

- InterNIC：负责美国及其他地区。
- ENIC：负责欧洲地区。
- APNIC：负责亚太地区。

我国申请 IP 地址要通过 APNIC，APNIC 的总部设在日本东京大学。申请时要考虑申请哪一类的 IP 地址，然后向国内的代理机构提出。

IP 地址分配采取分级管理机制，NIC 负责分配的是 IP 地址的网络部分，主机部分由使用的机构负责分配。

3. IP 地址的分类

Internet 管理委员会最初在定义 IP 地址的结构时，定义了 A、B、C、D、E 五类地址，其中 A、B、C 三类地址用于主机使用，D、E 两类地址用于管理和保留用途。A、B、C 三类地址其网络长度不同，其主机地址数量逐渐减少，最初设想分别用于大、中、小型网络。如图 3.7.1 所示是 IP 地址的分类图。

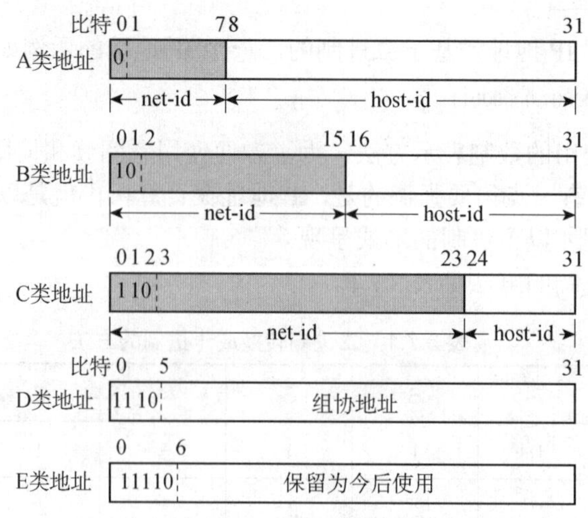

图 3.7.1 IP 地址的分类图

A 类地址的网络标志由第一组 8 位二进制数表示，A 类地址的特点是，网络标志的第一位二进制数取值必须为“0”。不难算出，A 类地址第一个地址为 00000001，最后一个地址是 01111111，换算成十进制就是 127，其中，127 留作保留地址。A 类地址的第一段范围：1～126，A 类地址允许有 $2^7-2=126$ 个网段（减 2 是因为 0 不用，127 留作他用），网络中的主机标志占 3 组 8 位二进制数，每个网络允许有 $2^{24}-2=16777216$ 台主机（减 2 是因为全 0 地址为网络地址，全 1 为广播地址，这两个地址一般不分配给主机）。A 类地址通常分配给拥有大量主机的网络。

B 类地址的网络标志由前两组 8 位二进制数表示，网络中的主机标志占两组 8 位二进制数，B 类地址的特点是网络标志的前两位二进制数取值必须为“10”。B 类地址第一个地址为 10000000，最后一个地址是 10111111，换算成十进制 B 类地址第一段范围就是 128～191，B 类地址允许有 $2^{14}=16384$ 个网段，网络中的主机标志占 2 组 8 位二进制数，每个网络允许有 $2^{16}-2=65533$ 台主机，适用于节点比较多的网络。

C 类地址的网络标志由前 3 组 8 位二进制数表示，网络中主机标识占 1 组 8 位二进制数。C 类地址的特点是网络标志的前 3 位二进制数取值必须为“110”。C 类地址第一个地址为 11000000，最后一个地址是 11011111，换算成十进制 C 类地址第一段范围就是 192～223，C 类地址允许有 $2^{21}=2097152$ 个网段，网络中的主机标志占 1 组 8 位二进制数，每个网络允许有 $2^8-2=254$ 台主机，适用于节点比较少的网络。

举个例子对 2^x 进行说明，如 C 类网络，每个网络允许有 $2^8-2=254$ 台主机，因为其主机部分位数为 8 位，其主机数量计算过程如下：

00000000 00000001 00000010 00000011 … 11111110 11111111

除去 00000000 和 11111111 外，从 00000001 到 11111110 共有 254 个变化，也就是 2^8-2 个。表 3.7.2 是 IP 地址的使用范围。

表 3.7.2 IP 地址的使用范围

网络类别	最大网络数	第一个可用的网络号	最后一个可用的网络号	每个网络中的最大主机数
A	126 (2^7-2)	1	126	16777214
B	16384 (2^{14})	128.0	191.255	65534
C	2097152 (2^{21})	192.0.0	223.255.255	254

综上所述，IP 地址分为 A、B、C、D、E 共五类地址，其中前三类是我们经常涉及的 IP 地址。分辨一个 IP 是哪类地址可以从其第一字节来区别。IP 地址的分类表见表 3.7.3。

表 3.7.3 IP 地址的分类表

IP 地址分类	IP 地址范围（第一字节值）
A 类	1～128（00000001～01111110）
B 类	128～191（10000000～10111111）
C 类	192～223（11000000～11011111）
D 类	224～239（11100000～11101111）
E 类	240～255（11110000～11111111）

4. 几个特殊的 IP 地址

（1）回送地址

A 类地址 127 是一个保留地址，用于网络软件测试及本地计算机的进程间通信，叫作回送地址（Loopback Address）。此地址是用于本机测试用的，其分组不会出现在任何网络上。回放地址的结构是 127.x.y.z，此地址不能配置给计算机使用。下列给出两种示例用法。

Ping 127.0.0.1，如果反馈信息失败，说明 IP 协议栈有错或网卡不能和 IP 协议栈进行联通，必须重新安装 TCP/IP 协议。

如果网卡没接网线，使用本机的一些服务，如 SQL Server、IIS 等，就可以用 127.0.0.1 这个地址。

（2）广播地址

TCP/IP 协议规定，主机号全为“1”（二进制）的网络地址用于广播，叫作广播地址。所谓广播，是指通过此地址能够一次性同一子网所有主机发送报文。如 192.168.1.0/24 子网，其广播地址就是 192.168.1.255。这个地址由系统进程或程序使用，管理员无法直接使用。

（3）网络地址

TCP/IP 协议规定，主机号全为“0”的网络号被解释成“本网络”。即网络本身，这个地址提供给路由器等路由设备使用与寻址，不能直接分给计算机使用。如 192.168.1.0/24 就是一个网络地址，它的可用主机范围为 192.168.1.1/24～192.168.1.254/24。如图 3.7.2 所示，网络地址和广播地址不能分配给主机。

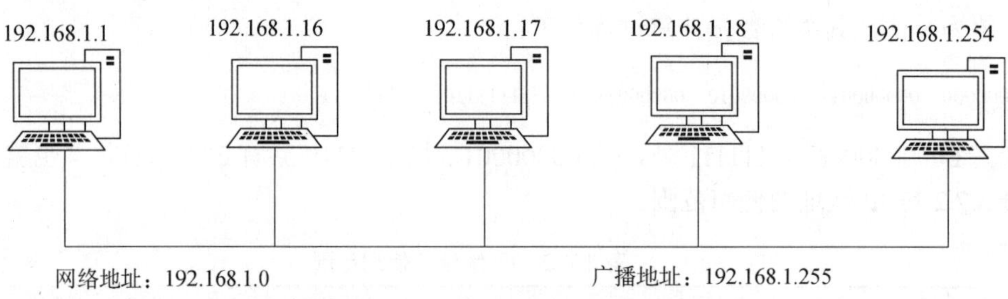

图 3.7.2 网络地址和广播地址不能分配给主机

5. 公有地址和私有地址

（1）私有地址

私有地址（Private Address）属于非注册地址，专门为组织机构内部使用。

现在使用的 IP 地址有 32 位，而且首 8 位地址范围为 1～223，实际的 IP 地址数量有限，随着全世界联网的人越来越多，IP 地址趋向不够使用。为了延迟 IP 地址使用紧张的情况，减缓 IP 地址衰竭的速度，NIC 提出了一个解决方案，即设置一些地址专供局域网使用，这些地址在所有的局域网内可重复使用，但是这些地址不能在互联网上使用。这些地址在访问互联网时，要转换成合法地址再访问。这种仅用在局域网内的地址称为“私有地址”，私有地址包括见表 3.7.4。

表 3.7.4 私有地址

分类	RFC 1918 定义的内部私有地址
A	10.0.0.0 ～ 10.255.255.255
B	172.16.0.0 ～ 172.31.255.255.255
C	192.168.0.0 ～ 192.168.255.255

（2）公有地址

公有地址（Public Address）由 Inter NIC（Internet Network Information Center，因特网信息中心）负责。这些 IP 地址分配给注册并向 Inter NIC 提出申请的组织机构。通过公有地址可直接访问因特网。在 A、B、C 三类 IP 地址中，除上述列出的私有地址外，其余均为公有地址。

随着 IP 地址的耗尽，新的 IP 版本已经开发，被称为 IPv6。而旧的 IP 版本被称为 IPv4。IPv6 中的 IP 地址使用 16 个字节即 128 位的地址编码，可以提供 2^{128} 个 IP 地址，约 3.4×10^{2} 个，IPv6 拥有足够的地址空间迎接未来的商业需要。

由于现有的数以千万计的网络设备不支持 IPv6，所以如何平滑地从 IPv4 迁移到 IPv6 仍然是个难题。不过，在 IP 地址空间即将耗尽的压力下，人们最终会使用 IPv6 的 IP 地址描述主机地址和网络地址。

6. 子网掩码

在使用图形界面给网卡配置 IP 地址时，紧跟 IP 地址后面的项目就是子网掩码。子网掩码对初学者而言是一个较难理解的概念。子网掩码与 IP 地址必须成对出现，用来表示所对应的 IP 地址中网络部分的长度。子网掩码的结构与 IP 地址相同，也是四块 8 位组，中间用小圆点来隔开的结构。子网掩码每位的取值是“0”或“1”，与其对应的 IP 地址相应位的取值无关，与 IP 地址对应位是否是网络部分相关，如对应位为网络部分，子网掩码的相应位取“1”，否则取“0”。计算机系统通过将 IP 地址与子网掩码进行“与”运算，即得出该 IP 地址的网络部分。A 类 IP 地址的标准子网掩码的生成示例见表 3.7.5。

表 3.7.5　A 类 IP 地址的标准子网掩码的生成示例

IP 地址	二进制	00001010	.	00000001	.	00000001	.	00000011
	十进制	10	.	1	.	1	.	3
子网掩码	二进制	11111111	.	00000000	.	00000000	.	00000000
	十进制	255	.	0	.	0	.	0

通过表 3.7.5 可以得出，B 类 IP 地址的子网掩码是 255.255.0.0，而 C 类 IP 地址的子网掩码是 255.255.255.0。

表 3.7.5 列出 A 类 IP 地址所对应的标准子网掩码，其实在实际使用中，网络往往并非总是标准的，如企业网络主机不多，使用 C 类地址会造成 IP 地址的浪费，此时我们可以将一个 C 类地址细分成更多的子网络，每个子网络要将原网络的一些“主机位”变成“网络位”以实现网络的细分，此时子网掩码就不再是标准的子网掩码。

7. 同网段问题

连接两层交换机的计算机，为了实现相互间的顺利通信，要求计算机的 IP 地址必须配置成同网段的地址。什么样的地址称为同网段地址呢？所谓的“同网段”，就是指所有 IP 地址除主机号不相同外，其网络号是完全相同的。如 10.1.1.1/8 与 10.2.2.2/8 由于其网络号均为“10”，因此这两个 IP 地址是同网段的，配置到交换机环境中可以正常通信。

需要注意的是，10.1.1.1/8 与 10.2.2.2/8 是同网段的，但 10.1.1.1/16 与 10.2.2.2/16 不是同网段的，由于前者网络号均是“10”，属于同网段；而后者一个网段是“10.1”，另一个是“10.2”，两个数字不相同，显然不应该是同网段的。

3.7.2 域名系统 DNS

使用 IP 地址表示一台计算机的地址，其点分十进制数不易记忆。由于没有任何可以联想的东西，即使记住后也很容易遗忘。于是技术人员在 Internet 上开发了一套计算机命名方案，称为域名服务（Domain Name Service，DNS），可以为每台计算机配置一个域名，由一串字符、数字和点号组成。DNS 将这个域名翻译成相应的 IP 地址，例如，北京信息工程学院服务器的域名是 www.biti.edu.cn（BITI 是北京信息工程学院的英文缩写），通过 DNS 解析这台服务器的 IP 地址是 200.68.32.35。域名（有时候是非常响亮的域名，如 www.8848.com 这样用喜马拉雅山高度命名的域名）的存在，使计算机的地址很容易被人记住。

1. 域名

域名是某台主机的名字。我们知道 www.biti.edu.cn 是北京信息工程学院的域名，也应理解它只是北京信息工程学院中某台主机的名字。

在国际上，规定域名是一个有层次的主机地址名，层次由“.”来划分，越靠后的部分，所在的层次越高。www.biti.edu.cn 这个域名中的 cn 代表中国，edu 表示教育机构，biti 则表示北京信息工程学院，www 表示北京信息工程学院 biti.edu.cn 主机中的 WWW 服务器。

域名的层次化不仅能使域名表现更多的信息，而且为 DNS 域名解析带来方便。域名解析依靠庞大的数据库完成解析过程，数据库中存放了大量域名与 IP 地址的对应记录。DNS 域名解析本来就是为了方便使用网络而增加的负担，层次化可以为数据库在大规模的数据检索中加快检索速度。

我国的中文域名系统为了追求名称简单、短小，采用非层次结构。如“北信”，就直接是北京信息工程学院的中文域名。

在域名的层次结构中，每个层次被称为一个域。cn 是国家和地区域，edu 是机构域。两个域遵循一种通用的命名。

常见的国家和地区域名有：cn，中国；us，美国；uk，英国；jp，日本；hk，香港；tw，台湾。

常见的机构域名有以下几种。

com：商业实体域名。这个域下一般都是企业、公司类型的机构。这个域的域名数量最多，而且还在不断增加，导致这个域中的域名缺乏层次，造成 DNS 服务器在这个域的技术上的重大负荷，以及管理上的困难。现已考虑把 com 域进一步划分出多个子域，新的商业域名注册在这些子域中实现。

edu：教育机构域名。这个域下的机构是大学、学院、中小学校、教育服务机构、教育协会。最近几年，这个域只给四年制以上的大学、学院，二年制的学院、中小学校不再注册新的 edu 域名。

net：网络服务域名。这个域名提供给网络提供商的机器、网络管理计算机和网络上的节点计算机。

org：非营利机构域名。

mil：军事用户。

gov：政府机构域名。不带国家域名的 gov 域由美国专用，只提供美国联邦政府的机构和办事处。

不带国家域名层的域名被称为顶级域名。顶级域名需要在美国注册。

2. DNS 服务原理

主机中的应用程序在通信时，把数据提交给 TCP 程序，同时还需要把目标端口地址、源端口地址和目标主机的 IP 地址提交给 TCP。目标端口地址和源端口地址供 TCP 程序封装 TCP 报头使用，目标主机的 IP 地址由 TCP 程序转交给 IP，供 IP 程序封装 IP 报头使用。

如果应用程序获取的是目标主机的域名而不是它的 IP 地址，就需要调用 TCP/IP 协议中应用层的 DNS 程序将目标主机的域名解析为它的 IP 地址。

一台主机为了支持域名解析，就需要在配置中指明为自己服务的 DNS 服务器。DNS 的工作原理如图 3.7.3 所示，主机为了解析一个域名，把待解析的域名发送给自己机器配置指明的 DNS 服务器，一般都是配置指向一个本地的 DNS 服务器。本地 DNS 服务器收到待解析的域名后，便查询自己的 DNS 解析数据库，将该域名对应的 IP 地址查到后，返还给主机。

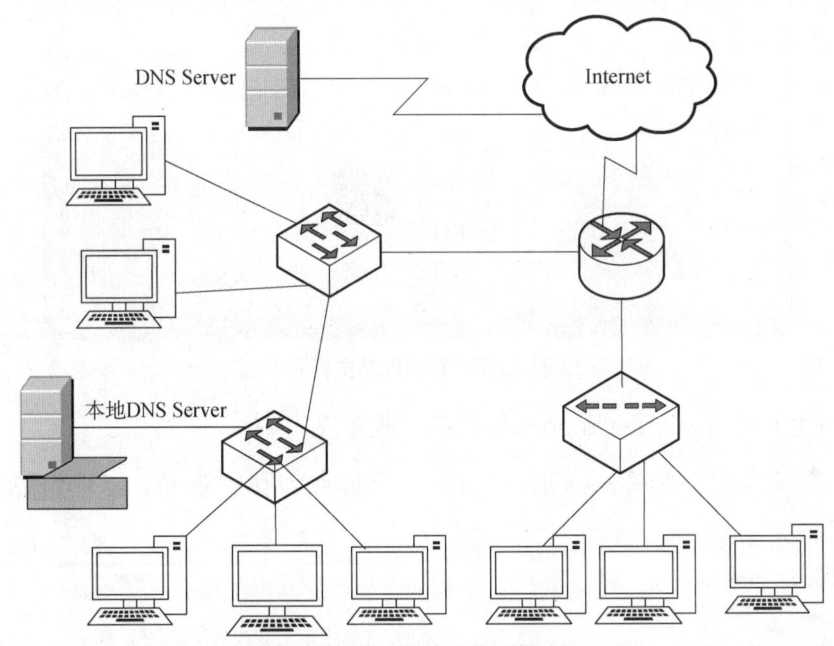

图 3.7.3　DNS 的工作原理

如果本地 DNS 服务器的数据库中无法找到待解析域名的 IP 地址，则将此解析提交给上级 DNS 服务器，直到查到需要寻找的 IP 地址。

本地 DNS 服务器中的域名数据库可以从上级 DNS 提供处下载，并得到上级 DNS 服务器的一种称为“区域传输（Zone Transfer）”的维护。本地 DNS 服务器可以添加本地化的域名解析。

3.7.3　浏览器与搜索引擎的使用

浏览器与搜索引擎已是当前使用计算机必备的工具软件，在此节中，将简单介绍浏览器与搜索引擎的使用，以便利用互联网收集与获取信息。

1. 浏览百度网站：“http：//www.baidu.com”，并把该网站设置为默认主页

方法 1：在地址栏直接输入网址 www.baidu.com，并按回车键。

方法 2：通过搜索引擎，搜索该网站。

方法 3：通过链接访问网站。

百度网站主界面如图 3.7.4 所示，单击下面的“把百度设为主页”，即可按照相应的操作步骤把百度设为主页，设置完成以后，每次打开浏览器都会打开主页网址，即百度网站。

图 3.7.4　百度网站主界面

2. 将百度网址 www.baidu.com 保存在“收藏夹”中

方法 1：收藏夹界面如图 3.7.5 所示，单击左上角的“收藏”菜单，打开“添加到收藏夹”对话框。

图 3.7.5　收藏夹界面

填写网页标题，然后单击“添加”按钮，即可把打开的网页添加到收藏夹中，以后需要访问该网站，只需单击网页上面的名称即可。

方法 2：单击百度标题栏右边的空白处，右键选择“添加到收藏夹”选项，打开“添加到收藏夹”对话框，也可收藏当前页面，添加到收藏夹界面如图 3.7.6 所示。

图 3.7.6 添加到收藏夹界面

3. 重新浏览曾经访问的网站

方法 1：利用地址栏列表。

方法 2：使用工具栏的“后退”“前进”按钮。

方法 3：使用工具栏的“历史记录”选项，如图 3.7.7 所示。

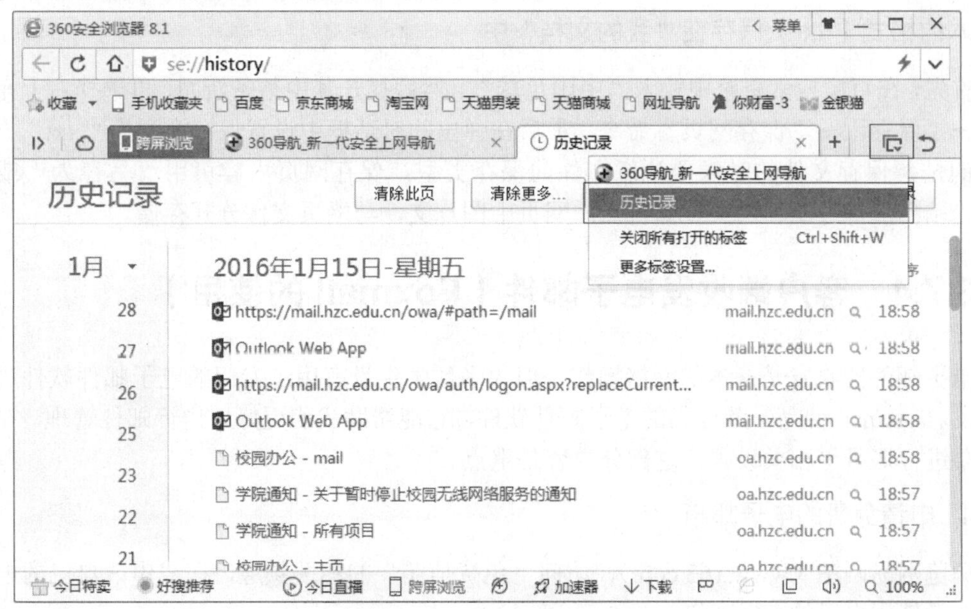

图 3.7.7 “历史记录”选项

在浏览器的右边选择“历史记录”选项，可以按日期打开最近一个月左右曾经访问的网页。

4. 利用因特网收集信息

将百度的首页保存在“我的文档”中，文件名为“百度首页.html”。

图 3.7.8 保存网页界面

单击右上角“菜单”→“保存”→“保存网页”命令，在保存位置中选择“我的文档”，设置文件名为“百度首页”，保存类型选择“网页”。

5. 利用百度搜索引擎，搜索关于“中国足球”的新闻，并将其中一条新闻的内容以记事本的格式（.txt）保存在“我的文档”中

首先，在百度搜索引擎中输入“中国足球”，然后打开其中某条新闻，再选择右上角“菜单”→“保存”→“保存网页”命令，最后在弹出的对话框中设置保存类型为“.txt”。需要注意的是，保存文件的时候要注意文件的保存类型；保存网页内容可用“另存为”或“复制”“粘贴”等方法。网页存储特点：网页中图片文件与网页文件分开存储。

3.7.4 客户端收发电子邮件（Foxmail 的使用）

电子邮件的收发是基本的网络操作，但大多数学生没有用过专门的电子邮件软件进行邮件收发。Foxmail 便是一款专门的电子邮件软件，它能帮助我们更好地进行邮件管理。在使用之前要进行账号等相关设置，这部分内容是重点。

1. 申请免费的电子邮箱

浏览网易网站（www.163.com），访问“免费信箱”的相关频道，在线申请自己的电子信箱，或者使用自己的 QQ 邮箱。

2. 下载 Foxmail 软件

先访问 Foxmail 主页（http：//www.foxmail.com.cn/）或在 360 软件管家中下载安装，然后双击打开安装包，开始安装。

3. 设置邮箱账号。

安装完成后，打开 Foxmail 软件，在菜单栏中打开“工具”选项，然后选择“账号管理”选项，建立新的用户账户如图 3.7.9 所示。设置后，单击“下一步”按钮，指定邮件服务器，如图 3.7.10 所示。

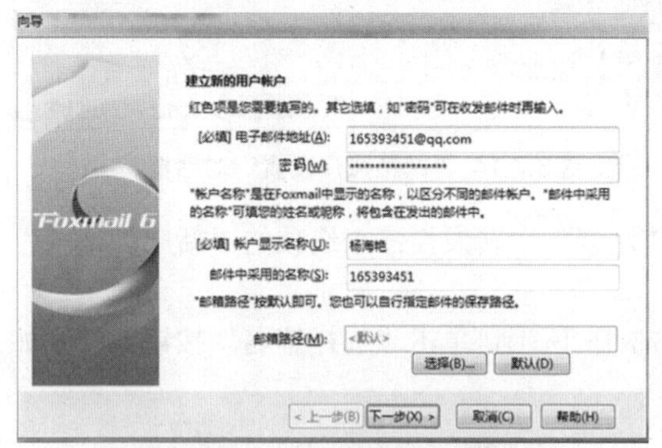

图 3.7.9　建立新的用户账户

向导
指定邮件服务器
IMAP（Interactive Mail Access Protocol）与POP3协议的主要区别是用户可以不用把所有的邮件全部下载，而通过客户端直接对服务器上的邮件进行操作。
接收服务器类型(T): IMAP
接收邮件服务器(I): imap.qq.com
邮件帐户(A): 165393451@qq.com
SMTP(Simple Mail Transfer Protocol)服务器用来中转发送您发出的邮件。SMTP服务器与POP3服务器可以不同。
发送邮件服务器(O): smtp.qq.com
高级(D)...
< 上一步(B)　下一步(X) >　取消(C)　帮助(H)

图 3.7.10　指定邮件服务器

单击“下一步”按钮，出现如图 3.7.11 所示的“账户建立完成”界面，单击“测试账户设置”按钮，弹出“测试账户设置”界面，等待几秒钟，显示如图 3.7.12 所示的账户测试完成界面。

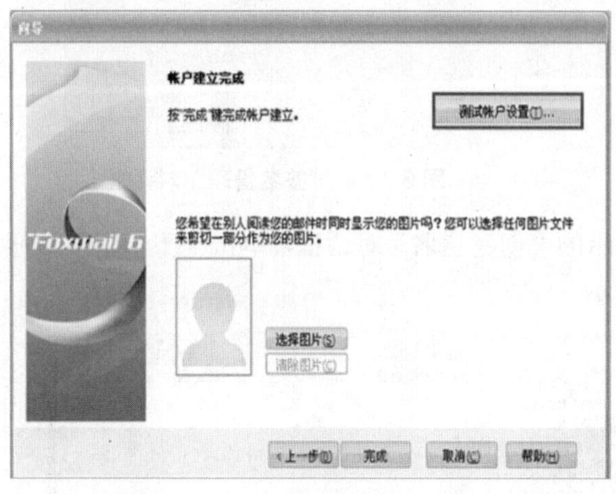

图 3.7.11　“账户建立完成”界面

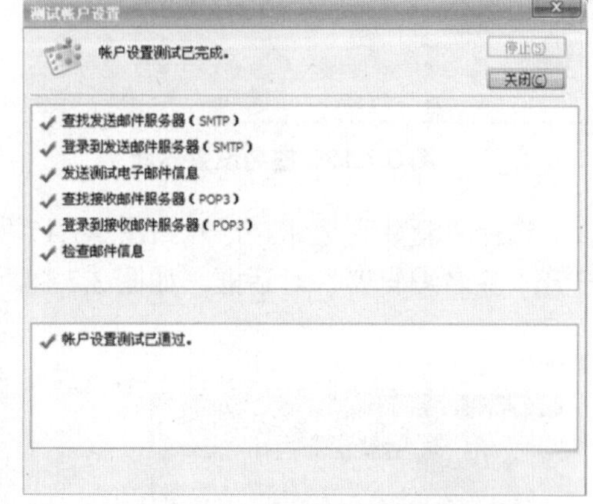

图 3.7.12　账户测试完成界面

单击 “关闭”按钮，返回如图 3.7.11 所示的界面，单击“完成”按钮，完成账户的设置。

4. Foxmail 签名（包括新建、回复、转发）

打开 Foxmail 软件后右击账号，账号属性界面如图 3.7.13 所示，选择“属性”命令，打开如图 3.7.14 所示“邮箱账户设置”对话框。

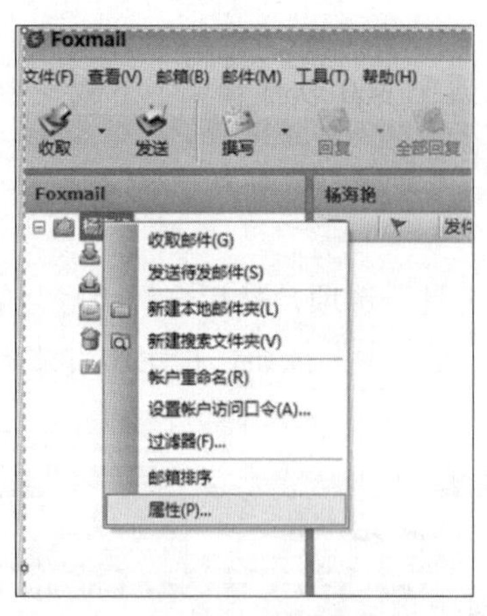

图 3.7.13　账号属性界面

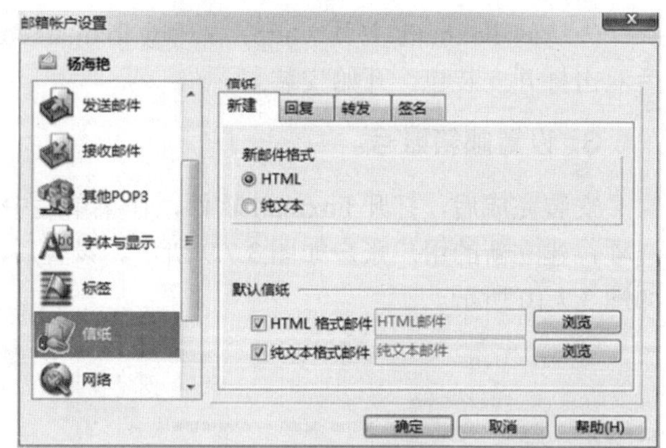

图 3.7.14　“邮箱账户设置”对话框

选择“信纸”选项，注意：先确认“新建”“回复”“转发”三个选项的“新邮件格式”为“HTML”，如图 3.7.14 所示。

选择“签名”选项卡，签名设置界面如图 3.7.15 所示，单击“选择签名”按钮，打开如图 3.7.16 所示的“签名管理”对话框。

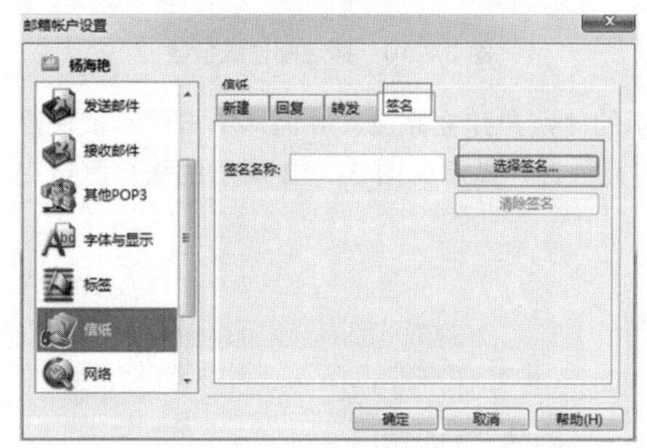

图 3.7.15　签名设置界面

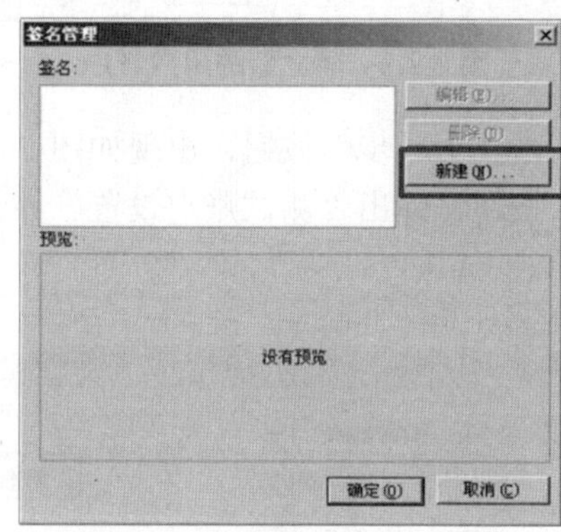

图 3.7.16　“签名管理”对话框

选择“新建”按钮，打开如图 3.7.17 所示的“创建签名”对话框，单击“下一步”按钮，打开“签名编辑器”对话框，如图 3.7.18 所示。

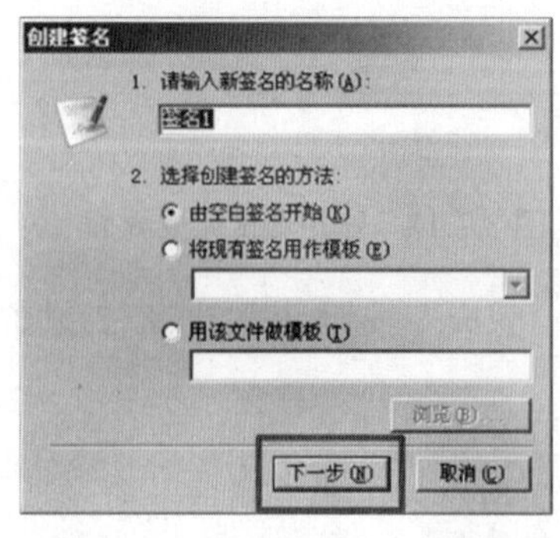

图 3.7.17　“创建签名”对话框

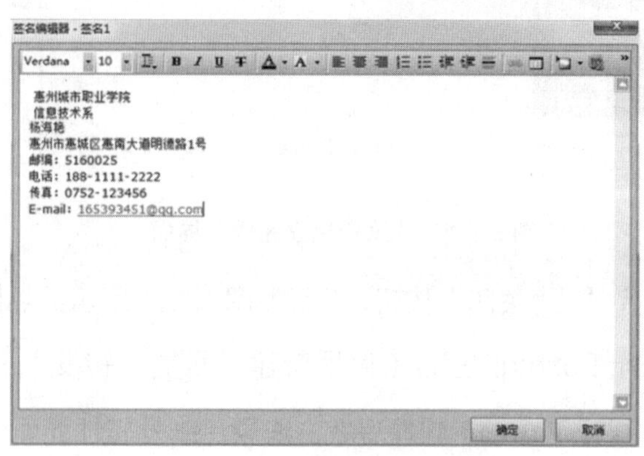

图 3.7.18　“签名编辑器”对话框

单击“确定”按钮，返回如图 3.7.19 所示的“签名管理”对话框。

单击“确定”按钮，即可完成签名设置，返回如图 3.7.20 所示的签名设置完成界面。至此，签名设置完成，以后每次发送邮件时都会自带签名信息。

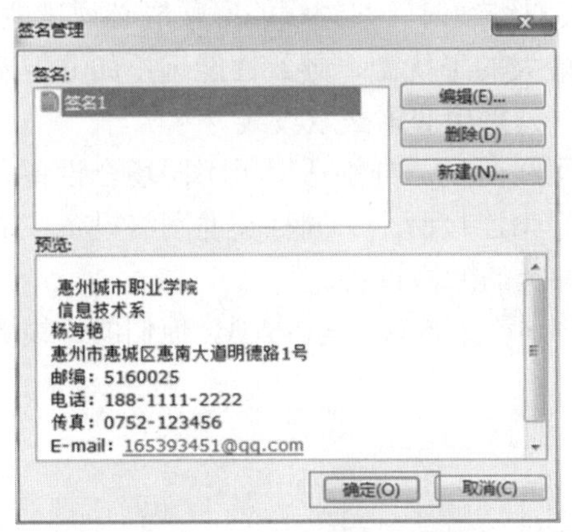

图 3.7.19 “签名管理”对话框

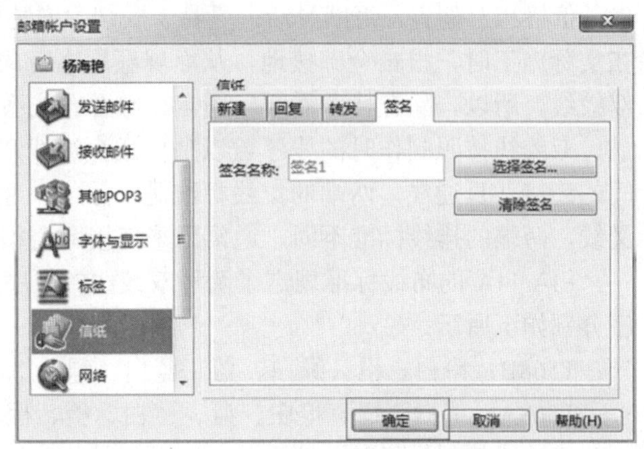

图 3.7.20 签名设置完成界面

5. 设置 Foxmail 请求回复

当收件人收到邮件后，请求回复已收到信息，需要设置请求回复功能，在撰写、回复、转发邮件时打开如图 3.7.21 所示的撰写按钮界面。

图 3.7.21 撰写按钮界面

设置请求回复，在“选项”下拉菜单中选择“请求阅读收条”，然后发送邮件即可向收件人请求回复，请求阅读收条界面如图 3.7.22 所示。

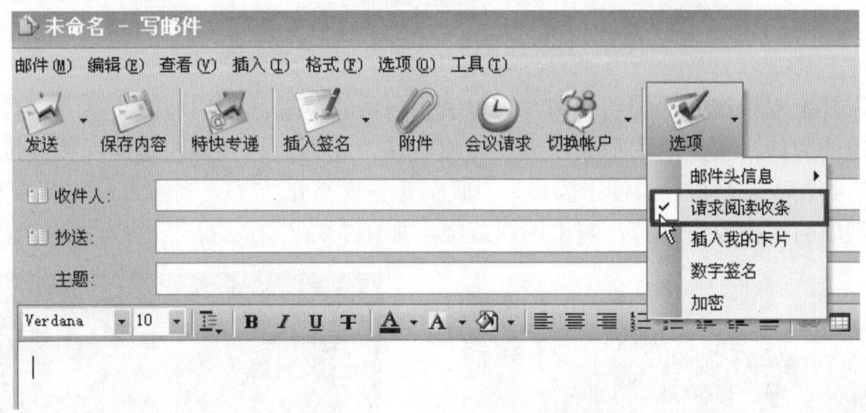

图 3.7.22 请求阅读收条界面

3.7.5 双绞线的制作与连接

双绞线俗称“网线”，双绞线由 8 根不同颜色的线分成 4 对绞合在一起，成对扭绞的作用是尽可能减少电磁辐射与外部电磁干扰的影响。在 EIA/TIA－568 标准中，将双绞线按电气特性区分为三类、四类、五类线。网络中最常用的是三类线和五类线，目前已有六类以上的类型。

双绞线可分为非屏蔽双绞线（Unshielded Twisted Pair，UTP）和屏蔽双绞线（Shielded Twisted Pair，STP）两种类型。

现在相对流行的是非屏蔽双绞线，非屏蔽双绞线无金属屏蔽材料，只有一层绝缘胶皮包裹，价格相对便宜，组网灵活，更易于安装。安装屏蔽双绞线时，双绞线的屏蔽层必须接地，在实际施工时，很难全部接地，从而屏蔽层本身成为最大的干扰源，导致性能远不如非屏蔽双绞线。所以，除有特殊需要，通常在综合布线系统中只采用非屏蔽双绞线。

双绞线按照制作时的线序可以制作成直通线和交叉线两类，分别适用于不同场合设备之间的连接。直通线，两端的排线标准是一致的，通常用来连接两个不同种类的网络设备；交叉线，两端的排线标准不同，通常用来连接两个相同种类的网络设备。

EIA/TIA 的布线标准规定了两种双绞线的线序，分别称为 568A 与 568B。他们的排线顺序分别如下所示：

T568B：橙白、橙、绿白、蓝、蓝白、绿、棕白、棕。

T568A：绿白、绿、橙白、蓝、蓝白、橙、棕白、棕。

双绞线的制作相对比较简单，下面将具体介绍双绞线的制作流程。

准备设备：压线钳和 RJ-45 插头，压线钳、水晶头、网线等工具如图 3.7.23 所示。首先利用压线钳的剪线刀口剪裁计划的双绞线长度。

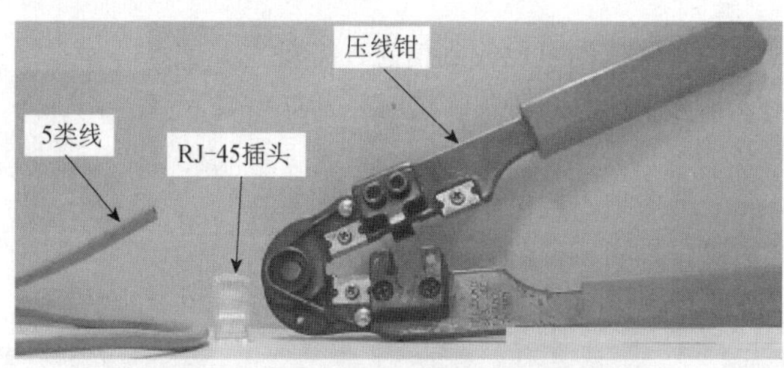

图 3.7.23　压线钳、水晶头、网线等工具

然后需要把双绞线的保护层剥掉，可以利用压线钳的剪线刀口将线头剪齐，再将线头放入剥线专用的刀口，稍微用力握紧压线钳慢慢旋转，让刀口划开双绞线的保护胶皮，注意不要将里面的芯线表皮刮破。为便于操作，一般剥开表皮 5cm 左右，剥线刀口如图 3.7.24 所示。

把切割后的保护胶皮去掉，露出四对线缆，如图 3.7.25 所示。

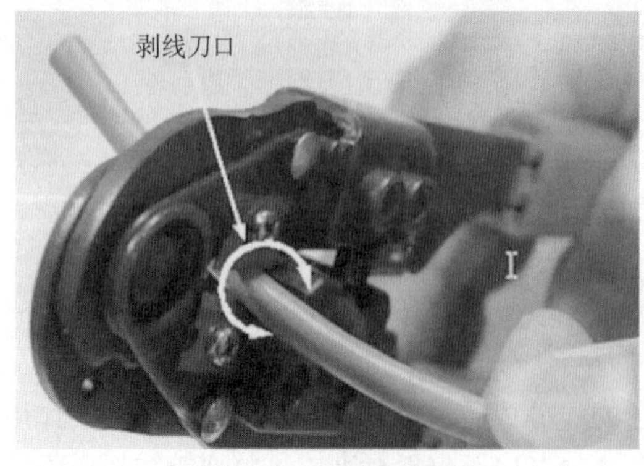

图 3.7.24　剥线刀口

图 3.7.25　四对线缆

需要把相互缠绕的线缆逐一解开，解开后则根据接线的规则把几组线缆依次排列并理顺，排列的时候应该注意尽量避免线缆的缠绕和重叠，线缆排列效果如图 3.7.26 所示。

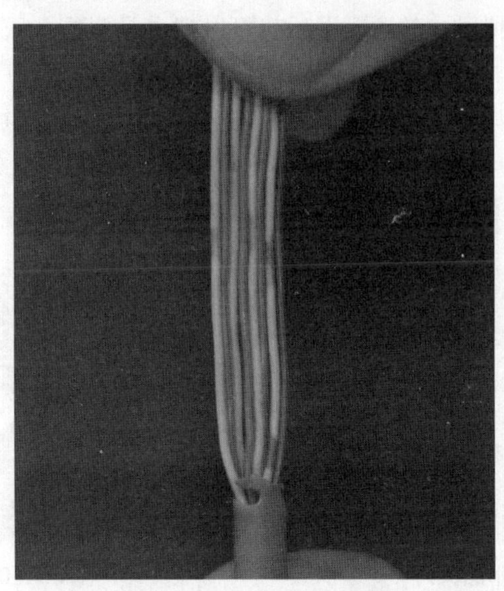

图 3.7.26　线缆排列效果

把线缆依次排列并理顺后，由于之前线缆是相互缠绕的，因此线缆会有一定的弯曲，因此我们应该把线缆尽量扯直并保持线缆扁平。扯直线缆的方法也十分简单，双手抓住线缆然后向两个相反方向用力，并上下扯一下即可。

然后细心检查一遍，之后利用压线钳的剪线刀口把线缆顶部裁剪成合适的长度，一般线缆预留的长度是 1.5cm 左右，剪线如图 3.7.27 所示。

一个简单的方法：通常压线钳挡位离剥线刀口长度恰好为水晶头长度。剥线过长或过短都会有问题，若剥线过长则不美观，并且，由于网线表层不能进入水晶头内被卡住，在平时使用时容易造成线芯松动；若剥线过短，则因有保护层塑料的存在，不能完全插到水晶头底部，造成水晶头插针不能与网线芯线完全接触，有可能造成网线无法接通。

剪线后如图 3.7.28 所示，大家应该尽量把线缆按紧，不要松手，并且应该避免大幅度的移动或者弯曲线缆，否则可能导致几组已经排列且裁剪的线缆出现不平整的情况。

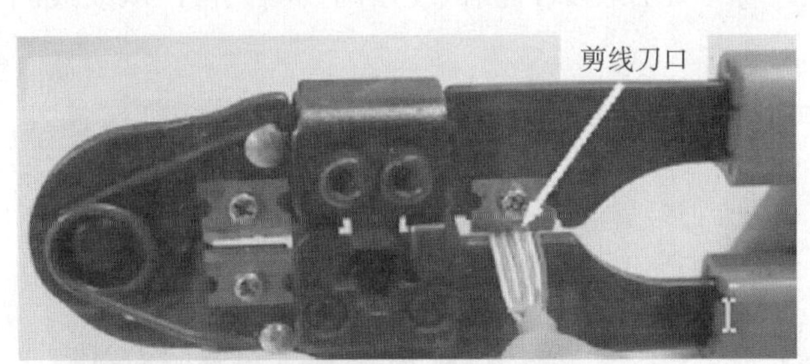

图 3.7.27　剪线

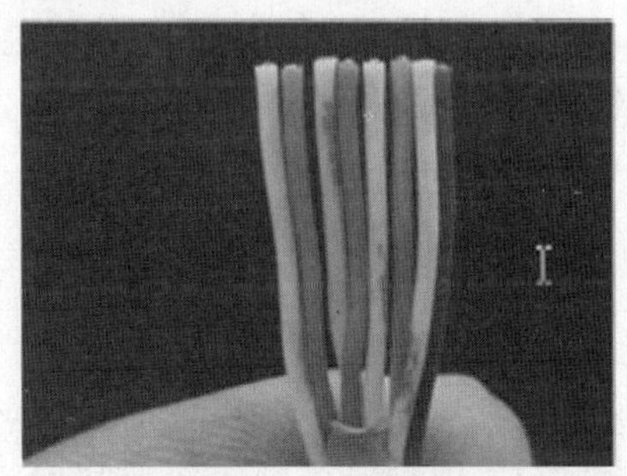

图 3.7.28　剪线后

然后把整理的线缆插入水晶头内。需要注意的是，要将水晶头有塑料弹簧片的一面朝下，有针脚的一面朝上，水晶头有方型孔的一端对着自己。此时，最左边的是第 1 脚，最右边的是第 8 脚。插入的时候需要注意缓缓地用力把 8 条线缆同时沿 RJ-45 水晶头内的 8 个线槽插入，一直插到线槽的顶端，线缆插入水晶头内如图 3.7.29 所示。

准备压线如图 3.7.30 所示，确认无误后就可以把水晶头插入压线钳的 8P 槽内压线，把水晶头插入后，抓住网线的手不要松开，需要用力将网线向压力钳方向顶，防止网线从 8P 槽内退出。另一只手用力握紧压线钳，使水晶头凸出在外面的针脚全部压入水晶头内，受力之后听到轻微的“啪”声即可。网线头如图 3.7.31 所示。

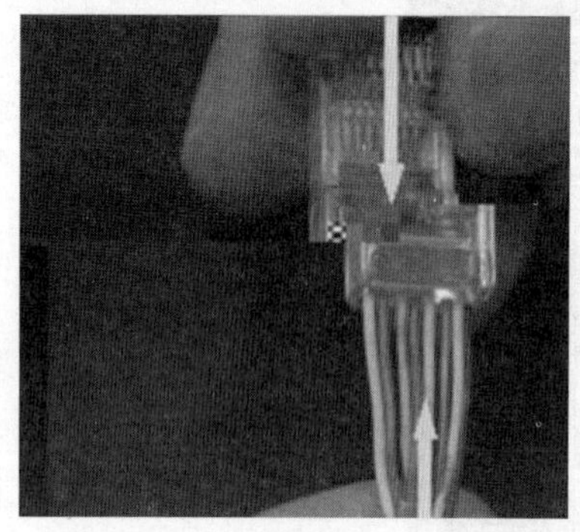

图 3.7.29 线缆插入水晶头内

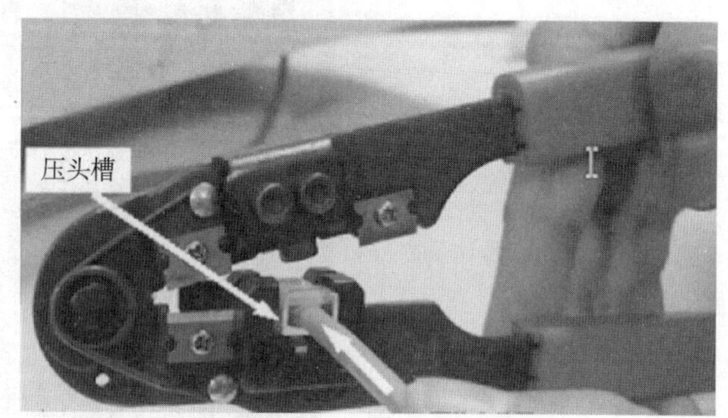

图 3.7.30 准备压线

完成并测试，在最后一步压线之前，我们可以从水晶头的顶部检查，看看是否每一组线缆都紧紧地顶在水晶头的末端，合格的网线头如图 3.7.32 所示。

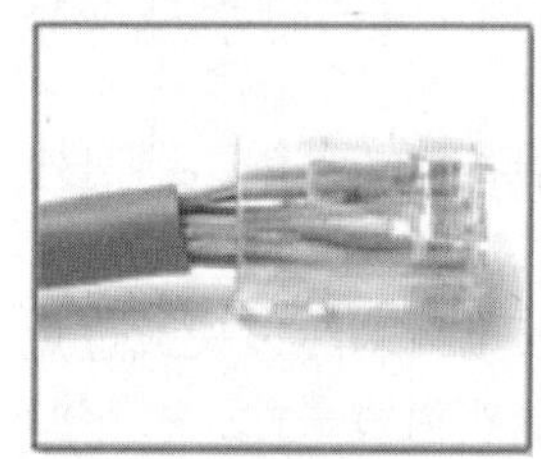

不合格的端接

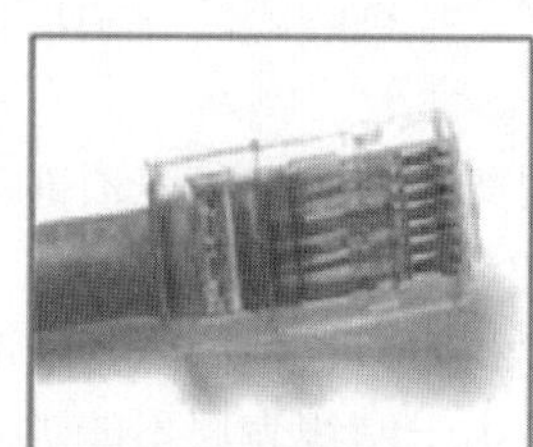

合格的端接

图 3.7.31 网线头

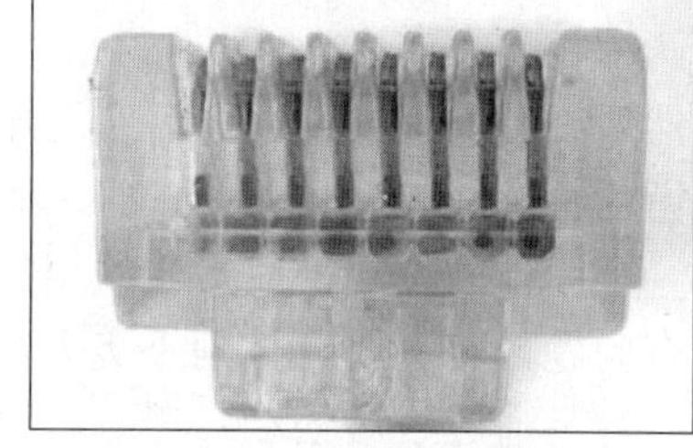

图 3.7.32 合格的网线头

压好的网线水晶头凸出在外面的针脚全部压入水晶头内，而且水晶头下部的塑料扣也压紧在网线的灰色保护层上。压好的网线头如图 3.7.33 所示。

双绞线制作完成后，需要使用测试仪进行导通性测试，测试使用网线测试仪，双绞线测试仪如图 3.7.34 所示。

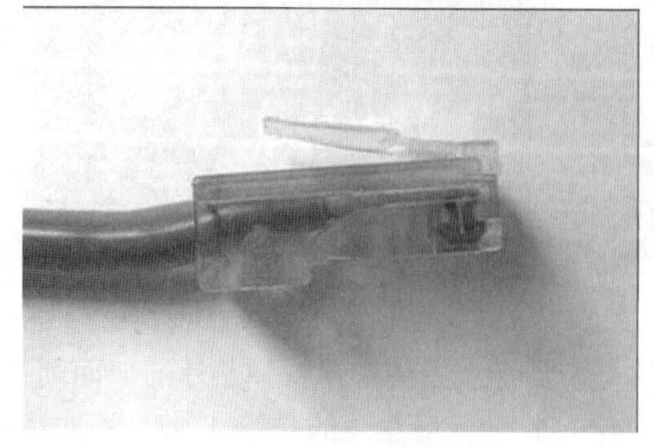

图 3.7.33 压好的网线头

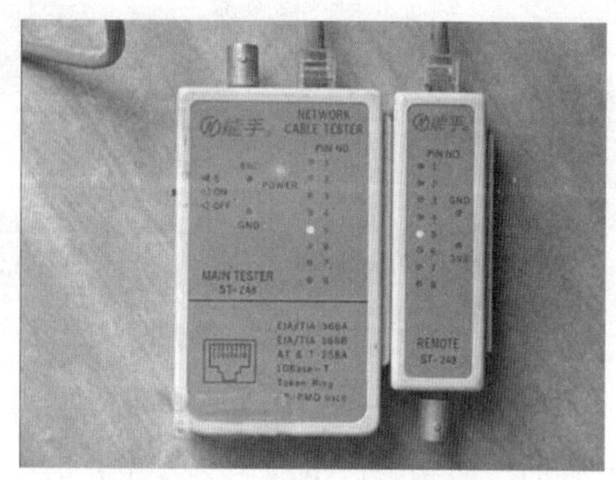

图 3.7.34 双绞线测试仪

根据测试仪接口情况的不同，可决定该测试仪可以测试的线缆类型。如图 3.7.34 所示的设备可以提供对同轴电缆的 BNC 接口网线及 RJ-45 接口网线进行测试。我们将 RJ-45 两端的接口插入测试仪的两个接口之后，打开测试仪可以看到测试仪上的两组指示灯都在闪动。若测试的线缆为直通线，在测试仪上的 8 个指示灯应该依次闪烁绿色，证明网线制作成功，可以顺利地完成数据的发送与接收。若测试的线缆为交叉线缆，一侧依次闪烁绿色，另一侧则会根据 3、6、1、4、5、2、7、8 这样的顺序闪烁绿色。

若出现任何一个灯为红色或黄色，都证明存在断路或者接触不良现象，此时最好先用压线钳对两端水晶头压一次，再测，如果故障依旧，再检查一下两端芯线的排列顺序是否一样，如果不一样，剪掉一端重新按另一端芯线排列顺序制作水晶头。如果芯线顺序一样，但测试仪在重测后仍显示红色或黄色，则表明其中对应芯线接触不良。此时选择其中一个水晶头重做，然后测试，如果故障消失，则不必重做另一端水晶头，否则另一端水晶头也需剪掉重做。直到测试全为绿色指示灯闪烁为止。

3.8 计算机网络领域的新技术

计算机网络是计算机技术与通信技术高度发展、紧密结合的产物，计算机网络技术的进步对当前信息产业的发展产生了重要影响。根据网络的覆盖范围与规模分类，计算机网络分为局域网、城域网和广域网。当前计算机网络研究与应用的主要问题是 Internet 技术及应用，高速网络技术与信息安全技术。计算机网络常用的传输介质有双绞线、光缆等有线介质和红外线、微波等无线介质。计算机网络按照网络的拓扑结构类型，可分为总线型、星型、环型、树型、复合型或网状型等。目前，计算机网络应用的主要领域是电子政务、电子商务、远程教育、远程医疗与社区网络服务。虚拟化技术、云计算技术、物联网技术等成为计算机网络领域新的研究与应用的热点。

计算机网络的广泛应用已经对经济、文化、教育、科学的发展与人类生活质量的提高产生了重要影响，同时也不可避免地带来一些新的社会、道德、政治与法律问题，网络与信息安全技术的研究与应用受到了人们的高度重视。

1. 虚拟化技术

虚拟化是一种资源管理技术，将计算机的各种实体资源，如服务器、网络、内存及存储等，抽象、转换后呈现出来，打破实体结构间的不可切割的障碍，使用户可以以比原本的组态更好的方式来应用这些资源。这些资源的虚拟部分不受现有资源的组织方式、地域或物理组态所限制。一般所指的虚拟化资源包括计算能力和资源存储能力。在实际的生产环境中，虚拟化技术主要用来解决高性能的物理硬件产能过剩和老旧硬件产能过低的重组重用，透明化底层物理硬件，从而最大化地利用物理硬件。

虚拟化技术与多任务，以及超线程技术是完全不同的。多任务是指在一个操作系统中多个程序一起运行，而在虚拟化技术中，则可以同时运行多个操作系统，而且每个操作系统中都有多个程序运行，每个操作系统都运行在一个虚拟的 CPU 或者虚拟主机上；而超线程技术只是单 CPU 模拟双 CPU 来平衡程序运行性能，这两个模拟出来的 CPU 是不能分离的，只能协同工作。CPU 的虚拟化技术可以单 CPU 模拟多 CPU 并行，允许一个平台同时运行多个操作系统，并且应用程序都可以在相互独立的空间内运行而互不影响，从而显著提高计算机的工作效率。虚拟化是云计算中非常关键的技术，将虚拟化技术应用到云计算平台中，可以获得更好的性能。

虚拟化技术可以分为平台虚拟化、资源虚拟化和应用程序虚拟化三类。我们通常所说的虚拟化主要是指平台虚拟化技术，针对计算机和操作系统的虚拟化。通过使用控制程序，隐藏特定计算机平台的实际物理特性，为用户提供抽象的、统一的、模拟的计算机环境。虚拟机中运行的操作系统称为客户端操作系统，运行虚拟机的真实系统我们称为主机系统。资源虚拟化主要针对特定资源，如内存、网络资源等。应用程序虚拟化包括仿真、模拟、解释技术等。

未来虚拟化的发展将是多元化的，包括服务器、存储、网络等更多的元素，用户将无法分辨哪些是虚，哪些是实。虚拟化将改变目前的传统 IT 架构，而且将互联网中的所有资源全部连在一起，形成一个大的计算中心，而我们不用关心这一切，只需要关心提供给我们的服务是否正常。

2. 云计算技术

云计算是对分布式计算、并行计算、网格计算及分布式数据库的改进处理及发展，或者说是这些计算机科学概念的商业实现。Google 在 2006 年首次提出云计算的概念。对于云计算的定义也有多种说法，目前广为接受的是美国国家标准与技术研究院的定义：云计算是一种按使用量付费的模式，这种模式提供可用的、便捷的、按需的网络访问，并进入可配置的计算机资源共享池（资源包括网络、服务器、存储、应用软件、服务），这些资源能够快速提供，只需很少的管理工作，或与服务供应商进行很少的交互。

云计算平台是建立在云资源上能够高效提供计算服务的平台。在云资源模式下，用户数据存储在云端，需要时可以直接从云端下载使用，软件由服务商统一部署在云端，并由服务商负责维护。云计算支持用户在任意位置、使用各种终端获取应用服务，用户无须了解也不必担心应用程序运行的具体位置。“云”就像一个庞大的资源池，用户按需购买，就像使用自来水、电、煤气那样计费。当云计算系统运算和处理的核心是存储和管理大量数据时，云计算系统中就需要配置大量的存储设备，云计算系统就变成一个云存储系统。

“互联网+”带来的在线数据量是指数据裂变需求与数据中心供给线性增长，推动数据中心需求和价值提升。中国社会即将进入大数据、云计算时代，随着智能终端、可穿戴设备、智能家居、物联网设备，以及基因测序的快速普及，用户每天的数据量、需求量持续上升，这将带动数据存储和在线数据分析的需求呈现指数爆发，预计未来 8 年国内在线数据量的复合增长率将会达到 84%，而线性增长的数据中心供给年复合增长率只有 30%～40%，这使得数据中心需求和价值不断增加。第三方数据中心增长远高于行业增长。

云计算技术，可以把所有的信息都汇集到互联网服务器里，然后通过手机、平板电脑等互联网移动设备获取信息。它最大的优势是通过整合资源，降低成本，加快运行速度，广泛运用于经济、科技、政府部门等领域。目前云计算在发达国家的使用已经相当成熟，使用率超过 80%，但是在中国，云计算技术还处在起步阶段，人才缺口超过 100 万人以上。

2014 年 6 月，《国务院关于加快发展现代职业教育的决定》提出，通过引进科研院所、企业、社会人士的力量，采用校企合作、联合办学等方式来培养适应产业发展需求的人才。

2015 年 1 月国务院印发《关于促进云计算创新发展培育信息产业新业态的意见》指出：鼓励普通高校、职业院校、科研院所与企业联合培养云计算相关人才，加强学校教育与产业发展的有效衔接，为云计算发展提供高水平智力支持。

2015 年 5 月，刘延东副总理在教育部启动“国家教育决策科学服务系统”应用的《教育要情》上批示：“运用大数据推进教育科学决策，是一项开创性的基础工作，望认真探索，早见成效。”

2015 年 7 月 4 日，国务院关于积极推进“互联网+”行动的指导意见。

2015 年 8 月 19 日，国务院通过了《关于促进大数据发展的行动纲要》。

2015 年 10 月教育部将“云计算技术与应用”专业列入高职专业目录，全国各高职院校，积极响应，开始筹划该专业建设的相关工作。围绕区域经济发展对人才的需求，产教融合，校企合作，实施专业共建，不断提升专业内涵、发展水平。

3. 物联网技术

物联网的理念最早出现于比尔・盖茨 1995 年所写的《未来之路》一书。1999 年，美国 Auto-ID 实验室首先提出了“物联网”的概念，即把所有物品通过射频识别等信息传感设备与互联网连接起来，实现智能化识别和管理。2005 年，国际电信联盟对物联网的概念进行了拓展，提出任何时间、任何地点、任何物体之间的互联，无处不在的网络和计算的发展蓝图。例如，当司机操作失误时，汽车会自动报警；公文包会提醒主人忘带了什么东西等。物联网的基础和核心依然是互联网，它是在互联网基础上延伸的网络，强调的是物与物、人与物之间的信息交互和共享。

物联网就是“物物相连的互联网”，是将物品的信息（各类型编码）通过射频识别、传感器等信息采集设备，按约定的通信协议和互联网连接起来，进行信息交换和通信，使物品的信息实现智能化识别、定位、跟踪、监控和管理的一种网络。

物联网的体系结构由感知层、网络层、应用层组成。感知层主要实现感知功能，包括信息采集、捕获和物体识别。网络层主要实现信息的传送和通信。应用层主要包括各类应用，如监控服务、智能电网、工业监控、绿色农业、智能家居、环境监控、公共安全等。全面感知、可靠传递和智能控制是物联网的核心能力。

物联网用途广泛，遍及智能交通、环境保护、政府工作、公共安全、平安家居、智能消防、工业监测、环境监测、路灯照明管控、景观照明管控、楼宇照明管控、广场照明管控、老人护理、个人健康、花卉栽培、水系监测、食品溯源、敌情侦查和情报搜集等多个领域。2012 年 2 月 14 日，中国的第一个物联网五年规划——《物联网“十二五”发展规划》，由工信部颁布，物联网在中国迅速崛起。

4. 大数据技术

最早提出“大数据”时代到来的是全球知名咨询公司麦肯锡，麦肯锡称：“数据，已经渗透到当今每个行业和业务职能领域，成为重要的生产因素。人们对于海量数据的挖掘和运用，预示新一波生产率增长和消费者盈余浪潮的到来。”“大数据”在物理学、生物学、环境生态学等领域，以及军事、金融、通信等行业存在已有时日，却因为近年来互联网和信息行业的发展引起人们的关注。

进入 2012 年，大数据（Big Data）一词越来越多地被提及，人们用它来描述和定义信息爆炸时代产生的海量数据，并命名与之相关的技术发展与创新。

数据正在迅速膨胀，它决定企业的未来发展，虽然很多企业可能并没有意识到数据爆炸性增长带来的隐患，但是随着时间的推移，人们将越来越多地意识到数据对企业的重要性。

正如《纽约时报》2012 年 2 月的一篇专栏中所称，“大数据”时代已经降临，在商业、经济及其他领域中，决策将日益基于数据和分析而做出，而并非基于经验和直觉。

哈佛大学社会学教授加里·金说：“这是一场革命，庞大的数据资源使得各个领域开始了量化进程，无论学术界、商界还是政府，所有领域都将开始这种进程。”

如今的大数据定义已越来越明确，从技术的角度来看，大数据（Big Data），是指无法在一定时间范围内用常规软件工具进行捕捉、管理和处理的数据集合，是需要新处理模式才能具有更强的决策力、洞察发现力和流程优化能力的海量、高增长率和多样化的信息资产。大数据的 5V 特点（IBM 提出）：Volume（大量）、Velocity（高速）、Variety（多样）、Value（低价值密度）、Veracity（真实性）。

2016 年 2 月北京大学、对外经济贸易大学及中南大学成功申请数据科学与大数据技术专业，2017 年 3 月教育部公布了 32 所高校新增数据科学与大数据技术专业。

2016 年 3 月国家将大数据战略纳入“十三五”规划。

【课后练习】

一、填空题

1. 计算机网络是（　）技术和（　）技术相结合的产物。

2. 现在最常用的计算机网络拓扑结构是（　）。

3. 局域网的英文缩写为（　），广域网的英文缩写为（　）。

二、选择题

1. 根据计算机网络拓扑结构的分类，Internet 采用的是（　）拓扑结构。

A. 总线型　　B. 星型　　C. 树型　　D. 网状型

2. 随着微型计算机的广泛应用，大量的微型计算机通过局域网连入广域网，而局域网与广域网的互联是通过（　）实现的。

A. 通信子网　　B. 路由器　　C. 城域网　　D. 电话交换网

3. 网络是分布在不同地理位置的多个独立的（　）的集合。

A. 局域网系统　　B. 多协议路由器　　C. 操作系统　　D. 自治计算机

4. 计算机网络拓扑是通过网中节点与通信线路之间的几何关系表示网络结构的，它反映网络中各实体间的（　）。

A. 结构关系　　B. 主从关系　　C. 接口关系　　D. 层次关系

三、简答题

1. 计算机网络的基本功能是什么？

2. 常见的网络拓扑结构有哪些？各自有何特点？

3. 通信子网与资源子网的联系与区别是什么？

四、操作题

1. 根据实际制作结果填写交叉线两端的连线情况。连线是否正确？如不正确，为什么？

连接号	第 1 对	第 2 对	第 3 对	第 4 对	第 5 对	第 6 对	第 7 对	第 8 对
A 端 RJ-45								
B 端 RJ-45								

2. 根据实际制作结果填写直通线两端的连线情况。连线是否正确？如不正确，为什么？

连接号	第 1 对	第 2 对	第 3 对	第 4 对	第 5 对	第 6 对	第 7 对	第 8 对
A 端 RJ-45								
B 端 RJ-45								

3. 描述直通线和交叉线在测试仪上测试时，两端指示灯怎样闪烁，网线才算制作合格。

第 4 章　办公软件 Word 2013

Word 2013 是 Microsoft 公司推出的文字处理软件 Office 组件之一，是目前世界上最流行的文字编辑软件，可方便地对文字、图片进行编辑和排版，制作不同类型的专业文档。本章将通过任务详细介绍 Word 2013 的使用。

4.1　制作公司通知文件

通知是在学校、单位、公共场所经常可以看到的一种公文。常用的通知有会议通知、评优通知、比赛通知、放假通知等。正式的公文分为眉首、主体、版记三部分要素，本节内容是制作一份公司评选优秀员工的通知公文。

第 1 步：启动 Word 2013，打开“评优通知素材”文档。

启动 Word 2013“开始”→“所有程序”→“Microsoft Office”→“Microsoft Word 2013”，开始菜单如图 4.1.1 所示，进入空白文档，单击“文件”→“打开”→“计算机”→“浏览”，打开素材如图 4.1.2 所示，打开“4.1 评优通知素材”文档。

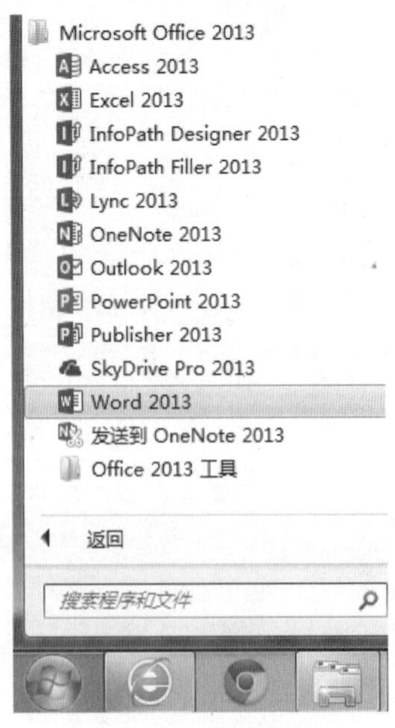

图 4.1.1　开始菜单

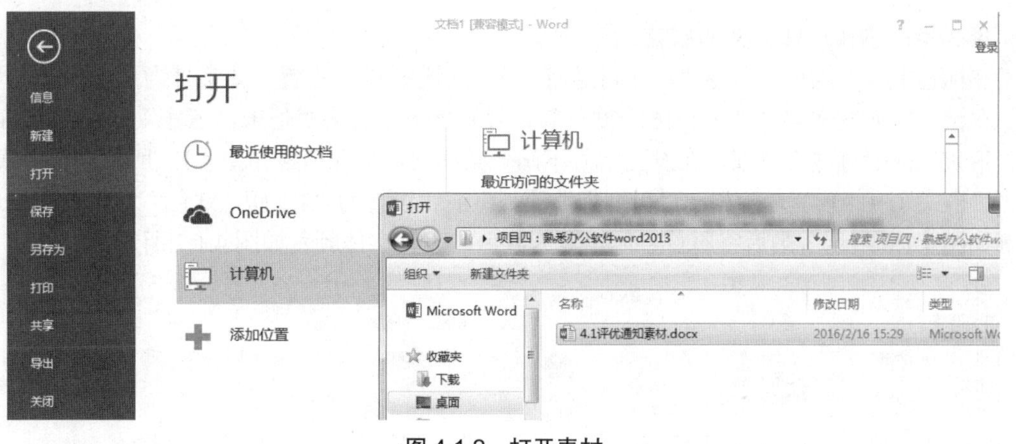

图 4.1.2　打开素材

第 2 步：对通知公文主体进行格式设置。

① 设置标题格式。在文档编辑区闪烁位置，即为光标。选中标题，设置字体字号为“黑体，小二，居中”，如图 4.1.3 所示。

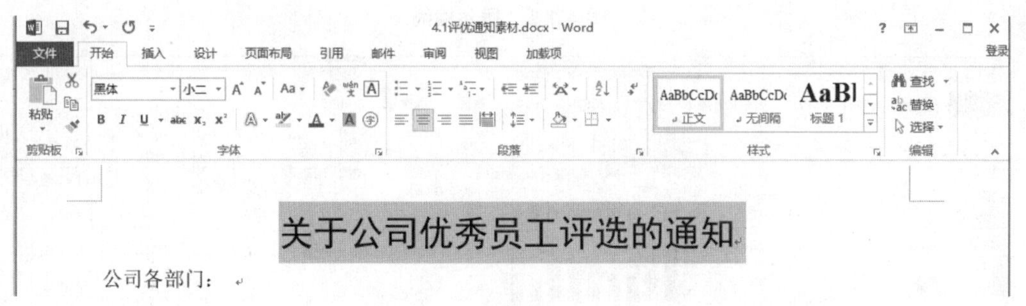

图 4.1.3　设置字号与字体

② 设置正文格式。选中正文，设置字体字号为“仿宋，小四”；针对部分内容，如“公司各部门”“一、评选活动目的”“二、评选时间”“三、评选名额”等设置字体字号为“仿宋，四号，加粗”，将正文行距设置为“固定值，18 磅”，设置行距如图 4.1.4 所示。

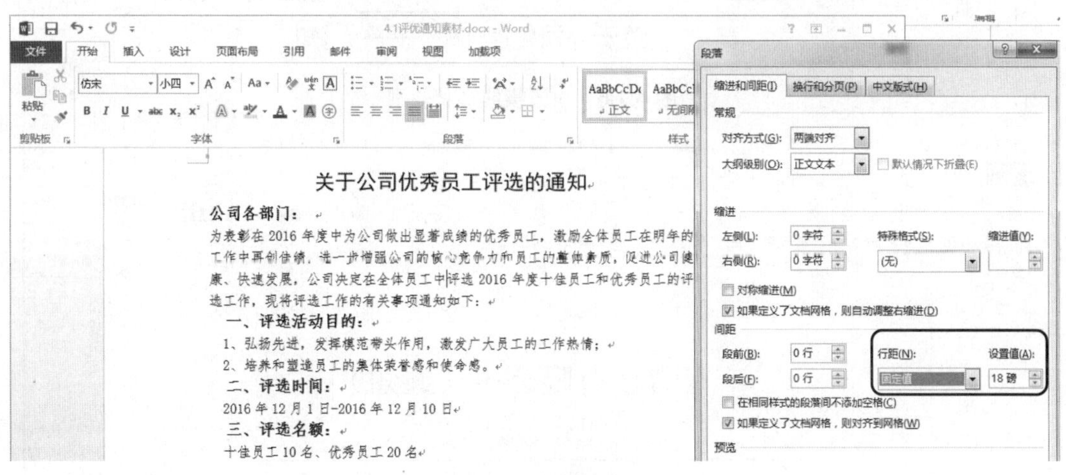

图 4.1.4　设置行距

第 3 步：制作通知公文的眉首。

在标题上方插入公司名称“广东奇达有限公司（通知）”，设置字体字号为“宋体，一号”；按回车键，输入发文字号“〔2016〕69 号”，设置字体字号为“仿宋，三号”；单击“插入”→“形状”→“直线”选项，在发文字号下画一条横线，插入横线如图 4.1.5 所示；选中横线，单击“格式”→“形状轮廓”→“粗细”选项，将横线设置为“1.5 磅，红色”，设置横线形状轮廓如图 4.1.6 所示；最后将眉首字体设置为红色，设置字体颜色如图 4.1.7 所示。

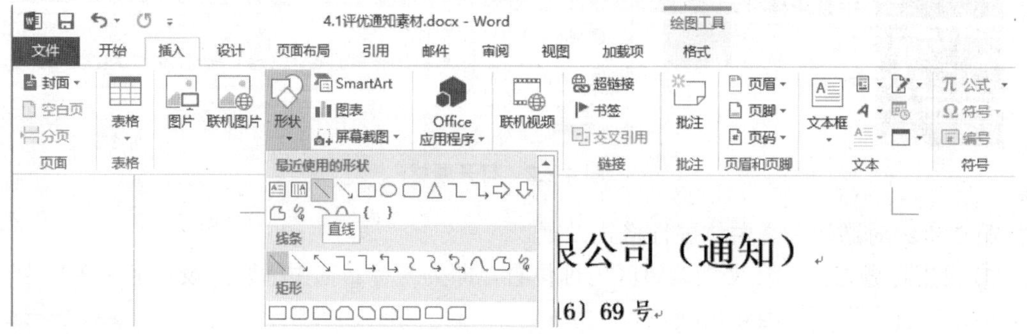

图 4.1.5　插入横线

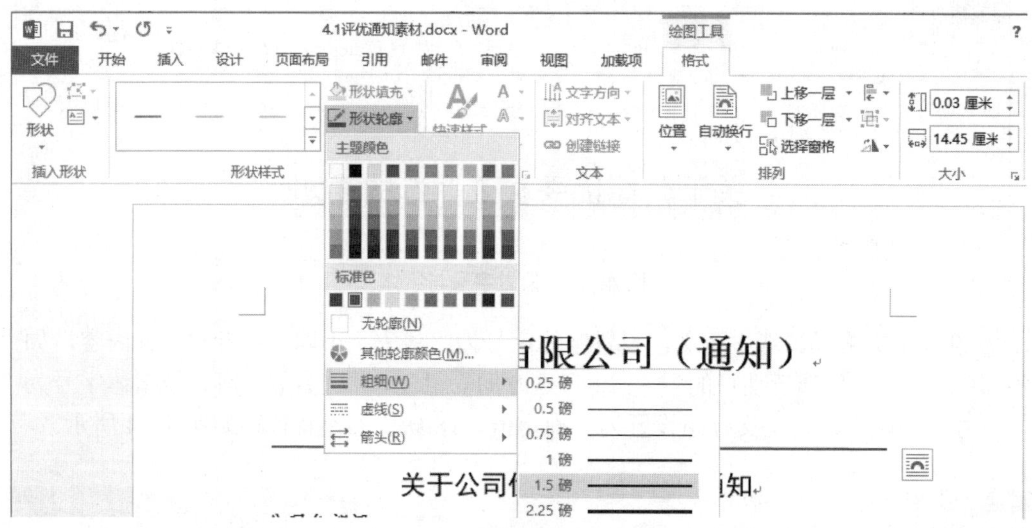

图 4.1.6　设置横线形状轮廓

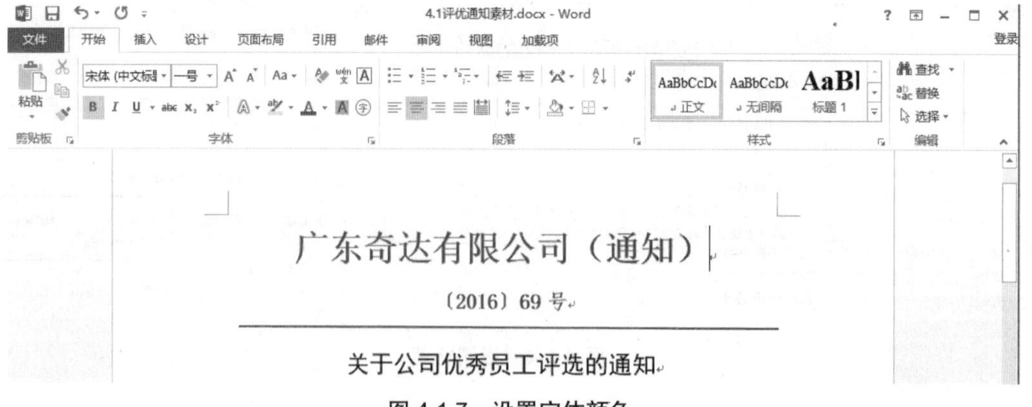

图 4.1.7　设置字体颜色

 注意：

1. 按 Ctrl+A 键可以选取整篇文档。
2. 按键盘的 F1 键，可以显示文档的帮助界面，输入问题即可搜索答案。

第 4 步：制作通知公文的版记。

在正文下方输入“主题词：评选优秀员工　通知”，设置字体、字号为“黑体，小三”；按回车键输入“主送：总经理室　抄送：各部门”，设置字体、字号为“仿宋，小三”，行距为“固定值，20 磅”；同第 3 步方法一样画两条横线，通知效果如图 4.1.8 所示。

广东奇达有限公司（通知）

〔2016〕69 号

关于公司优秀员工评选的通知

公司各部门：

为表彰在 2016 年度中为公司做出显著成绩的优秀员工，激励全体员工在明年的工作中再创佳绩，进一步增强公司的核心竞争力和员工的整体素质，促进公司健康、快速发展，公司决定在全体员工中评选 2016 年度十佳员工和优秀员工的评选工作，现将评选工作的有关事项通知如下：

一、评选活动目的：

1、弘扬先进，发挥模范带头作用，激发广大员工的工作热情；

2、培养和塑造员工的集体荣誉感和使命感。

二、评选时间：

2016 年 12 月 1 日-2016 年 12 月 10 日

三、评选名额：

十佳员工 10 名、优秀员工 20 名

四、评选标准：

1、忠诚守信，认同公司文化与理念，在公司工作达两年；

2、对本岗位业务技能熟练，热爱本职工作，责任心强，吃苦耐劳；

3、严格遵守公司各项规章制度，无迟到、早退、请假情况；

4、极具团队合作精神，有大局观，服从公司安排。

五、评选程序：

1、各部门负责人组织本部门员工公平公开评选出 5 名员工参与评比。

2、部门负责人于 2016 年 12 月 10 日中午 12 点前将评选出名单交人力资源部。

3、人力资源部 2016 年 12 月 13 日下午组织评选，并将评选出的十佳员工、优秀员工报总经理审阅。

人力资源部

2016 年 11 月 26 日

主题词：评选优秀员工 通知

主送：总经理室

抄送：各部门

图 4.1.8　通知效果图

第 5 步：保存通知公文为 PDF 格式。

单击“文件”→“导出”→“创建 PDF/XPS 文档”选项，选择保存路径，并将文件命名为“评优通知公文.pdf”，导出为 PDF 文档如图 4.1.9 所示。

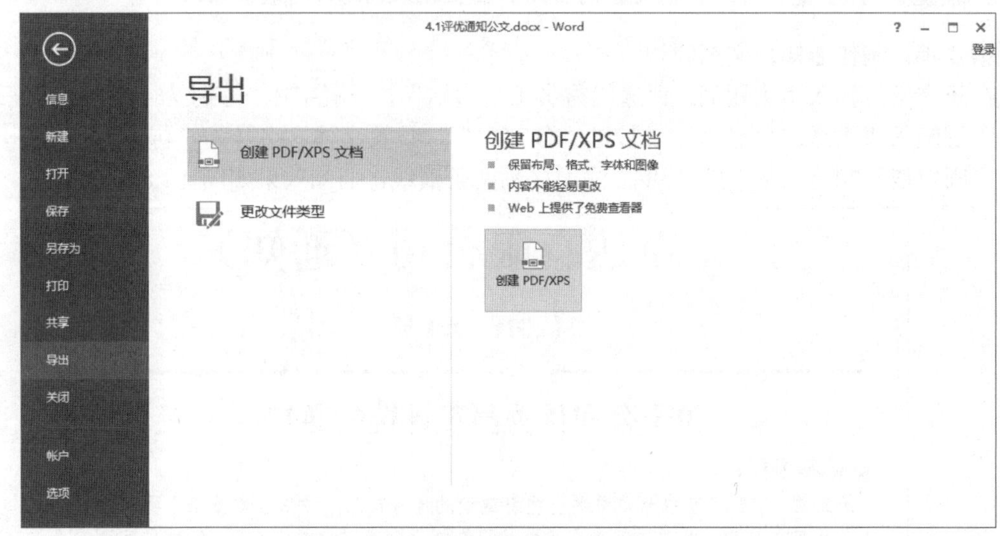

图 4.1.9　导出为 PDF 文档

至此，本节任务步骤全部完成。

【课后练习】

制作一份如图 4.1.10 所示的通知公文。

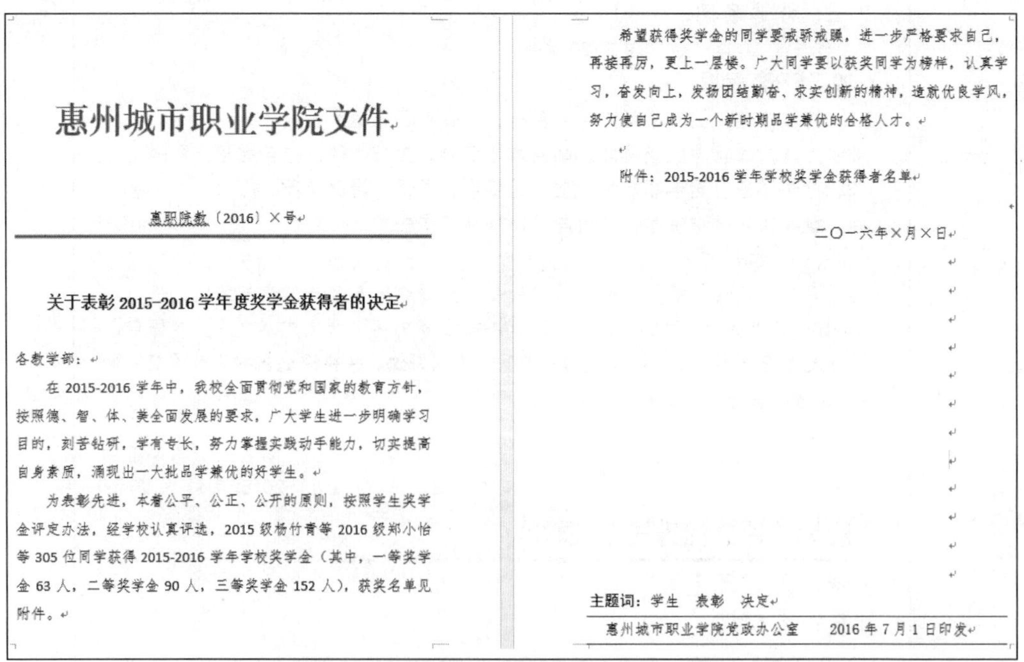

惠州城市职业学院文件

惠职院教〔2016〕×号

关于表彰 2015-2016 学年度奖学金获得者的决定

各教学部：

在 2015-2016 学年中，我校全面贯彻党和国家的教育方针，按照德、智、体、美全面发展的要求，广大学生进一步明确学习目的，刻苦钻研，学有专长，努力掌握实践动手能力，切实提高自身素质，涌现出一大批品学兼优的好学生。

为表彰先进，本着公平、公正、公开的原则，按照学生奖学金评定办法，经学校认真评选，2015 级杨竹青等 2016 级郑小怡等 305 位同学获得 2015-2016 学年学校奖学金（其中，一等奖学金 63 人，二等奖学金 90 人，三等奖学金 152 人），获奖名单见附件。

希望获得奖学金的同学要戒骄戒躁，进一步严格要求自己，再接再厉，更上一层楼。广大同学要以获奖同学为榜样，认真学习，奋发向上，发扬团结勤奋、求实创新的精神，造就优良学风，努力使自己成为一个新时期品学兼优的合格人才。

附件：2015-2016 学年学校奖学金获得者名单

二〇一六年×月×日

主题词：学生　表彰　决定

惠州城市职业学院党政办公室　2016 年 7 月 1 日印发

图 4.1.10　通知公文

4.2 使用表格制作工作日程表

设计适合本部门的周工作备忘录，可以很好地提高员工的工作效率。建立一周的工作日程，最好的方式是使用表格，本节内容就是利用表格设计一份周工作备忘日程。

第1步：建立“一周工作日程表”表格雏形。

新建空白文档，输入表名“一周工作日程表”和时间，分别设置字体、字号为“宋体，二号”和“宋体，三号”，输入表名和时间如图4.2.1所示；插入表格，单击“插入”→“表格”→“插入表格”选项，插入一个10行4列的表格，输入表格内容，编辑表格内容如图4.2.2所示。

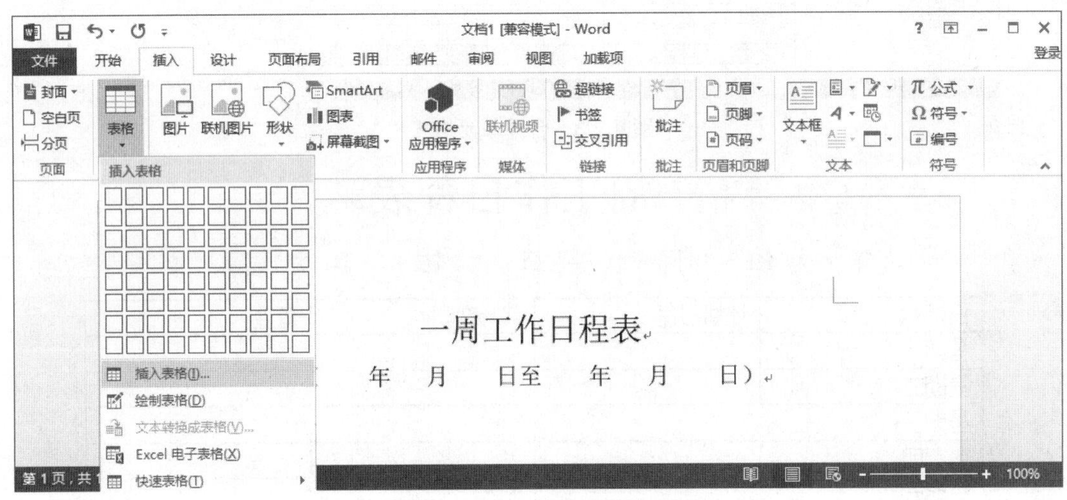

图4.2.1 输入表名和时间

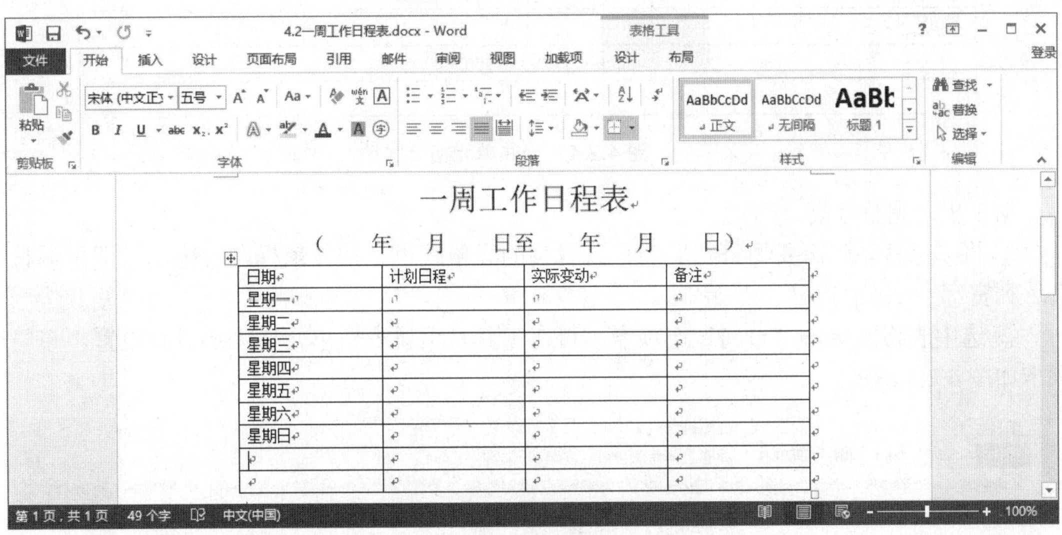

图4.2.2 编辑表格内容

第 2 步：合并单元格。

将光标移到第 9 行，选中表格第 9 行，右击，在弹出的快捷菜单中选择“合并单元格”选项，合并单元格 1 如图 4.2.3 所示；用同样的方法将第 10 行合并，合并单元格 2 如图 4.2.4 所示。

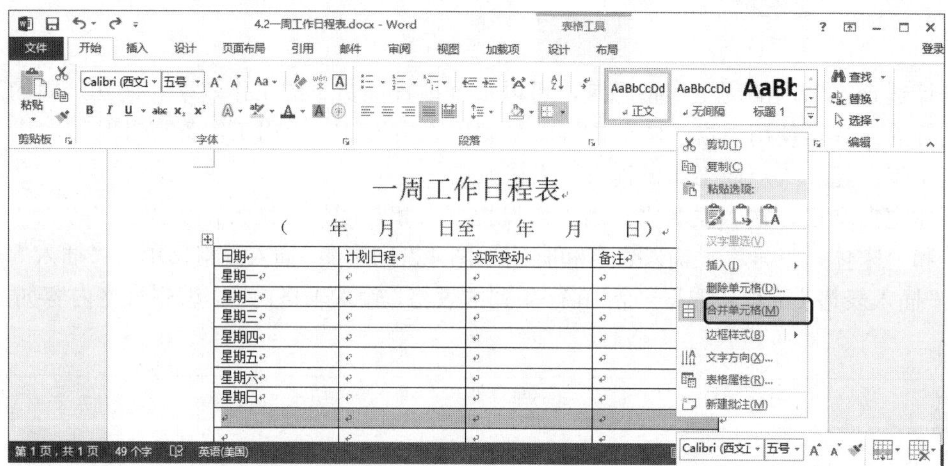

图 4.2.3 合并单元格 1

一周工作日程表

（ 年 月 日至 年 月 日）

日期	计划日程	实际变动	备注
星期一			
星期二			
星期三			
星期四			
星期五			
星期六			
星期日			
本周重点及特别说明			

图 4.2.4 合并单元格 2

第 3 步：调整行高、列宽。

① 将鼠标移动到想要调整宽度的行或者列的表格线上，按住鼠标左键拖动，即可调整行高、列宽。

② 选中表格，单击“布局”选项卡，可在工具栏里对表格单元格大小进行设置，布局选项卡如图 4.2.5 所示。

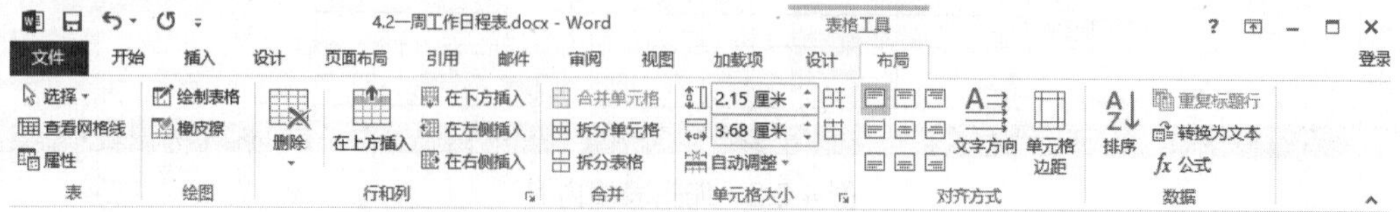

图 4.2.5 布局选项卡

调整表格大小如图 4.2.6 所示。

一周工作日程表

（　　年　月　　日至　　年　　月　　日）

日期	计划日程	实际变动	备注
星期一			
星期二			
星期三			
星期四			
星期五			
星期六			
星期日			
本周重点及特别说明			

图 4.2.6　调整表格大小

第 4 步：设计表格样式。

① 选中表格，单击“设计”选项卡，选择“网格表 5 深色–着色 1”选项，“设计”选项卡如图 4.2.7 所示；单击“设计”→“边框样式”选项，将表格外框设置为“双实线，深蓝色，2.25 磅”，表格内框设置为“单实线，深蓝色，0.5 磅”，设置表格外框如图 4.2.8 所示。

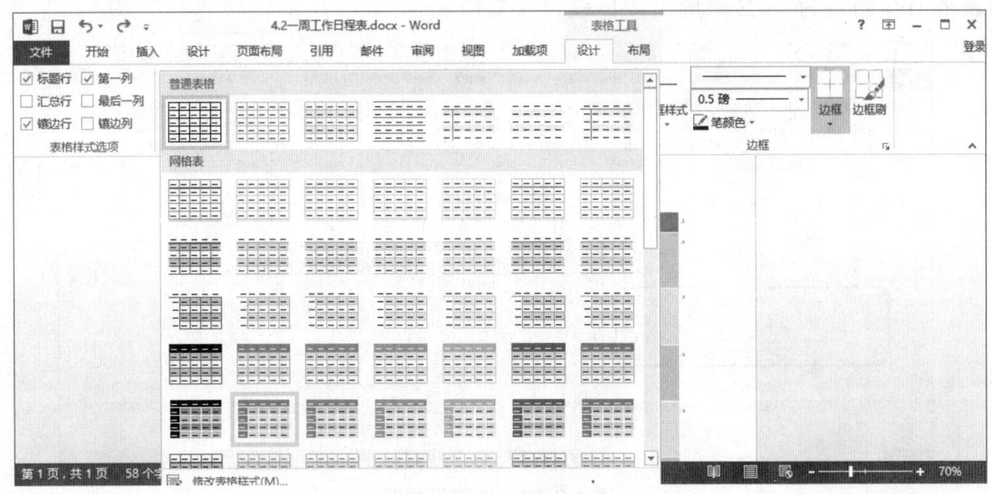

图 4.2.7　“设计”选项卡

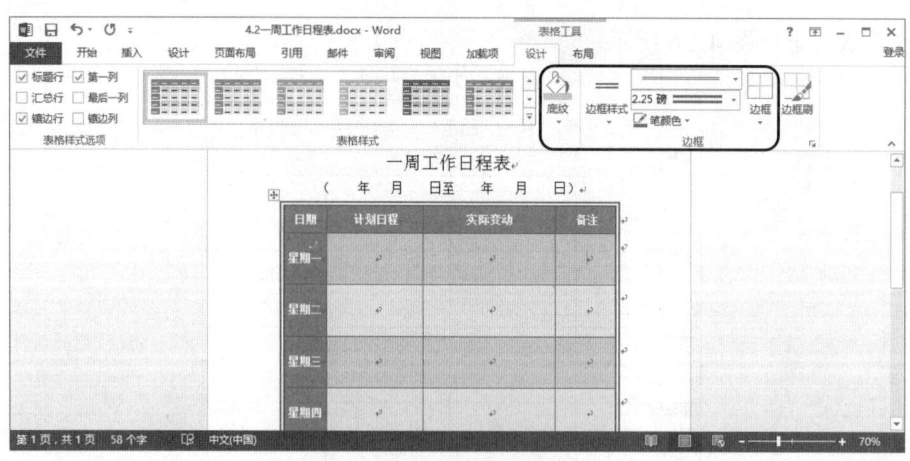

图 4.2.8 设置表格外框

② 选中表格，单击“布局”→“对齐方式”→“水平居中”选项，如图 4.2.9 所示。

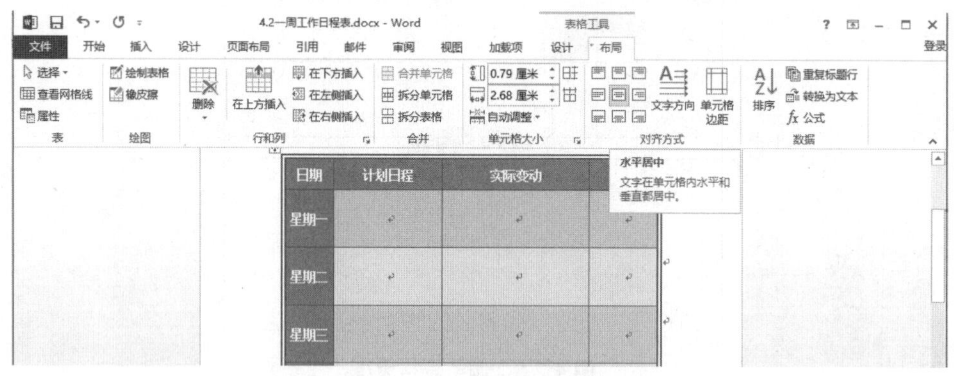

图 4.2.9 设置水平居中

第 5 步：设置页面布局，保存文件。

为了使日程表中填写日程内容的单元格更大，可以通过页面设置调整页边距，扩大版心，从而扩大表格。单击“页面布局”→“页边距”→“窄”选项，设置页边距如图 4.2.10 所示，并将表格另存为名为“4.2 一周工作日程表”文档。

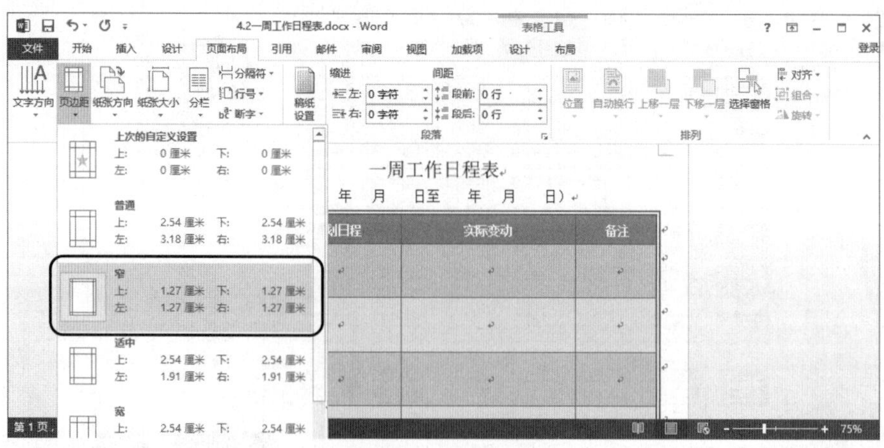

图 4.2.10 设置页边距

【课后练习】

1. 制作一份如图 4.2.11 所示的应聘人员资料表。

应聘人员资料表

应聘岗位						照片
姓名		性别		民族		
出生年月		婚姻状况		文化程度		
政治面貌			籍贯			
专业技术任职资格			专业特长			
最高学历			最高学位			
现工作单位(部门)及职务或岗位			联系方式			
通信地址及邮编			电子邮箱			

主要学习经历		
年　月—　年　月	学校与专业	学历与学位

主要工作简历		
工作时间	工作单位	职务
年　月—　年　月		

近三年主要工作业绩与成果
（可附页）

图 4.2.11　应聘人员资料表

2. 一年一度的学院社团招新工作开始了，小明对话剧社非常感兴趣，但需要提交一份个人简历，请你帮他制作一份个人简历。

4.3　使用图表制作公司简介

公司简介一般包括公司概况、组织结构和公司文化等，本节内容是制作一份图文并茂的公司介绍文档。

第 1 步：导入公司简介文字素材。

新建空白文档，保存文件名称为“4.3 公司简介.docx”，单击“插入”→“文本”→“文件中的文字”导入素材，如图 4.3.1 所示。

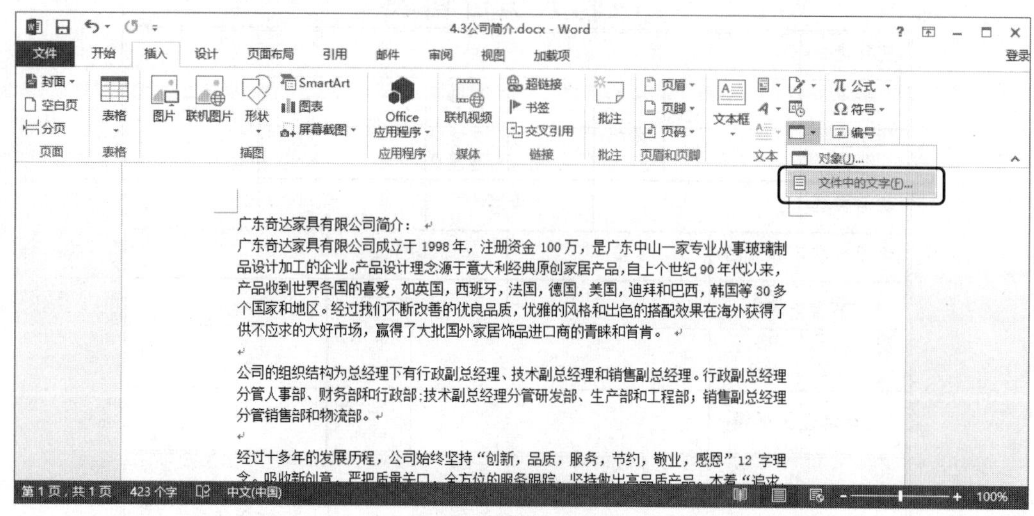

图 4.3.1　导入素材

第 2 步：插入公司 LOGO 图片。

将全文全部选中（Ctrl+A），设置字体、字号为“黑体，小四”，单击“段落”选项，设置段落格式为“首行缩进 2 字符，1.2 倍行距”，调整段落如图 4.3.2 所示；单击“插入”→“图片”选项，插入公司 LOGO 图片，如图 4.3.3 所示；调整图片大小，选中图片，单击“裁剪”选项，将图片多余白色部分裁掉，裁剪图片如图 4.3.4 所示。

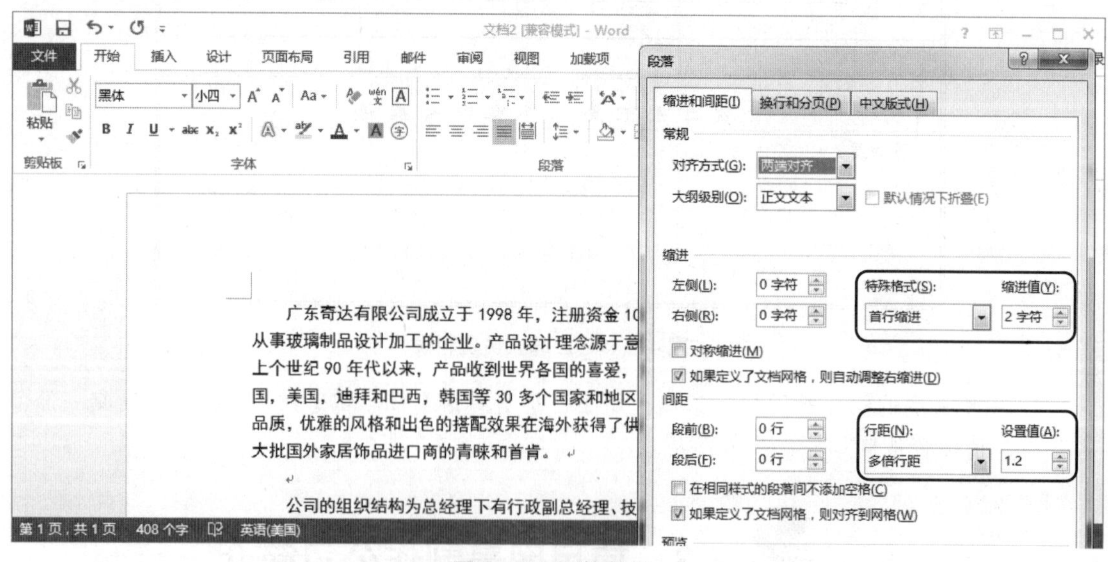

图 4.3.2　调整段落

图 4.3.3　插入公司 LOGO 图片

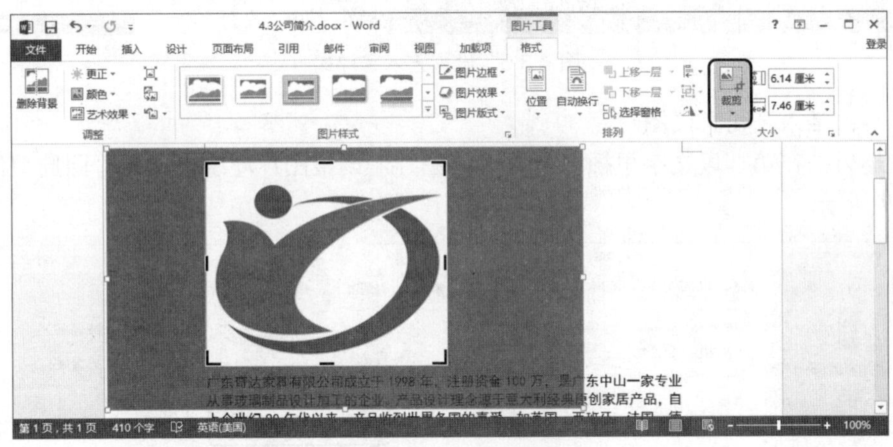

图 4.3.4　裁剪图片

第 3 步：插入艺术字标题。

将 LOGO 图片调整到合适大小，光标定位到 LOGO 图片后，单击“插入”→“艺术字”选项，选择一种字体，输入“广东奇达有限公司简介”，插入艺术字如图 4.3.5 所示；选中艺术字，选择“格式”→“艺术字样式”→“abc 转换，正方形”选项，设置艺术字样式如图 4.3.6 所示。

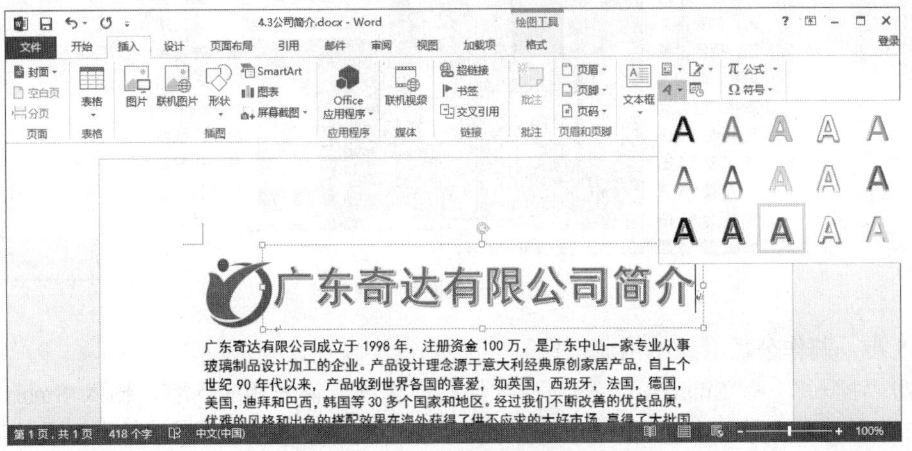

图 4.3.5　插入艺术字

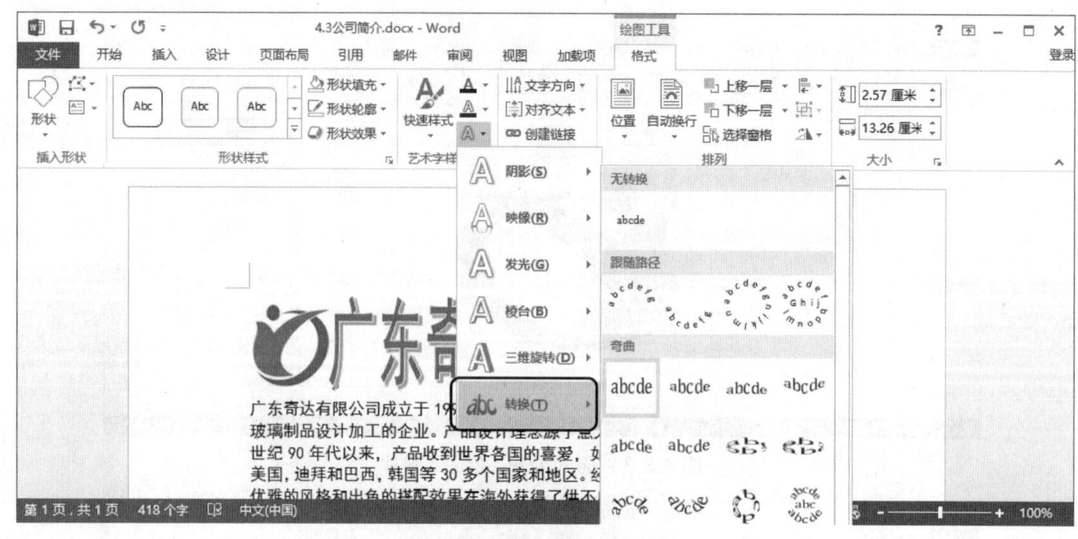

图 4.3.6　设置艺术字样式

第 4 步：插入公司大楼图片。

用上述方法在第一段文字里插入公司大楼图片，调整图片环绕格式为“四周型环绕”，如图 4.3.7 所示。

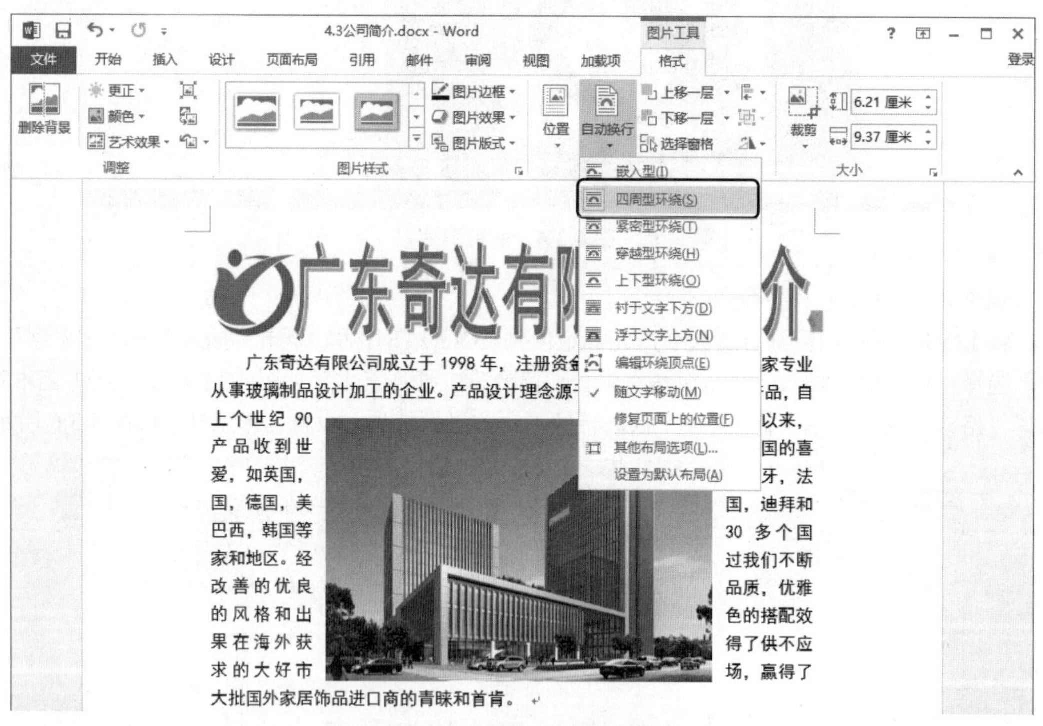

图 4.3.7　调整图片环绕格式

第 5 步：制作公司组织结构流程图。

单击“插入”→“SmartArt”→“层次结构”选项，输入相应内容，插入 SmartArt 图形如图 4.3.8 所示，需要在第二层添加同层图形，选中“技术副总经理”，单击“设计”→“添加形状”→“在后面添加形状”选项，在同一层添加一个部门，设置 SmartArt 图形内容如图 4.3.9

所示，用同样的方法完成完整的公司组织结构图，如图 4.3.10 所示。

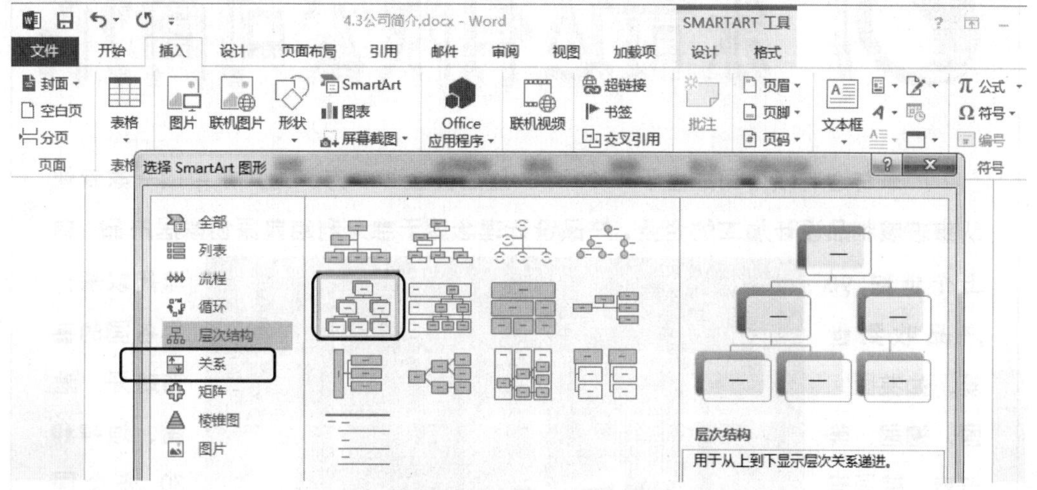

图 4.3.8　插入 SmartArt 图形

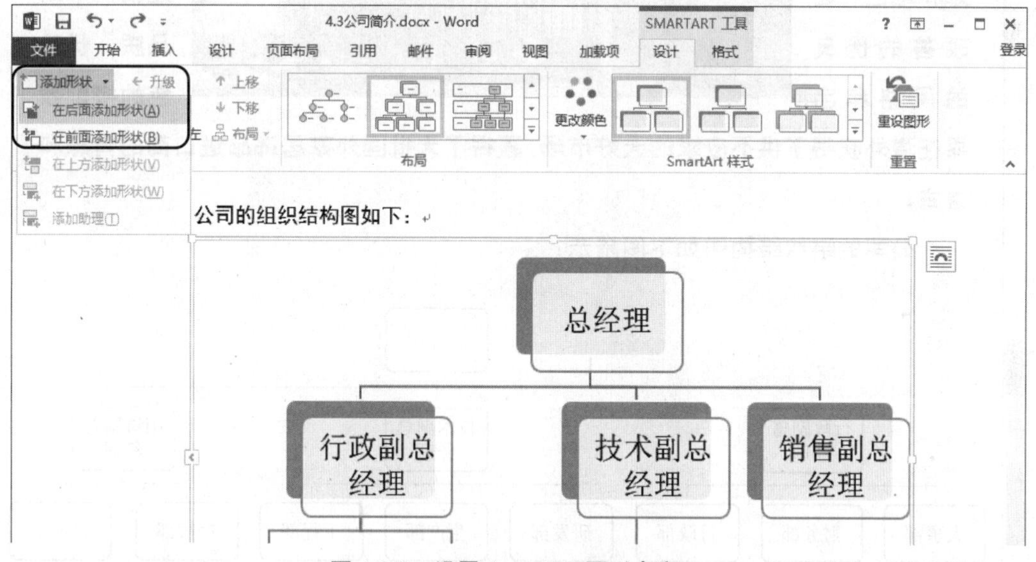

图 4.3.9　设置 SmartArt 图形内容

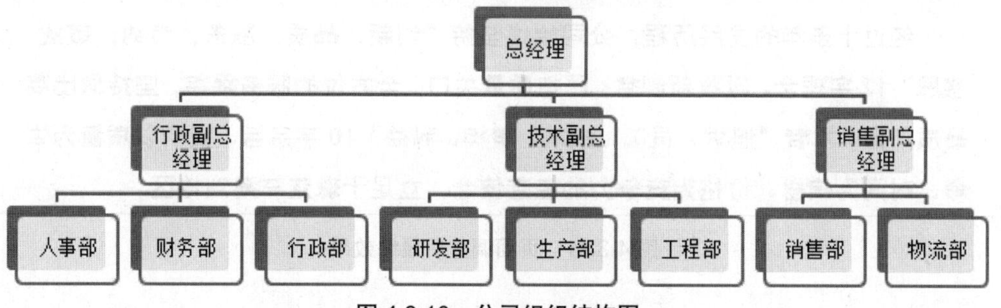

图 4.3.10　公司组织结构图

第 6 步：适当调整页面后，最终效果如图 4.3.11 所示。

广东奇达有限公司简介

广东奇达有限公司成立于 1998 年，注册资金 100 万，是广东中山一家专业从事玻璃制品设计加工的企业。产品设计理念源于意大利经典原创家居产品，自上个世纪 90 年代以来，产品收到世界各国的喜爱，如英国，西班牙，法国，德国，美国，迪拜和巴西，韩国等 30 多个国家和地区。经过我们不断改善的优良品质，优雅的风格和出色的搭配效果在海外获得了供不应求的大好市场，赢得了大批国外家居饰品进口商的青睐和首肯。

公司的组织结构图如下图所示：

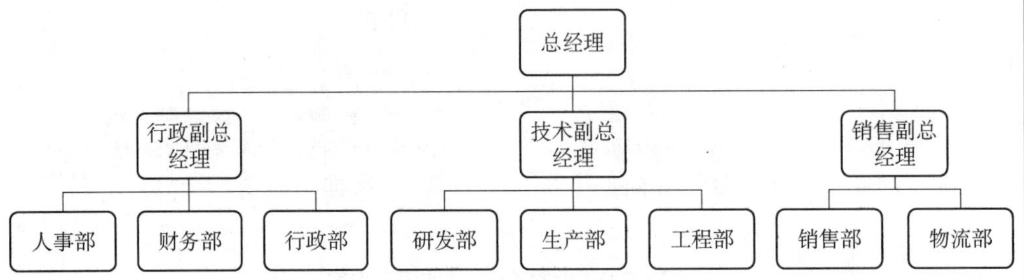

经过十多年的发展历程，公司始终坚持“创新，品质，服务，节约，敬业，感恩”12 字理念。吸收新创意，严把质量关口，全方位的服务跟踪，坚持做出高品质产品。本着“追求、员工、技术、精神、利益”10 字宗旨。我们以质量为生命、时间为信誉、价格为竞争力的经营信念，立足于珠江三角洲地区。

图 4.3.11　页面调整后最终效果

【课后练习】

1. 在 Word 里画出如图 4.3.12 所示的采购流程图。

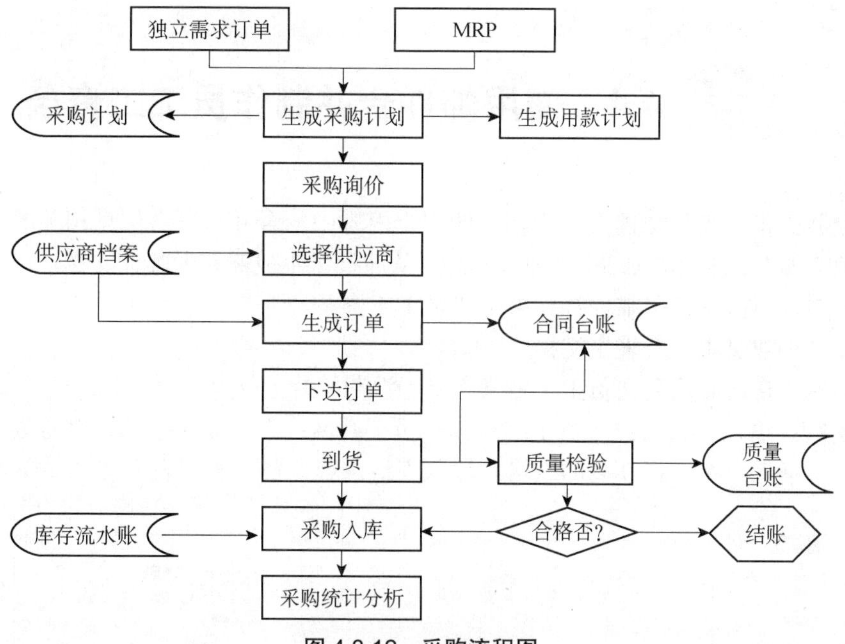

图 4.3.12　采购流程图

2. 在 Word 里完成如图 4.3.13 所示的业务流程图。

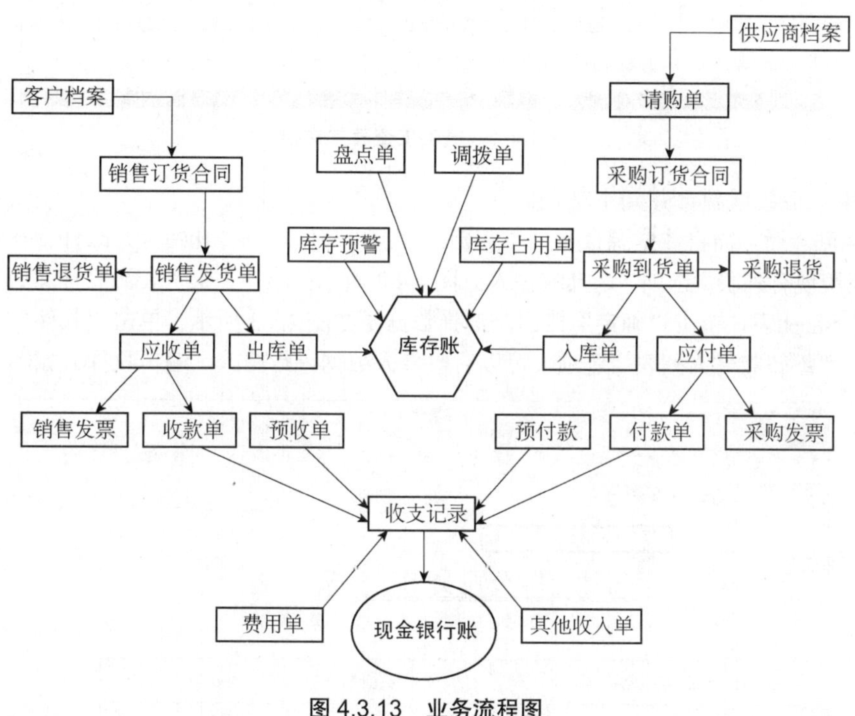

图 4.3.13　业务流程图

3. 根据提供的素材，完成页面排版工作。

4.4 使用邮件合并制作员工工资条

邮件合并是指在邮件文档（主文档）的固定内容中，合并与发送信息相关的一组通信资料（数据源：如 Excel 表、Access 数据表等），从而批量生成需要的邮件文档，以大大提高工作效率。本节内容就是使用邮件合并来生成员工工资条。

第 1 步：创建员工工资表主文档。

输入标题“奇达有限公司员工工资条”，设置字体、字号为“宋体，小二”“双下画线”，按回车键换行；输入“部门：　员工编号：　员工姓名：”，设置字体、字号为“宋体，五号，加粗”；插入一个 2 行 9 列的表格，输入表格内容，员工工资表主文档如图 4.4.1 所示。

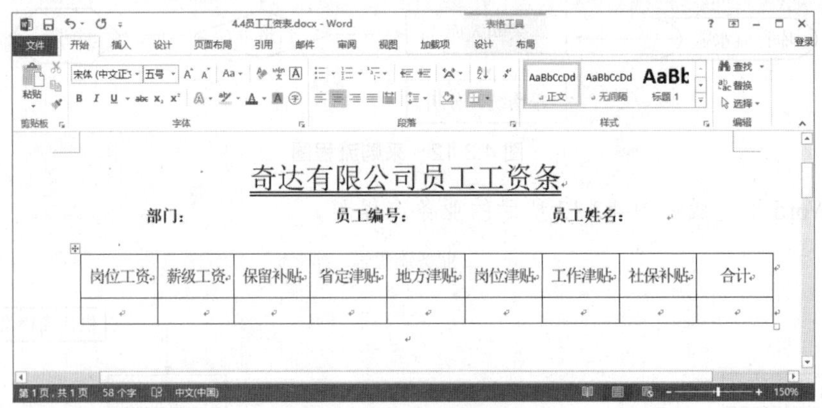

图 4.4.1　员工工资表主文档

第 2 步：将数据源合并到主文档。

主文档创建后，需将数据源合并到主文档。单击“邮件”→“开始合并邮件”→“选择收件人”→“使用现有列表”选项，选择收件人如图 4.4.2 所示；选择“工资表源文件.xlsx”里的“工资数据源”Sheet 表，单击“确定”按钮，选择数据源如图 4.4.3 所示。单击“邮件”→“开始合并邮件”→“编辑收件人列表”选项，可以对收件人数据进行修改，编辑收件人如图 4.4.4 所示。

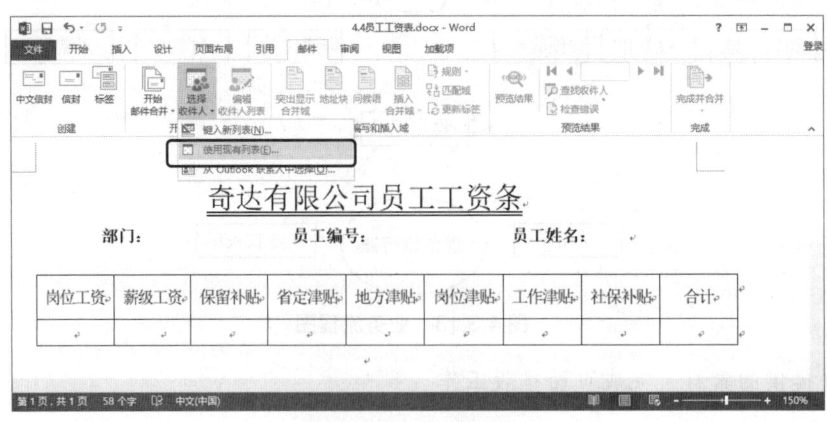

图 4.4.2　选择收件人

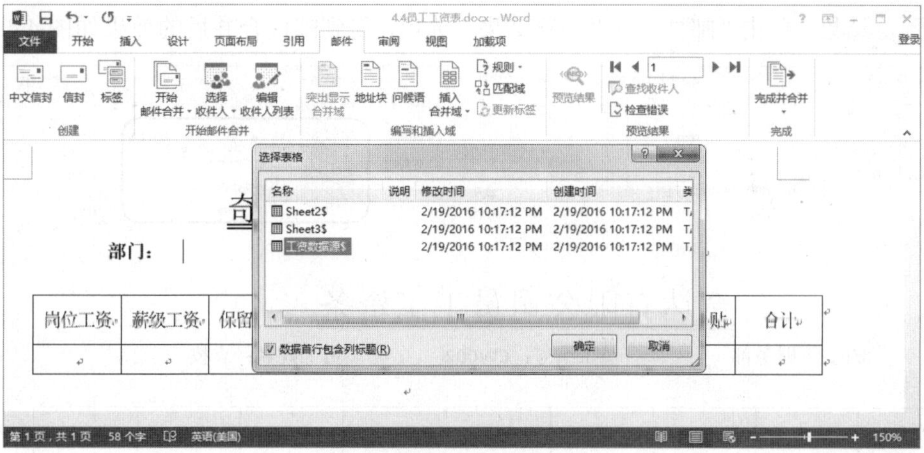

图 4.4.3　选择数据源

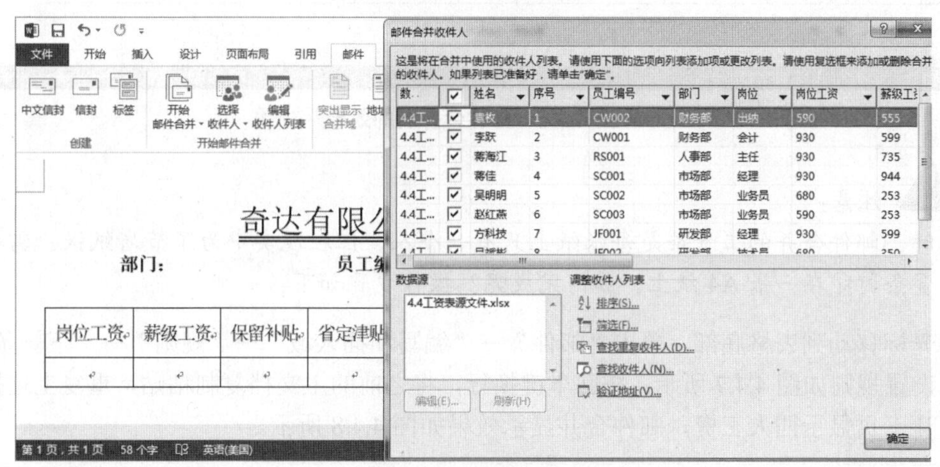

图 4.4.4　编辑收件人

第 3 步：合并邮件。

① 插入合并域：单击"邮件"→"编写和插入域"→"插入合并域"选项，将相应数据插入对应位置，插入合并域如图 4.4.5 所示。

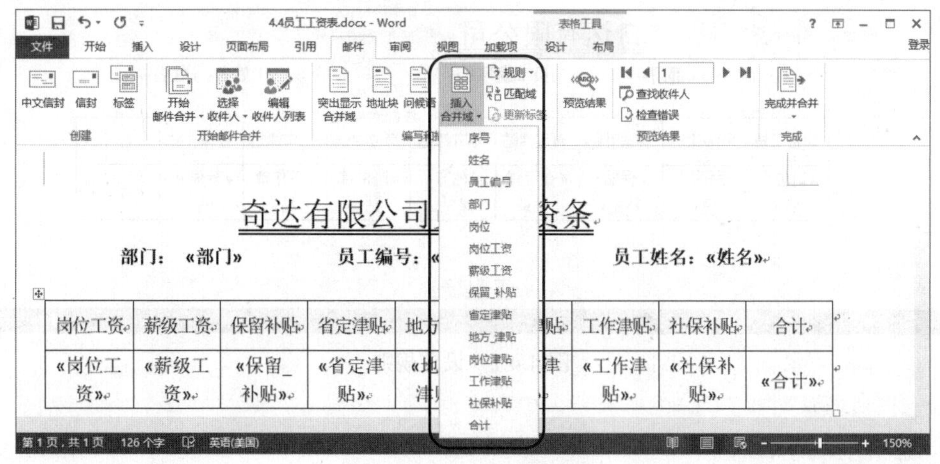

图 4.4.5　插入合并域

②预览结果：单击“邮件”→“预览结果”选项，得到邮件合并后的效果如图 4.4.6 所示。

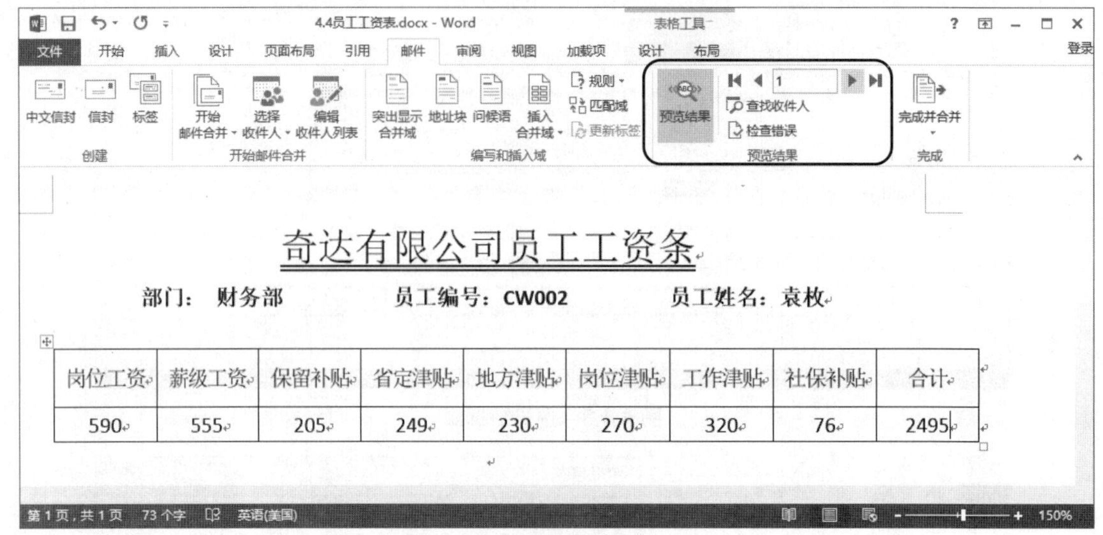

图 4.4.6　邮件合并后的效果

注意：

此时，邮件合并的工资条是每张纸上只有一个人，但在现实中为了节省纸张，需要将多人的工资条打印在一张 A4 纸上，如何完成呢？操作步骤如下：

将光标移动到表格底部，单击“邮件”→“编写和插入域”→“规则”→“下一条记录”选项，设置规则如图 4.4.7 所示；按回车键换行，将之前的主文档复制粘贴，重复上述操作步骤即可让一页显示四人工资，邮件合并显示效果如图 4.4.8 所示。

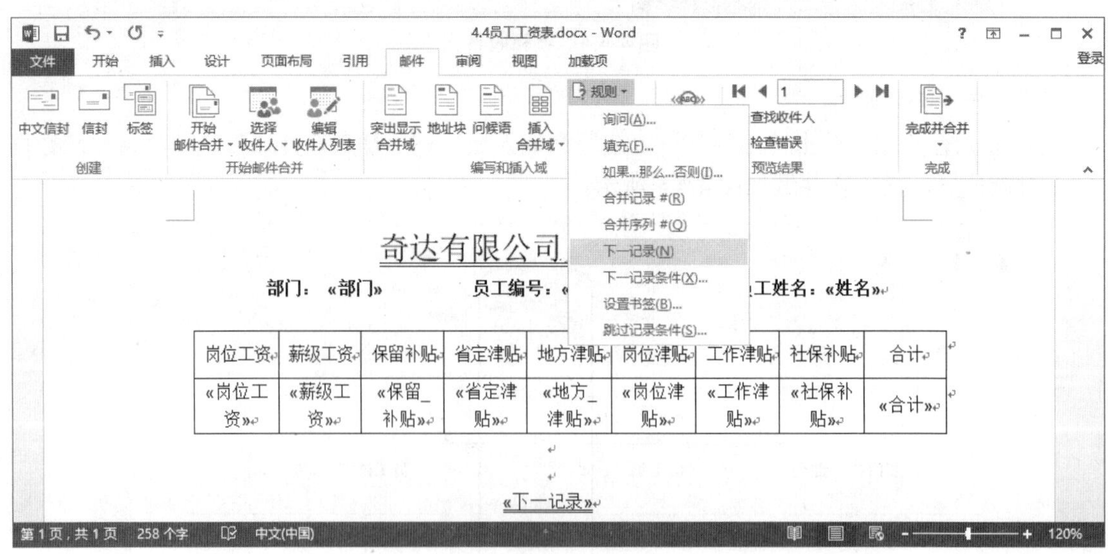

图 4.4.7　设置规则

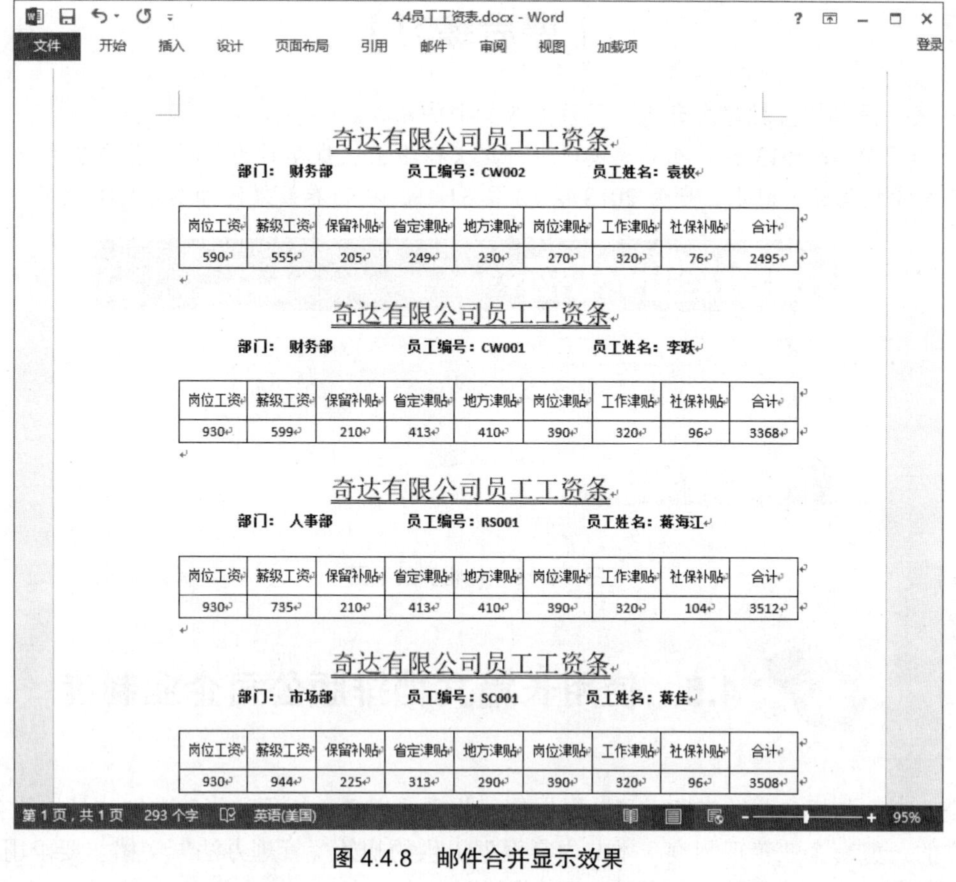

图 4.4.8　邮件合并显示效果

第 4 步：完成邮件合并并保存。

单击“邮件”→“预览结果”→“全部”→“确定”按钮，邮件合并完成，合并到新文档如图 4.4.9 所示；如只需生成一条记录，可以选择“当前记录”单选按钮；如需生成部分人工资条，可以在“从…到…”中填入对应数字。

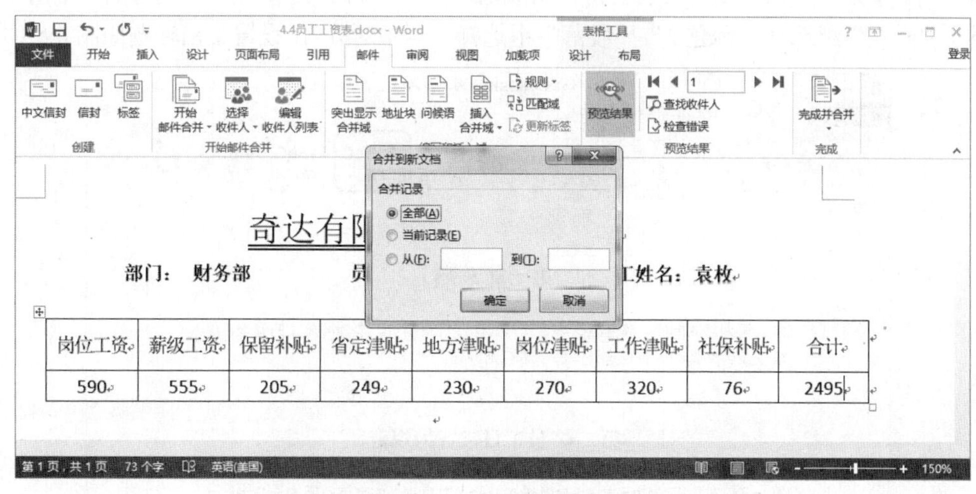

图 4.4.9　合并到新文档

最后，保存文件，全部步骤到此结束。

【课后练习】

1. 根据提供的素材完成奇达公司录取通知书的制作。

2. 利用 Word 2013 自带礼券模板或者自定义模板，根据素材为获得十佳员工和优秀员工的员工发放礼物券，截止日期为 2018 年 12 月 31 日，礼物券效果图如图 4.4.10 所示。

送给您的礼物

接收者 金额

发放者 截止日期

替换为徽标 [公司名称]

[公司地址] | [电话] | [网站]

图 4.4.10 礼物券效果图

4.5 使用长篇文档排版公司企业制度

企业制度包括企业经济运行和发展中的一些重要规定、规程和行动准则，是按照公司要求建立的一整套企业管理制度。本节内容根据提供的初始“管理办法”文档，要求用 Word 2013 进行排版，整合为比较正式的公司企业制度文件。

用 Word 2013 打开素材“4.5 公司规章制度素材”文档，另存为“公司规章制度.docx”。

第 1 步：编辑文档字体、行间距。

选中全文（Ctrl+A），设置字体、字号为“宋体，小四”，行距为“1.2 倍行距”；选中文档中“第一章 总则”“第二章　员工日常行为规范”……“第十三章 附则”等字样，单击“开始”选项卡，“样式”组选择“标题 2”，“段落”组选择“居中对齐”，设置文档标题如图 4.5.1 所示。

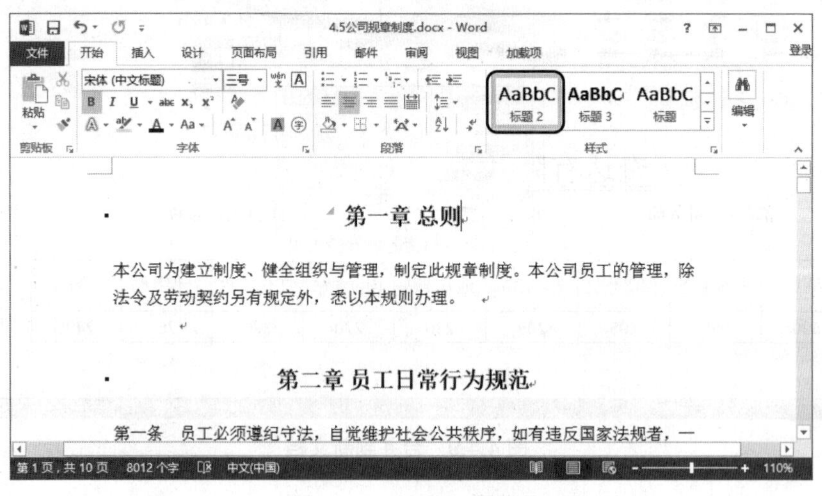

图 4.5.1 设置文档标题

第 2 步：插入项目符号。

将全文每一章下的每一条单独设置成段落，编辑段落如图 4.5.2 所示；单击“开始”→“段落”→“文档项目符号”选项，插入项目符号➤，如图 4.5.3 所示。如需连续选中文字，可同时按下 Ctrl 键；后面内容的项目符号如上步骤进行插入，并将每一章的“第×条”的字体加粗，如图 4.5.4 所示。

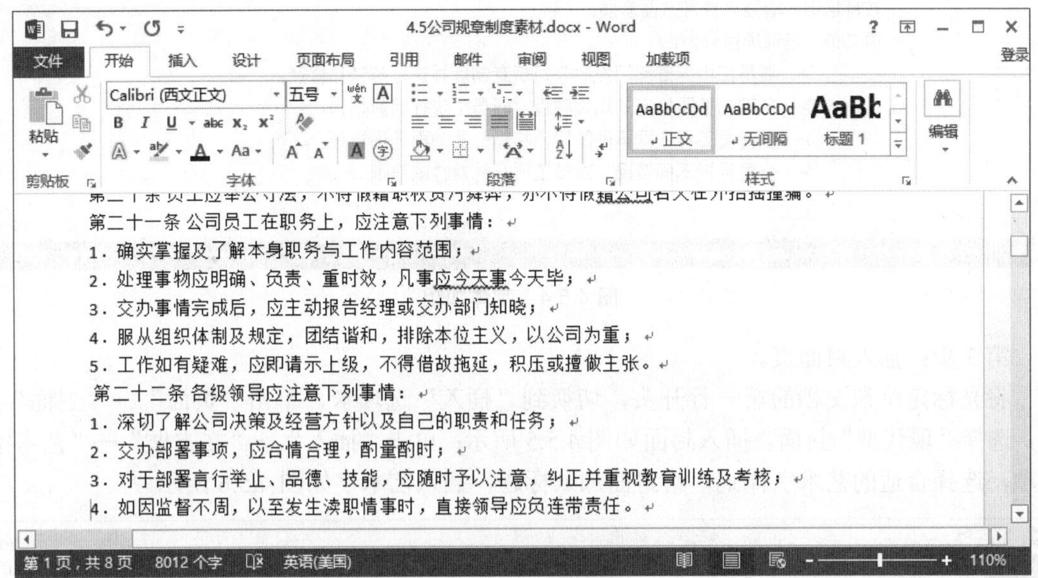

图 4.5.2 编辑段落

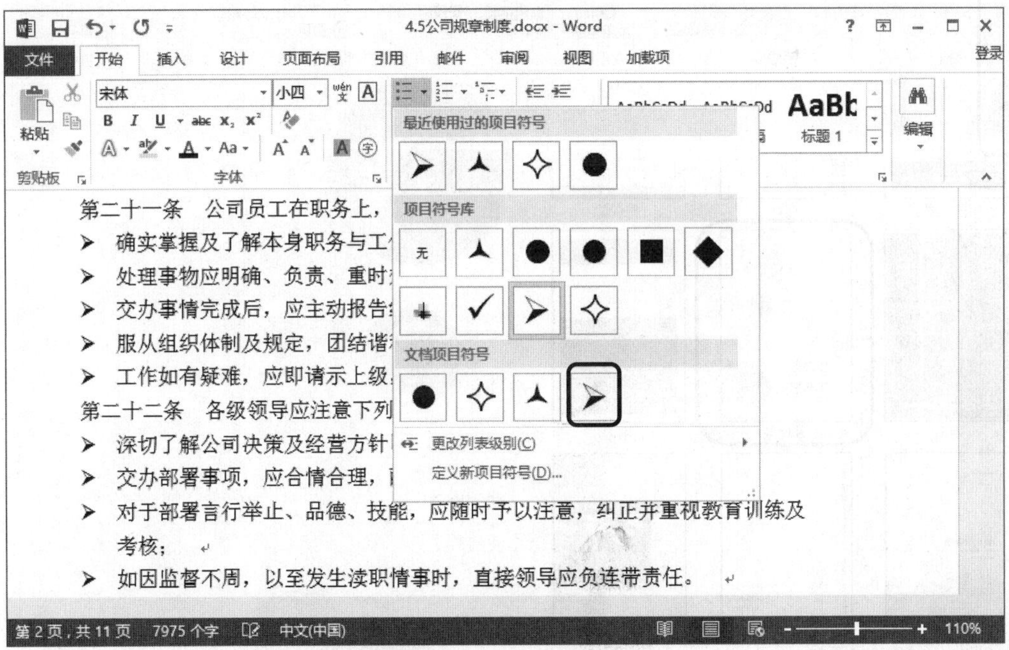

图 4.5.3 插入项目符号

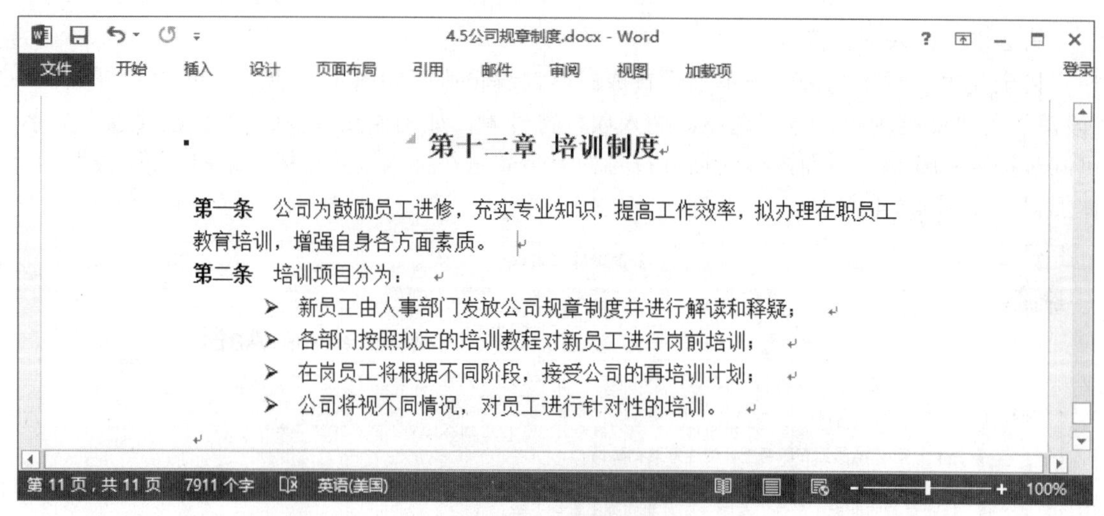

图 4.5.4 字体加粗

第 3 步：插入封面页。

将光标定位在文档的第一行开头，切换到“插入”选项卡，单击“页面”→“封面”选项，选择“现代型”封面，插入封面如图 4.5.5 所示；单击“插入”→“文本框”→“艺术字”选项，选择合适的艺术字样式，给封面加入标题，插入艺术字如图 4.5.6 所示。

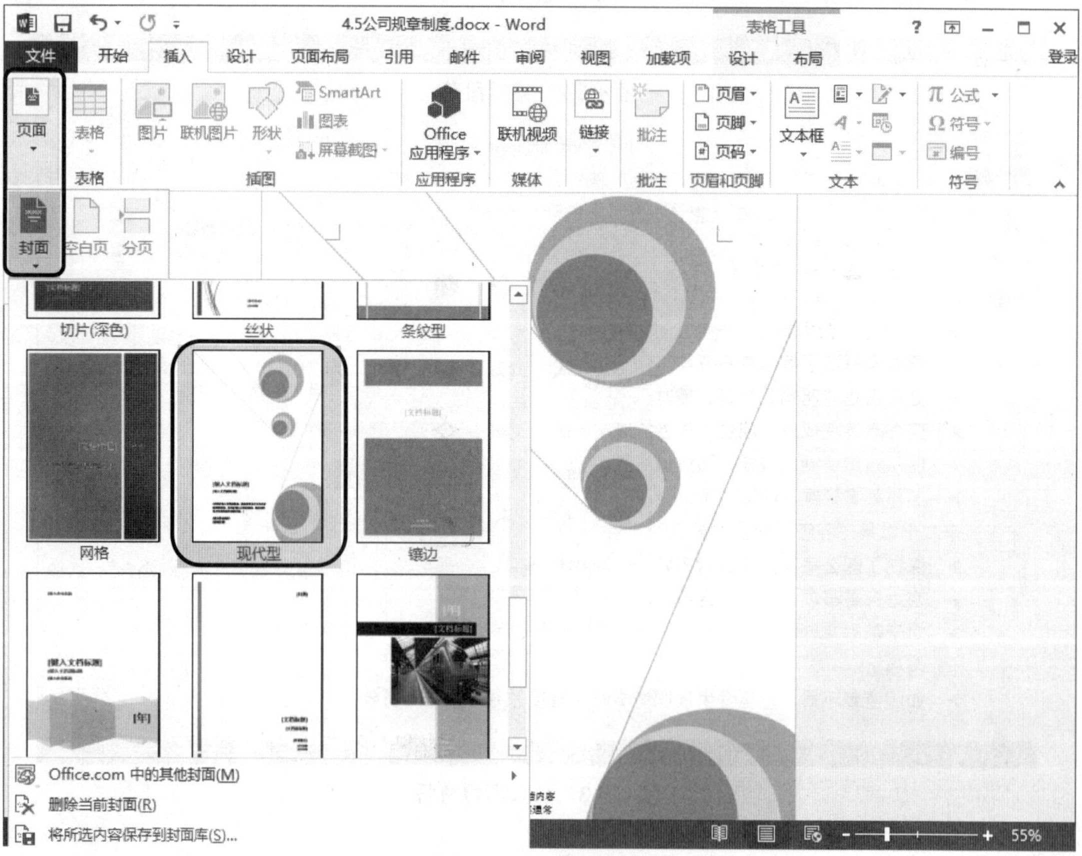

图 4.5.5 插入封面

图 4.5.6 插入艺术字

第 4 步：插入目录页。

将光标定在第二页空白页首行位置，单击“引用”→“目录”→“自动目录 1”选项，引用目录如图 4.5.7 所示，设置目录标题字体、字号为“宋体，一号”；目录正文为“宋体，小三”。

 注意：

将鼠标光标置于目录中的某个标题文本上，即可在该标题上方显示一个信息提示框。按 Ctrl 键，单击要查看的标题的内容，即可立即跳转到该标题对应的内容。

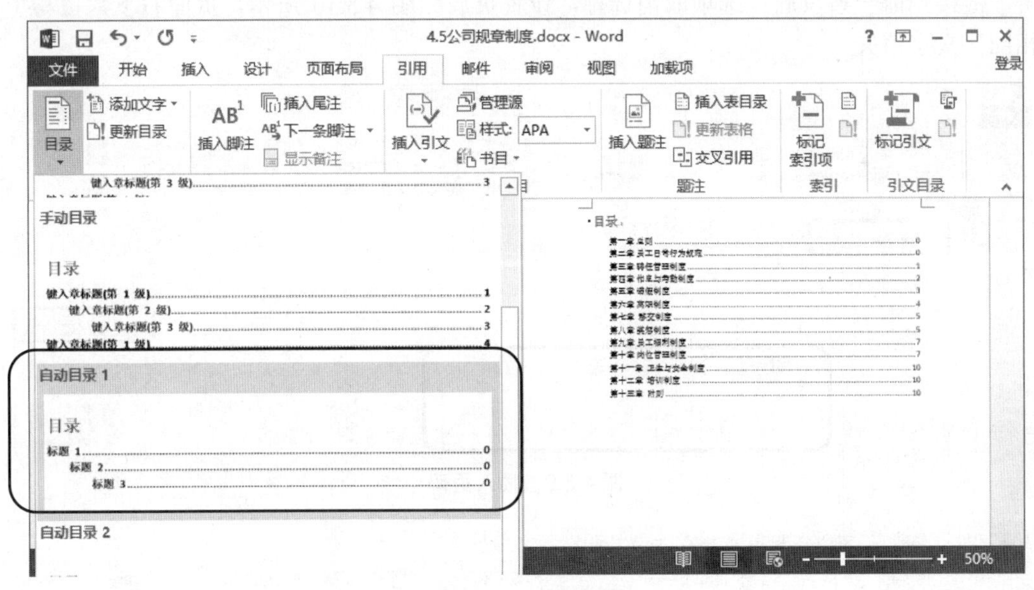

图 4.5.7 引用目录

第 5 步：插入页码、页眉页脚。

 注意：

此处需要从第三页（除去封面和目录页）插入页码，需要先插入分页符。

① 将光标定位到第二页目录尾部，切换到“页面布局”选项卡，单击“页面设置”→“分隔符”→“分节符”→“下一页”选项，插入分节符如图 4.5.8 所示。

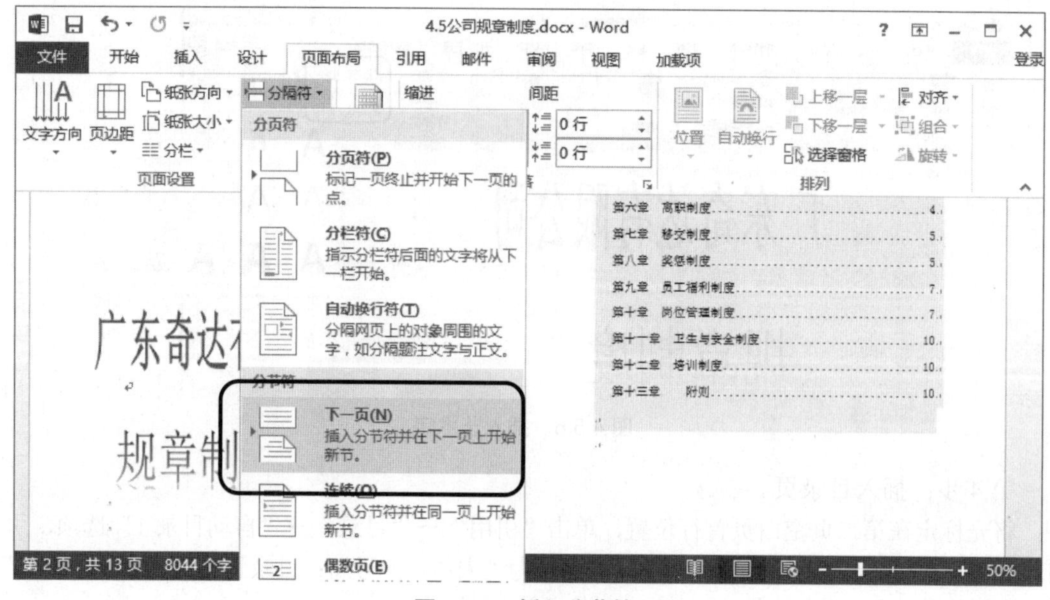

图 4.5.8　插入分节符

② 将光标移到第三页的页脚，单击“插入”→“页码”→“页面底端”→“普通数字 2”选项，插入页码如图 4.5.9 所示，在“设计”选项卡下的“链接到前一条页眉”是默认选择的，单击“链接到前一条页眉”选项取消选择，设置页眉如图 4.5.10 所示，页面右下角“与上一节相同”文字消失。

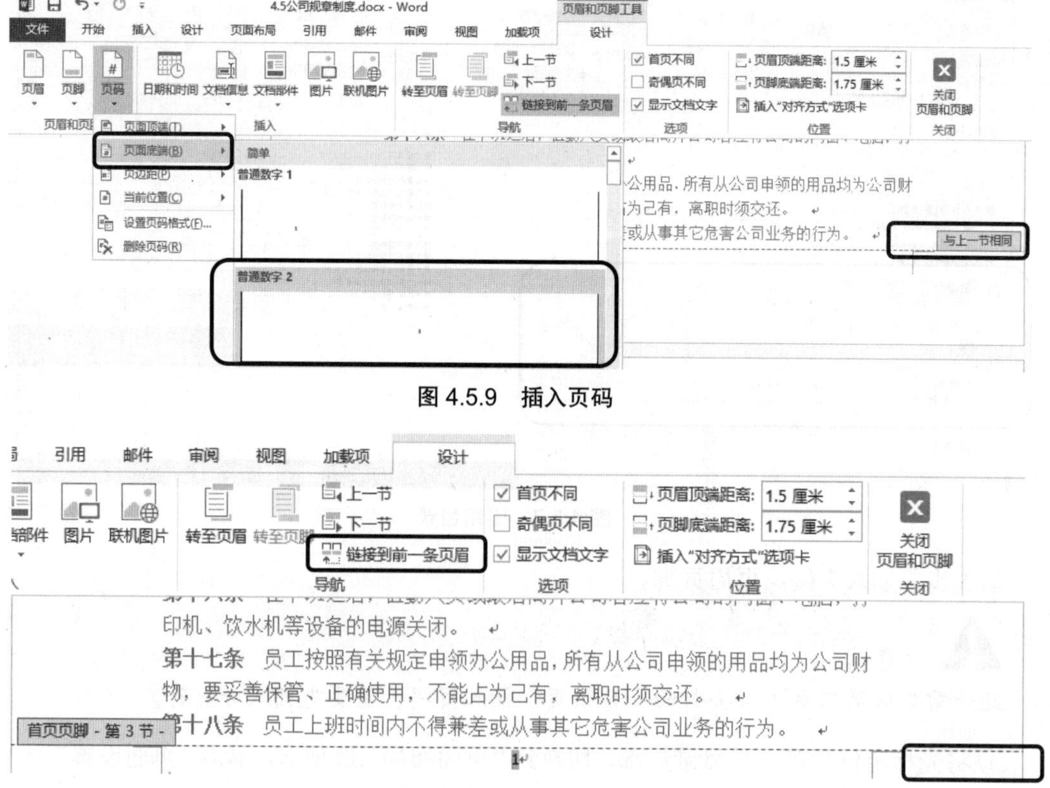

图 4.5.9　插入页码

图 4.5.10　设置页眉

③ 单击“页眉和页脚”→“页码”→“设置页码格式”选项，在“起始页码”输入“1”，设置页码格式如图 4.5.11 所示；将光标移动到第四页（正文第二页）的页脚，再一次插入页码，单击“插入”→“页码”→“页面底端”→“普通数字 2”选项，此时不要取消选择“链接到前一条页眉”选项，设置页眉如图 4.5.12 所示。

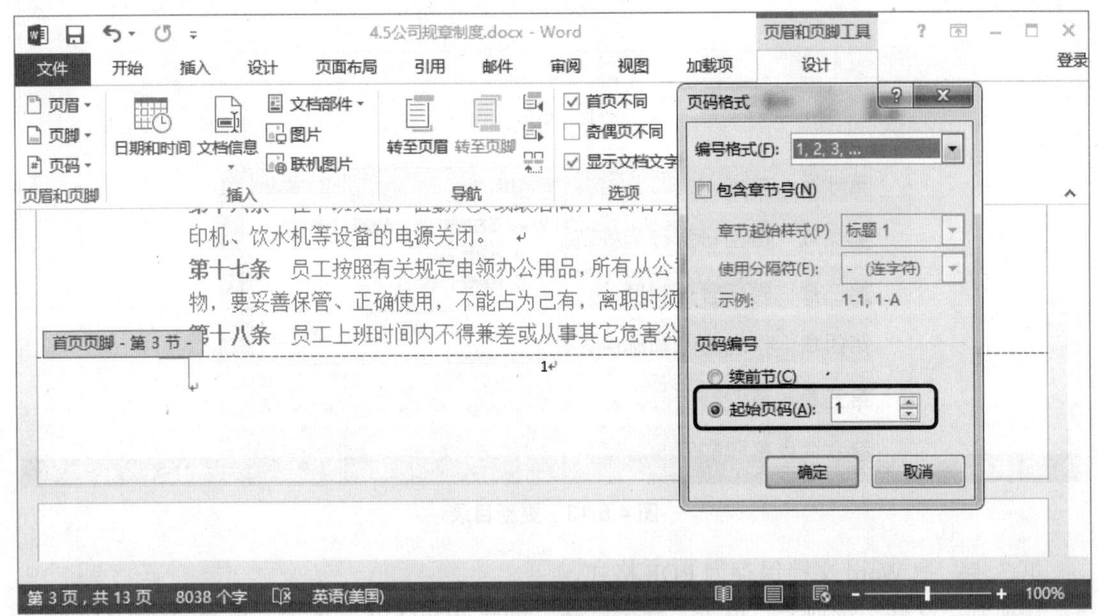

图 4.5.11 设置页码格式

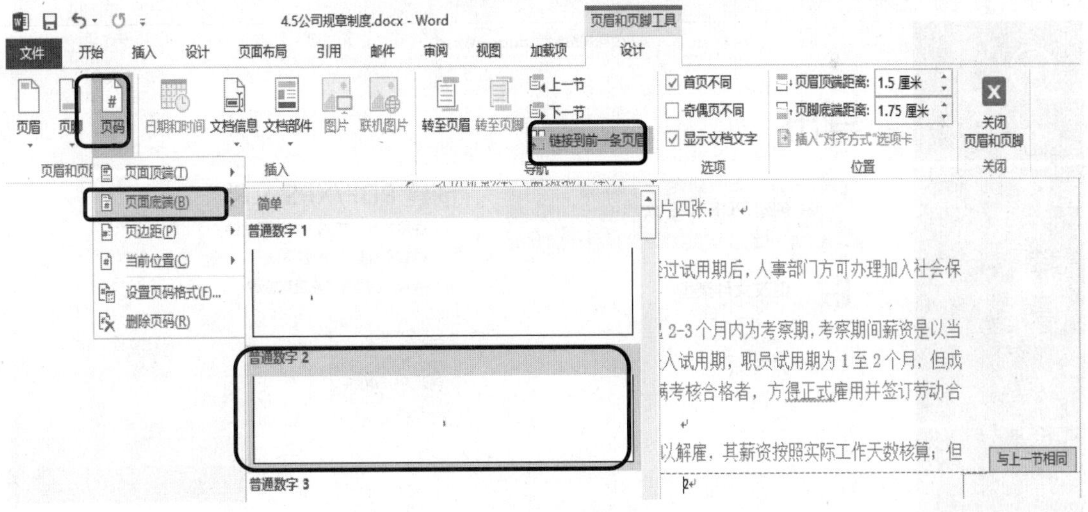

图 4.5.12 设置页眉

④ 检查第一页和第二页的页码，如果还显示页码则直接删除。

第 6 步：更新目录

将光标移到“目录”页面，单击“更新目录”→“只更新页码”→“确定”按钮，目录更新完毕，更新目录如图 4.5.13 所示。

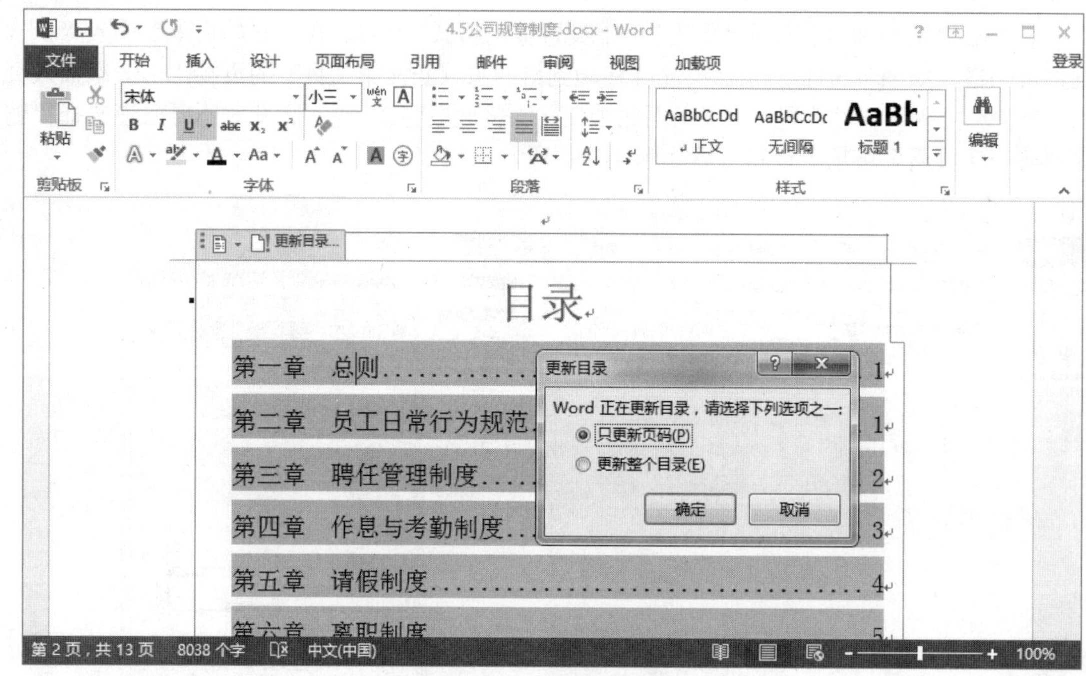

图 4.5.13　更新目录

第 7 步：把 Word 文档保存为 PDF 格式。

切换到“文件”选项卡，单击“导出”→“创建 PDF/XPS”选项，选择合适的路径保存文件，导出为 PDF 文档如图 4.5.14 所示。

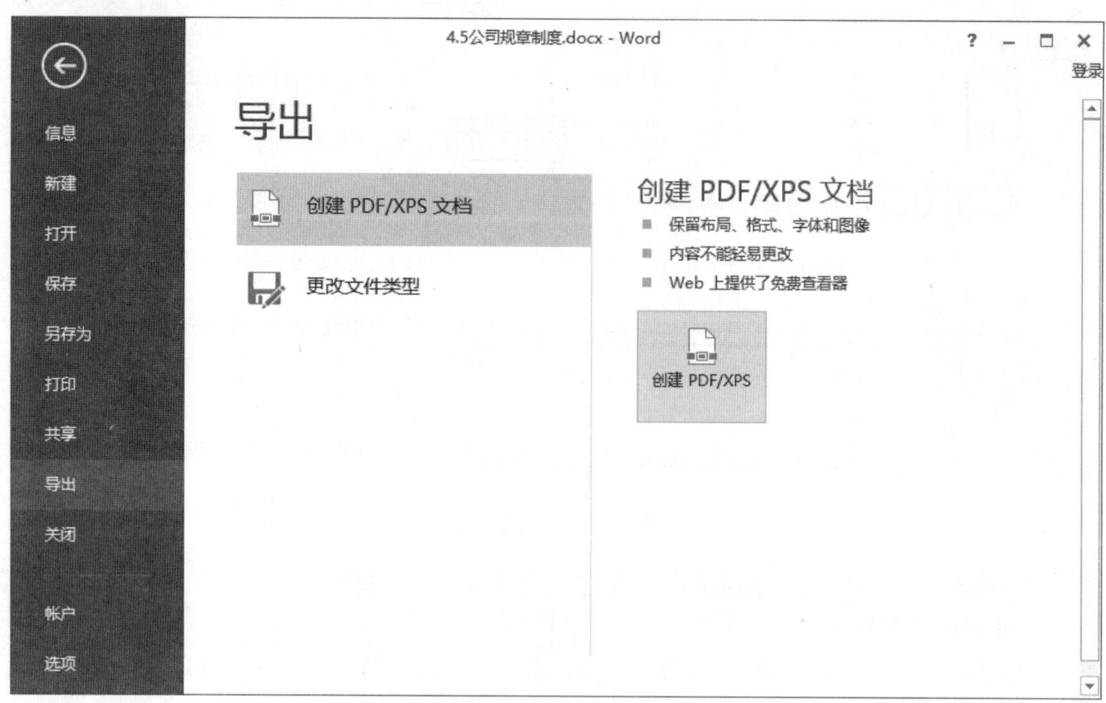

图 4.5.14　导出为 PDF 文档

【课后练习】

根据提供的素材“4.5 三年规划素材”，按上述方法添加封面、目录、页码等。

4.6 设计企业调查问卷

问卷调查法也称问卷法，它是调查者运用统一设计的问卷向被选取的调查对象了解情况或征询意见的调查方法。问卷法的运用，关键在于编制问卷，选择对象和结果分析。本节内容是教大家如何使用 Word 设计调查问卷。

前期准备：收集资料，设计调查问卷格式。

第 1 步：新建一个名为“企业调查问卷.docx”的空白文档，添加开发工具；单击“文件”→“选项”选项，文件选项页面如图 4.6.1 所示；单击“自定义功能区”→“开发工具”→“确定”按钮，选择开发工具如图 4.6.2 所示。

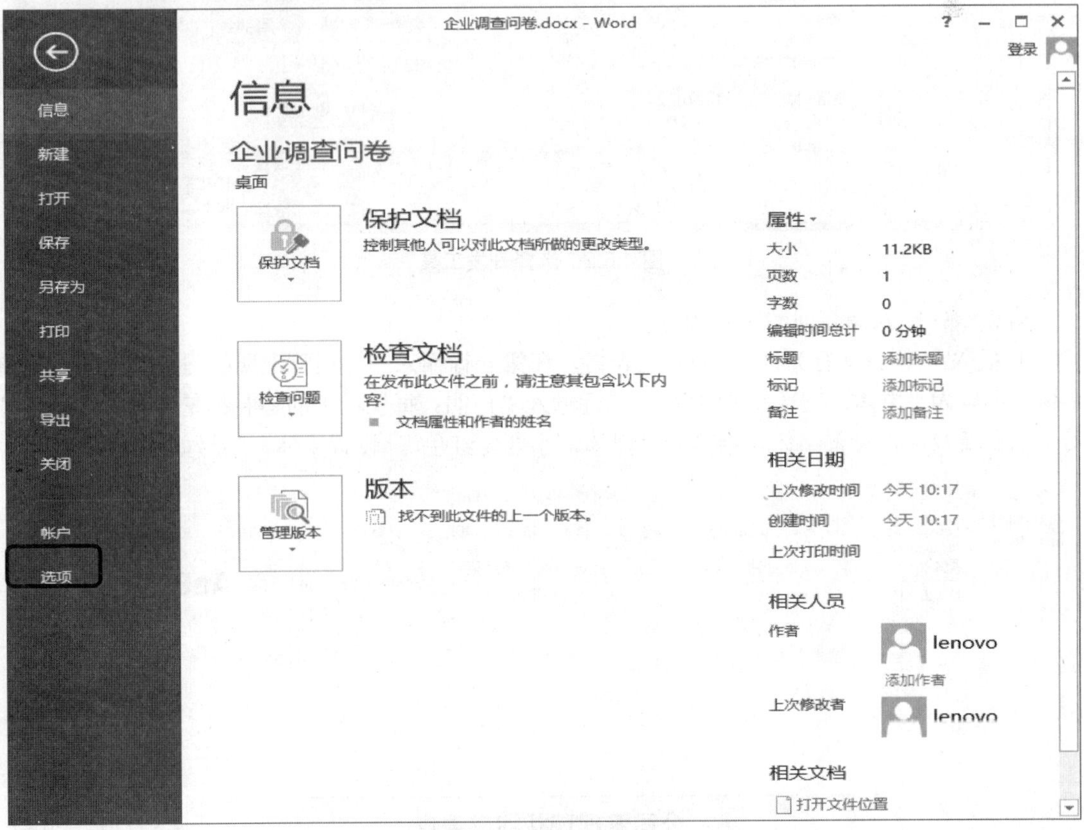

图 4.6.1 文件选项页面

图 4.6.2　选择开发工具

第 2 步：输入调查问卷主体内容。

① 插入一个 18（行）×1（列）的表格，在第一行输入“公司管理现状问卷调查”，设置字体、字号为“黑体，三号，居中”；第二行输入“声明：每位员工的答卷都是保密的，请各位员工如实填写”，设置字体、字号为“黑体，小四，红色”，设置字体、字号如图 4.6.3 所示。

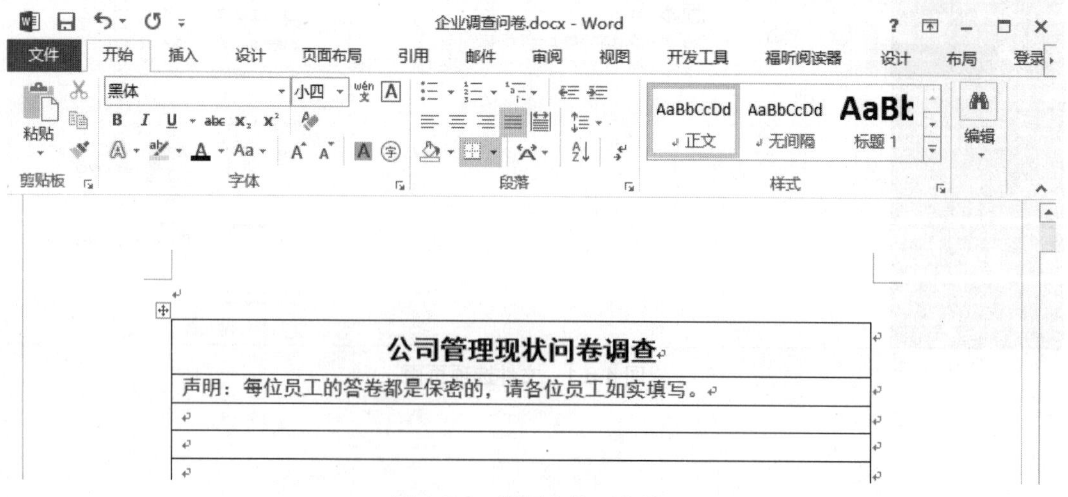

图 4.6.3　设置字体、字号

② 将表格第三行和第四行分为拆分为 3 列和 2 列，光标移动到表格第三行，右击，在弹出的快捷菜单中选择“拆分单元格”→“列数”为 3，单击“确定”按钮，拆分单元格如图 4.6.4 所示；同样的方法拆分第四行，并适当调整行距，调整单元格行距如图 4.6.5 所示。

图 4.6.4　拆分单元格

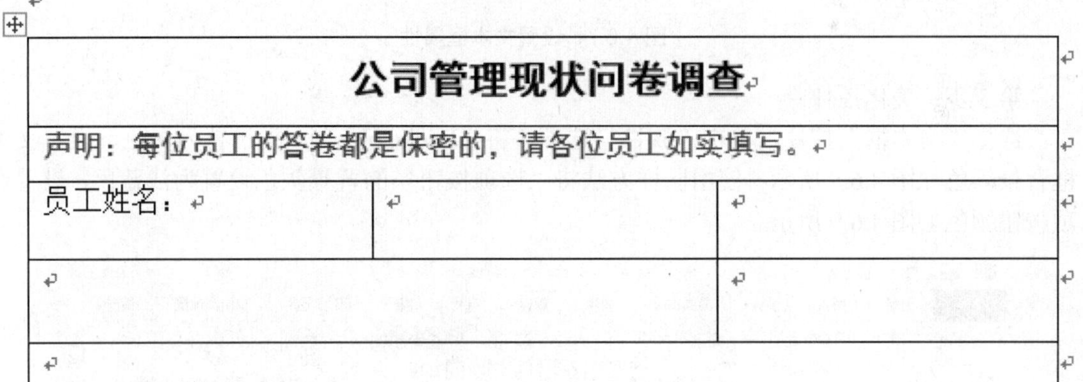

图 4.6.5　调整单元格行距

③ 开发工具的控件的使用。

完成控件的插入：在“员工姓名”后插入“文本框”控件，单击“开发工具”→“控件”→“文本框”选项，插入“文本框”控件如图 4.6.6 所示；在“性别”后插入“选项按钮”控件，单击“开发工具”→“控件”→“选项按钮”选项，在“属性”里将“Caption”属性设置为“男”，设置文本框属性如图 4.6.7 所示。

图 4.6.6　插入“文本框”控件

图 4.6.7　设置文本框属性

第 3 步：美化控件。

选择“文本框”控件，单击“属性”选项，将“BackColor”属性设置为灰色，设置文本框背景颜色如图 4.6.8 所示；使用同样方法将“选项按钮”的背景颜色设置为浅蓝色，设置选项按钮颜色如图 4.6.9 所示。

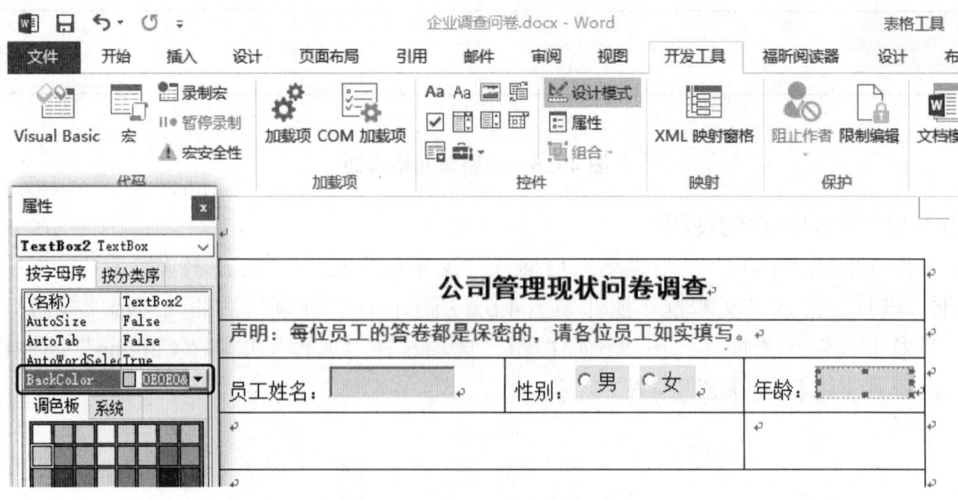

图 4.6.8　设置文本框背景颜色

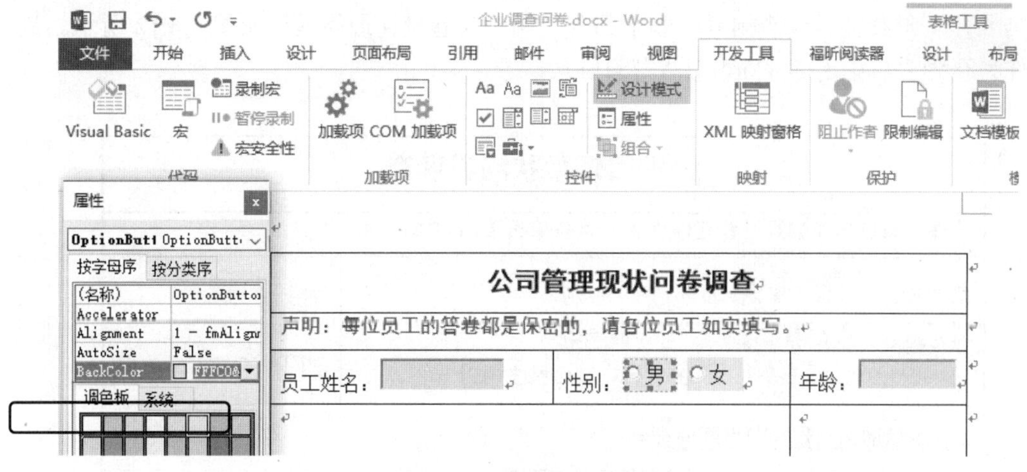

图 4.6.9　设置选项按钮颜色

第 4 步：将文本中单选按钮分组。

将问题 1 里的四个选项分为“1 组”，选中问题 1 中的答案“A 十分清楚”，右击，在弹出的快捷菜单中选择“属性”选项，问题 1 单选按钮分组如图 4.6.10 所示；将组名“GroupName”属性设置为“1”，如图 4.6.11 所示；使用同样的方法把问题 1 里的 B、C、D 其他选项的组名“GroupName”设置为“1”。

依次类推，将其他问题的单项按钮都进行分组。

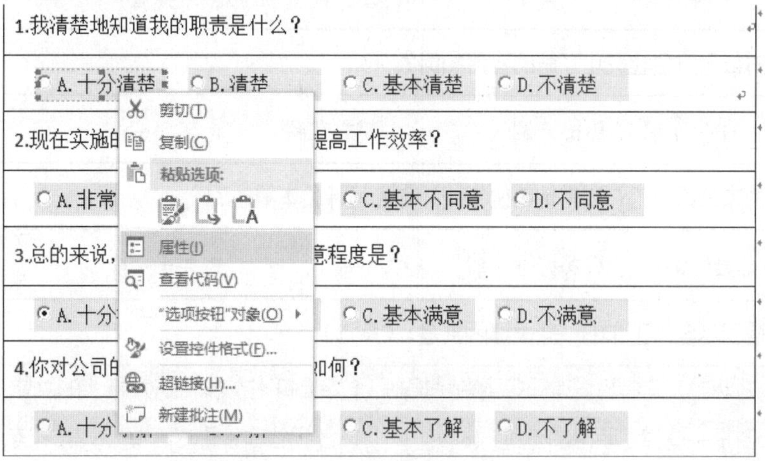

图 4.6.10　问题 1 单选按钮分组 1

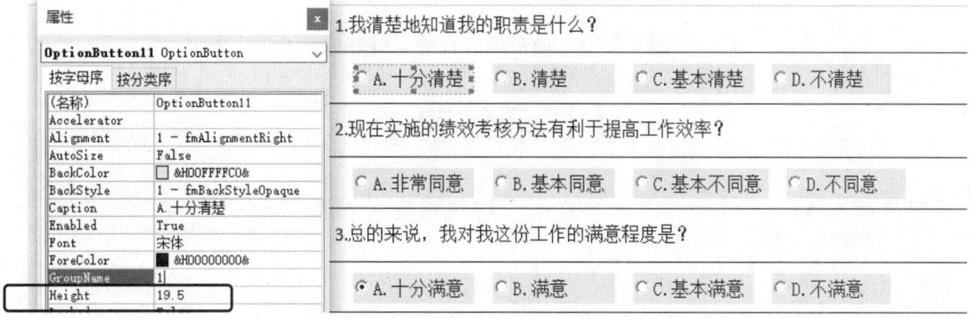

图 4.6.11　设置“GroupName”属性设置为“1”

第 5 步：继续完成调查问卷的剩余部分，调查问卷设计最终效果如图 4.6.12 所示。最后将文件另存为“启用宏的 Word 文档”的格式。

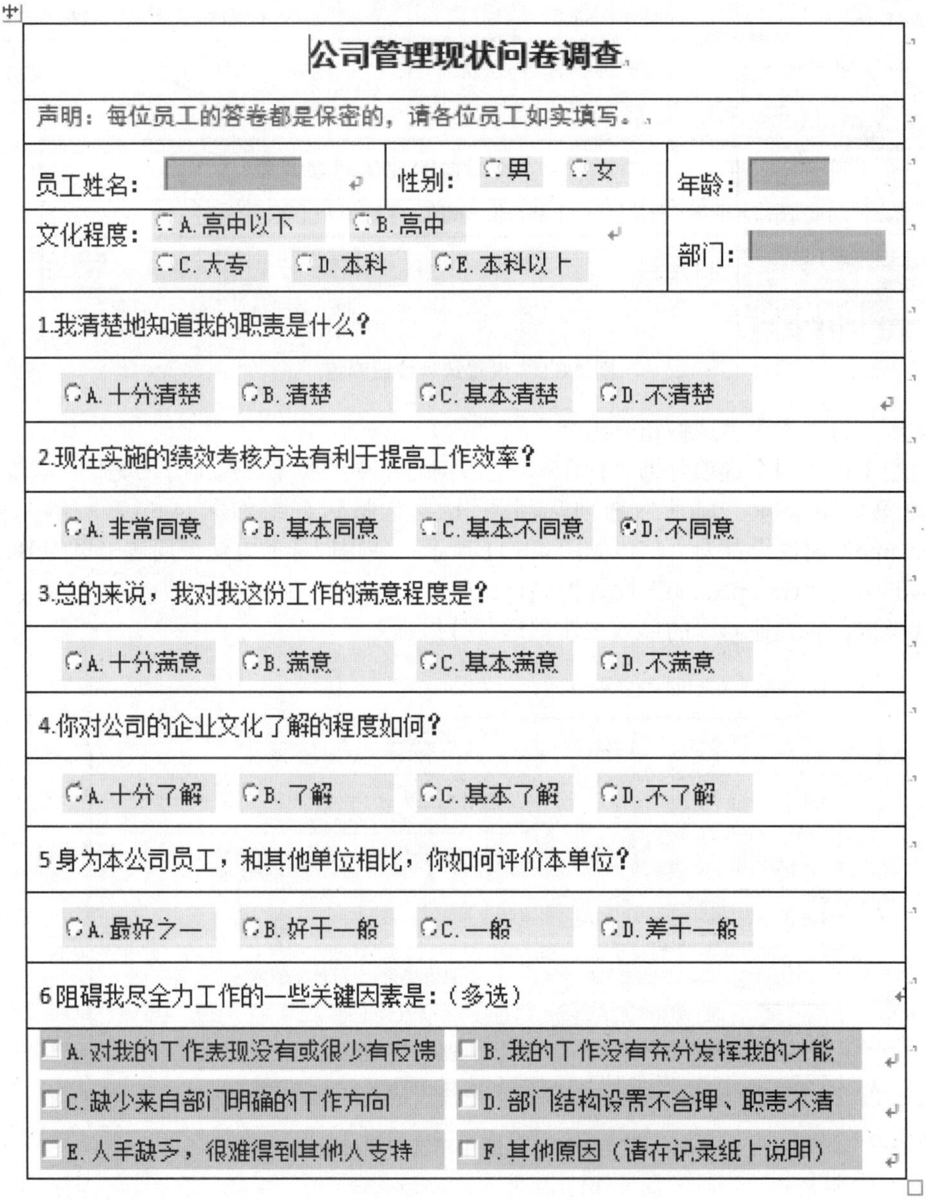

公司管理现状问卷调查		
声明：每位员工的答卷都是保密的，请各位员工如实填写。		
员工姓名：	性别： ○男 ○女	年龄：
文化程度： ○A.高中以下 ○B.高中 ○C.大专 ○D.本科 ○E.本科以上		部门：
1.我清楚地知道我的职责是什么？		
○A.十分清楚 ○B.清楚 ○C.基本清楚 ○D.不清楚		
2.现在实施的绩效考核方法有利于提高工作效率？		
○A.非常同意 ○B.基本同意 ○C.基本不同意 ◉D.不同意		
3.总的来说，我对我这份工作的满意程度是？		
○A.十分满意 ○B.满意 ○C.基本满意 ○D.不满意		
4.你对公司的企业文化了解的程度如何？		
○A.十分了解 ○B.了解 ○C.基本了解 ○D.不了解		
5 身为本公司员工，和其他单位相比，你如何评价本单位？		
○A.最好之一 ○B.好于一般 ○C.一般 ○D.差于一般		
6 阻碍我尽全力工作的一些关键因素是：（多选）		
□A.对我的工作表现没有或很少有反馈 □B.我的工作没有充分发挥我的才能 □C.缺少来自部门明确的工作方向 □D.部门结构设置不合理、职责不清 □E.人手缺乏，很难得到其他人支持 □F.其他原因（请在记录纸上说明）		

图 4.6.12 调查问卷设计最终效果

【课后练习】

设计完成如图 4.6.13 所示的“大学生网上购物调查问卷表”。

大学生网上购物调查问卷表

您好！占用您的宝贵时间我们深感歉意。非常感谢您参与我们的问卷调查，此次调查是为我们市场研究课程做准备，研究大学生网上购物，不存在任何商业用途，更不会泄露您的任何隐私。整个问卷中涉及的题目均没有对错之分，请根据您的实际情况填写，无需署名。谢谢您的合作！

惠州城市职业学院

一、以下问题有关大学生网购调查请选择。（单选）

1、网上购物，您最信赖哪个网站：□淘宝网 □京东网 □1号店 □当当网 □其它

2、您平均每月网购交易金额（元）：

□ 100元以下（含100） □100-300（含300） □ 300-500（含500） □ 500以上

3、您在网上购买最多的是哪一类商品：

□生活用品 □服饰、鞋帽、包 □数码产品 点卡、话费、qq业务等虚拟物品

□食品 □书籍 □鲜花礼品 □其它

4、导致您网上购物的最主要原因：

□抽不出时间去逛商场 □跟上时代的步伐 □价格低廉 □其他

5、如果您在网上购买的货物出现了问题，您会怎么处理呢?

□退货 □联系买家要求更换 □算了

6、你认为网上购物的最大优点是什么：

□快捷方便 □物美价廉 □搜索简单 □其他

7、您认为网购最大的不足是：

□递送速度慢 □质量无保障 □退换不方便 □交易有风险 □其他

8、您最喜欢网上购物的哪些活动：

□打折促销 □免费送货 □购物返券 □附送礼品 □积分兑奖 □其他

二、以下是有关网购期望服务调查。请对所选项目符“√”。（“1”表示完全不同意；“2”表示不同意；“3”表示一般；“4”表示同意；“5”表示完全同意）

满意度调查	完全不同意　　一般　　完全同意
9、您会向身边的人推荐网络购物	①------②------③------④-----⑤
10、您对网购商品的质量满意	①------②------③------④-----⑤
11、在网上购物，相同的花费可以获得更好的产品	①------②------③------④-----⑤
12、网上提供的商品能更好的满足我的需求	①------②------③------④-----⑤
可靠性调查	**完全不同意　　一般　　完全同意**
13、网购让我们想买什么就能买到什么	①------②------③------④-----⑤
14、网上支付的安全性是可信赖的	①------②------③------④-----⑤
15、网购的物流配送价格很合理	①------②------③------④-----⑤
16、网购所得商品实物与网上图片一样	①------②------③------④-----⑤

三、个人信息情况。（请您在“□”内打“√”）

17、您的性别：□男 □女

18、您的年级：□大一 □大二 □大三 □大四

问卷到此结束，再次感谢您的合作！祝您顺利！

图4.6.13 大学生网上购物调查问卷表

第 5 章　办公软件 Excle 2013

5.1　设计求职申请表

求职申请表作为一种书面材料，保证应聘人员提供的信息的真实性，同时也包含了用人单位所期望了解的信息，包括与单位决定录用有关的所有信息，如学历、职业培训经历、健康状况、联系方式等，因此制作一份合理的求职申请表是本节的主要内容。

第 1 步：双击 Excel 2013 图标，新建空白工作簿，如图 5.1.1 所示。

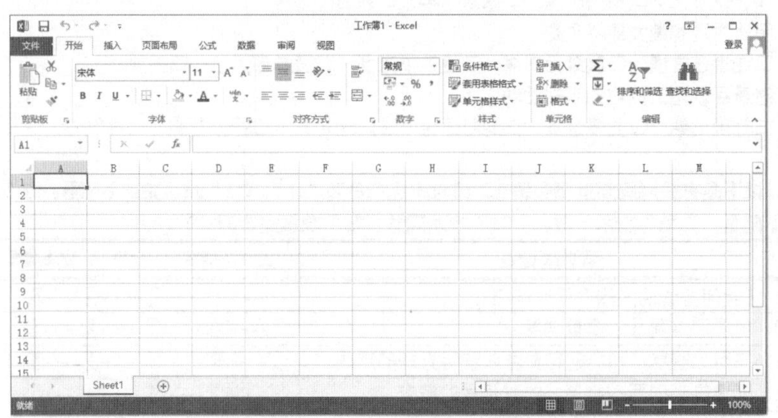

图 5.1.1　新建空白工作簿

第 2 步：在 A1 单元格处输入“求职申请表”，如图 5.1.2 所示。

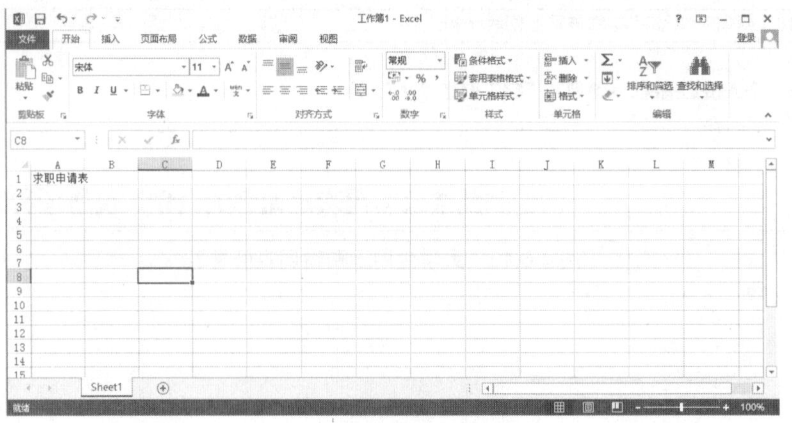

图 5.1.2　输入“求职申请表”

第 3 步：用同样的方法，把需要采集的项目名称输入到表格中，如图 5.1.3 所示。

	A	B	C	D	E	F	G	H
1	求职申请表							
2	姓名		性别		出生年月			照片
3	民族		籍贯		户籍所在地			
4	政治面貌		工作单位					
5	健康状况		婚姻状况					
6	学历		外语水平					
7	联系方式			通信地址				
8	学历							
9	学校类别	起讫时间		学校名称		专业	学位	证明人
10	初中							
11	高中							
12	大学							
13	其他							
14	主要工作经历							
15	起讫时间				单位名称			职位
16	技能							
17	与应聘相关的技能：							
18	业余活动与兴趣：							
19	其他							
20	奖励或处分：							
21	期望月薪值：							

图 5.1.3　输入采集的项目名称

第 4 步：选择单元格区域 A1：H1，单击“开始”→“对齐方式”→“合并后居中”选项，如图 5.1.4 所示。

	A	B	C	D	E	F	G	H
1	求职申请表							
2	姓名		性别		出生年月			照片
3	民族		籍贯		户籍所在地			
4	政治面貌		工作单位					
5	健康状况		婚姻状况					
6	学历		外语水平					
7	联系方式			通信地址				
8	学历							
9	学校类别	起讫时间		学校名称		专业	学位	证明人

图 5.1.4　合并后居中

第 5 步：用同样的方法，把“出生年月”“户籍所在地”“工作单位”“婚姻状况”“外语水平”“联系方式”“通信地址”等合并后居中，效果如图 5.1.5 所示。

	A	B	C	D	E	F	G	H	I
1	求职申请表								
2	姓名		性别		出生年月			照片	
3	民族		籍贯		户籍所在地				
4	政治面貌		工作单位						
5	健康状况		婚姻状况						
6	学历		外语水平						
7	联系方式			通信地址					
8	学历								
9	学校类别	起讫时间		学校名称		专业	学位	证明人	
10	初中								
11	高中								
12	大学								
13	其他								
14	主要工作经历								
15	起讫时间		单位名称					职位	
16	技能								
17	与应聘相关的技能：								
18	业余活动与兴趣：								
19	其他								
20	奖励或处分：								
21	期望月薪值：								
22									

图 5.1.5　合并后居中效果

第 6 步：选择“主要工作经历”一行，右击，在弹出的快捷菜单中选择“插入”→“整行”选项在其上方插入一行，新增一行并与“其他”单元格合并，如图 5.1.6 所示。

	A	B	C	D	E	F	G	H
1	求职申请表							
2	姓名		性别		出生年月			照片
3	民族		籍贯		户籍所在地			
4	政治面貌		工作单位					
5	健康状况		婚姻状况					
6	学历		外语水平					
7	联系方式			通讯地址				
8	学历							
9	学校类别	起讫时间		学校名称		专业	学位	证明人
10	初中							
11	高中							
12	大学							
13	其他							
14								
15	主要工作经历							

图 5.1.6　新增一行

第 7 步：用同样的方法，在“技能”一行上方新增三行，并合并对应的单元格，如图 5.1.7 所示。

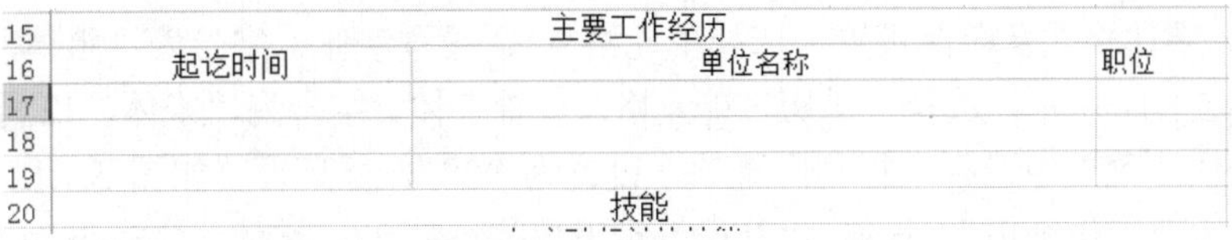

15	主要工作经历		
16	起讫时间	单位名称	职位
17			
18			
19			
20	技能		

图 5.1.7 新增三行

第 8 步：选择“与应聘相关的技能”“业余活动与兴趣”“其他”“奖励或处分”“期望月薪值”单元格，单击“开始”→“对齐方式”→“左对齐”选项，左对齐效果如图 5.1.8 所示。

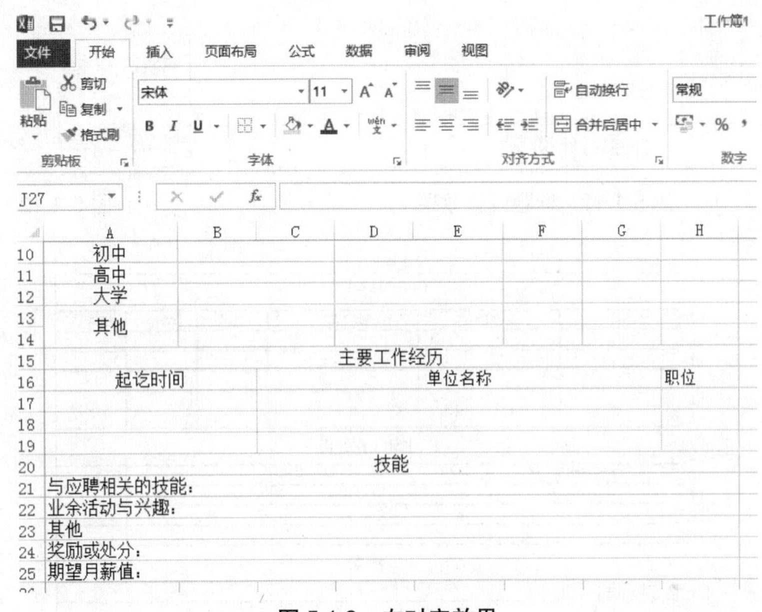

图 5.1.8 左对齐效果

第 9 步：选择单元格区域 A1：A25，右击，在弹出的快捷菜单中选择“设置单元格格式”选项，打开“设置单元格格式”对话框，单击“边框”选项卡，边框具体设置如图 5.1.9 所示，边框设置效果如图 5.1.10 所示。

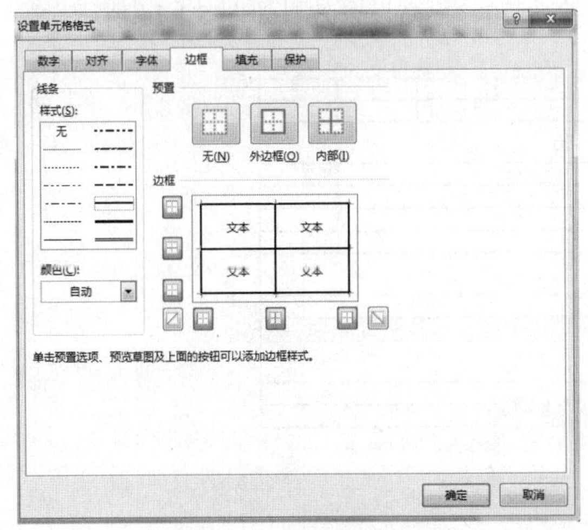

图 5.1.9 边框具体设置

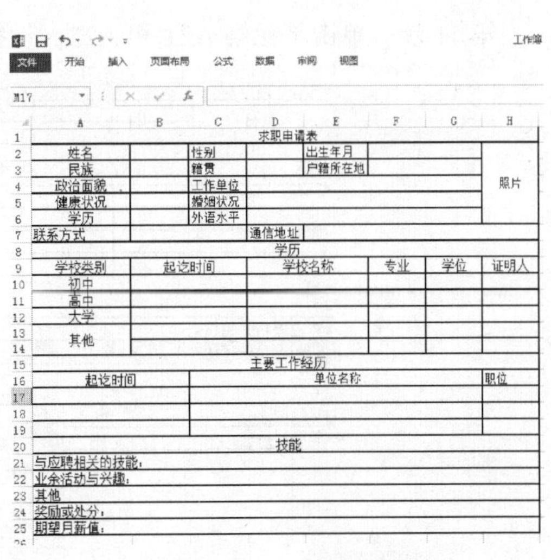

图 5.1.10 边框设置效果

第 10 步：字体格式及段落设置。选择单元格 A1，设置字体、字号为“黑体，24 号”，标题设置效果如图 5.1.11 所示；选择“学历”单元格，设置字体、字号为“宋体，12 号，加粗”，右击，在弹出的快捷菜单中选择“行高”选项，设置为“28”，行高设置如图 5.1.12 所示；用同样的方法，将“主要工作经历”“技能”“其他”也设置为行高 28，字体、字号设为“宋体，12 号，加粗”，字体设置效果如图 5.1.13 所示。

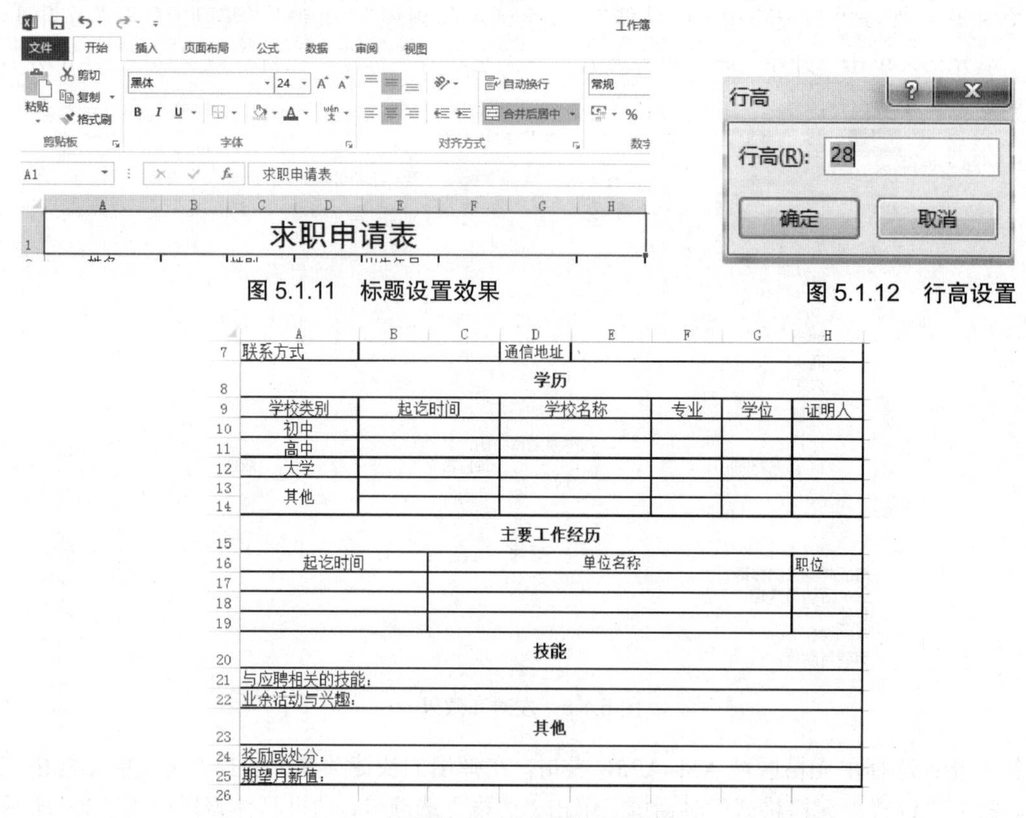

图 5.1.11　标题设置效果

图 5.1.12　行高设置

图 5.1.13　字体设置效果

第 11 步：单击单元格 A21 和 A22，设置行高为 70，行高设置效果如图 5.1.14 所示。

图 5.1.14　行高设置效果

第 12 步：最终效果如图 5.1.15 所示，单击“文件”→“保存”选项，保存文件名为“求职申请表.xlsx”。

A	B	C	D	E	F	G	H
求职申请表							
姓名		性别		出生年月			照片
民族		籍贯		户籍所在地			
政治面貌		工作单位					
健康状况		婚姻状况					
学历		外语水平					
联系方式			通信地址				
学历							
学校类别	起讫时间		学校名称		专业	学位	证明人
初中							
高中							
大学							
其他							
主要工作经历							
起讫时间		单位名称					职位
技能							
与应聘相关的技能：							
业余活动与兴趣：							
其他							
奖励或处分：							
期望月薪值：							

图 5.1.15　最终效果

【课后练习】

一、选择题（单选题）

1. 在 Excel 2013 中，可进行数据操作的最小单位是（　）。

A.工作表　　B.单元格　　C.工作簿　　D.一行

2. 在 Excel 2013 的主界面中不包含（　）。

A.“输出”选项卡　　B.“开始”选项卡

C.“数据”选项卡　　D.“插入”选项卡

3. 在 Excel 2013 中，若需要选择多个不连续的单元格区域，除选择第一个区域外，以后每选择一个区域都要同时按住（　）。

A.Ctrl 键　　B.Shift 键　　C.Alt 键　　D.Esc 键

4. 在 Excel 2013 中，若一个单元格的地址为 F5，则其右边紧邻的一个单元格的地址为（　）。

A.F4　　B.G5　　C.E6　　D.F6

5. 在 Excel 2013 中，日期数据的数据类型属于（　）。

A.数字型　　B.文字型　　C.逻辑型　　D.时间型

二、操作题

在 Excel 2013 中完成以下操作：

1. 在桌面上建立一个 Excel 文件，并命名其中的一个工作表为 table1。

2. 试采用数据的填充功能分别填充 A1：M1 区域和 A2：M2 区域，前一区域中的前两个单元格的内容为数字 1 和 3，后一区域中的前两个单元格的内容为数字 1 和 4。

5.2 设计与创建员工档案

员工档案是公司管理员工的重要途径，一般员工档案包含：姓名、户籍地址、现在通信地址、最高学历、性别、出生日期、联系电话、身份证号码、家庭状况、婚姻状况、年龄、照片等有关信息。

第 1 步：打开素材“新员工档案.xlsx”，选择 A 列，右击，在弹出的快捷菜单中选择“设置单元格格式”→“数字”→“文本”选项，“设置单元格格式”对话框如图 5.2.1 所示。

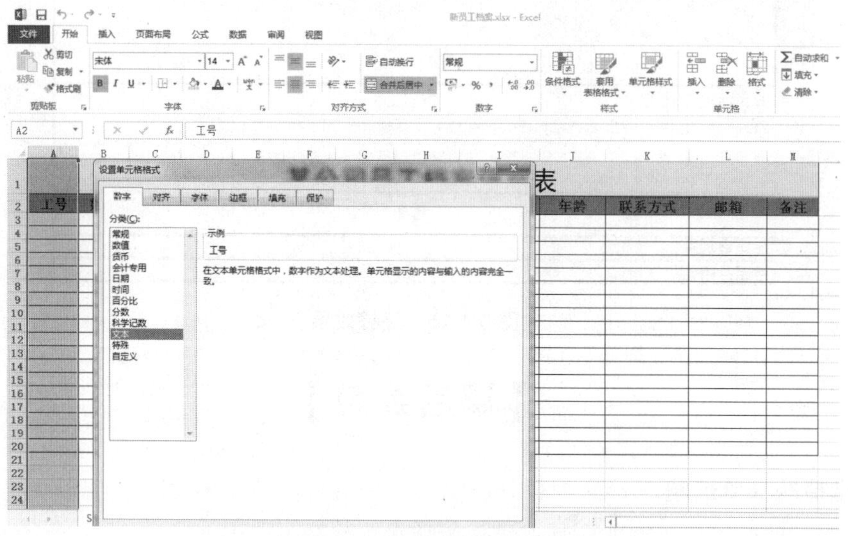

图 5.2.1　“设置单元格格式”对话框

第 2 步：选择单元格 A3，输入“001”，在单元格 A4 中输入“002”，如图 5.2.2 所示，然后选中 A3：A4 区域，按住鼠标右键拖至 A12 单元格，并输入员工姓名，如图 5.2.3 所示。

某公司员工档案信息表

工号	姓名	部门	职务	性别	学历	户口所在地	户籍	身份证号	年龄	联系方式	邮箱	备注
001												
002												

图 5.2.2 输入“001”和“002”

	A	B
1		
2	工号	姓名
3	001	黄飞鸿
4	002	刘少斌
5	003	诸葛龙
6	004	林志颖
7	005	李一鸣
8	006	刘芳
9	007	张小玉
10	008	吴宁
11	009	周二芬
12	010	李艳萍

图 5.2.3 输入员工姓名

第 3 步："部门""职务""学历"引用 sheet2 中的数据，选中单元格 C3，单击"数据"→"数据工具"→"数据验证"选项，在"数据验证"对话框中进行如图 5.2.4 所示的设置。

图 5.2.4 "数据验证"对话框

第 4 步：单击 C3 单元格，按住鼠标左键拖至 C12 单元格，并根据实际情况选择对应部门，自动填充部门信息效果如图 5.2.5 所示。

第 5 步：使用同样的方法，给"职务"和"学历"设置数据验证并填充信息如图 5.2.6 所示。

	A	B	C
1			
2	工号	姓名	部门
3	001	黄飞鸿	市场部
4	002	刘少斌	研发部
5	003	诸葛龙	市场部
6	004	林志颖	销售部
7	005	李一鸣	人事部
8	006	刘芳	财务部
9	007	张小玉	市场部
10	008	吴宁	财务部
11	009	周二芬	销售部
12	010	李艳萍	销售部

图 5.2.5　自动填充部门信息效果

	A	B	C	D	E	F
1						某公
2	工号	姓名	部门	职务	性别	学历
3	001	黄飞鸿	市场部	职员		大专
4	002	刘少斌	研发部	总监		博士
5	003	诸葛龙	市场部	经理		本科
6	004	林志颖	销售部	经理		本科
7	005	李一鸣	人事部	部长		研究生
8	006	刘芳	财务部	职员		本科
9	007	张小玉	市场部	职员		大专
10	008	吴宁	财务部	部长		研究生
11	009	周二芬	销售部	职员		本科
12	010	李艳萍	销售部	职员		高中

图 5.2.6　设置数据验证并填充信息

第 6 步：使用另外一种方法设置性别序列，选中单元格 E3，在“数据验证”对话框中设置性别数据验证，如图 5.2.7 所示，并根据实际情况选择对应的性别，性别填充效果如图 5.2.8 所示。

图 5.2.7　“数据验证”对话框

	A	B	C	D	E	F
1						某公
2	工号	姓名	部门	职务	性别	学历
3	001	黄飞鸿	市场部	职员	男	大专
4	002	刘少斌	研发部	总监	男	博士
5	003	诸葛龙	市场部	经理	男	本科
6	004	林志颖	销售部	经理	女	本科
7	005	李一鸣	人事部	部长	男	研究生
8	006	刘芳	财务部	职员	女	本科
9	007	张小玉	市场部	职员	女	大专
10	008	吴宁	财务部	部长	男	研究生
11	009	周二芬	销售部	职员	女	本科
12	010	李艳萍	销售部	职员	女	高中
13						

图 5.2.8　性别填充效果

第 7 步：“户口所在地”信息如图 5.2.9 所示，单击单元格 H3，输入函数“=mid（G3，1，6）”，如图 5.2.10 所示。

	A	B	C	D	E	F	G
1	某公司员工档案						
2	工号	姓名	部门	职务	性别	学历	户口所在地
3	001	黄飞鸿	市场部	职员	男	大专	广东省潮州市饶平县黄冈镇狮头寨猪哥溪五巷
4	002	刘少斌	研发部	总监	男	博士	广东省河源市紫金县古竹镇四维乡黄圩村
5	003	诸葛龙	市场部	经理	男	本科	广东省东莞市石龙县新城区欲兴路世纪滨江
6	004	林志颖	销售部	经理	女	本科	广东省惠州市惠城区泰豪绿湖新村A6栋
7	005	李一鸣	人事部	部长	男	研究生	广东省惠州市惠城区南坛东路
8	006	刘芳	财务部	职员	女	本科	广东省惠州市惠东县大岭镇
9	007	张小玉	市场部	职员	女	大专	广东省惠州市惠东县焦田
10	008	吴宁	财务部	部长	男	研究生	广东省惠州市惠东县稔山镇长排村委珠海巷
11	009	周二芬	销售部	职员	女	本科	广东省惠州市大亚湾区新三路
12	010	李艳萍	销售部	职员	女	高中	广东省惠州市惠东县焦田
13							

图 5.2.9 “户口所在地”信息

H3 =mid(G3,1,6)

	A	B	C	D	E	F	G	H
1	某公司员工档案信息表							
2	工号	姓名	部门	职务	性别	学历	户口所在地	户籍
3	001	黄飞鸿	市场部	职员	男	大专	广东省潮州市饶平县黄冈镇狮头寨猪哥溪五巷	=mid(G3,1,6)
4	002	刘少斌	研发部	总监	男	博士	广东省河源市紫金县古竹镇四维乡黄圩村	
5	003	诸葛龙	市场部	经理	男	本科	广东省东莞市石龙县新城区欲兴路世纪滨江	
6	004	林志颖	销售部	经理	女	本科	广东省惠州市惠城区泰豪绿湖新村A6栋	
7	005	李一鸣	人事部	部长	男	研究生	广东省惠州市惠城区南坛东路	
8	006	刘芳	财务部	职员	女	本科	广东省惠州市惠东县大岭镇	
9	007	张小玉	市场部	职员	女	大专	广东省惠州市惠东县焦田	
10	008	吴宁	财务部	部长	男	研究生	广东省惠州市惠东县稔山镇长排村委珠海巷	
11	009	周二芬	销售部	职员	女	本科	广东省惠州市大亚湾区新三路	
12	010	李艳萍	销售部	职员	女	高中	广东省惠州市惠东县焦田	
13								
14								
15								

图 5.2.10 输入函数“=mid（G3，1，6）”

第 8 步：“身份证号”和“联系方式”分别用数据验证设置为 18 位和 11 位，如图 5.2.11 和 5.2.12 所示。

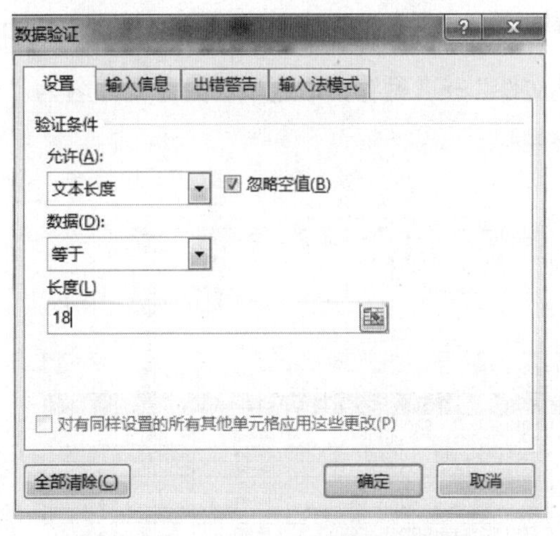

图 5.2.11 身份证号数据验证设置

图 5.2.12 联系方式数据验证设置

第 9 步：选中 J3 单元格，输入公式“=YEAR（NOW（））−MID（身份证所在列+所在行，身份证中年份的第一位，年份的位数)”，即“=YEAR（NOW（））−MID（I3，7，4)”，并下拉单元格，年龄计算效果如图 5.2.13 所示。

某公司员工档案信息表										
部门	职务	性别	学历	户口所在地	户籍	身份证号	年龄	联系方式	邮箱	备注
市场部	职员	男	大专	广东省潮州市饶平县黄冈镇狮头寨猪哥溪五巷	广东省潮州市	332822198603091234	30	12345678901		
研发部	总监	男	博士	广东省河源市紫金县古竹镇四维乡黄圩村	广东省河源市	332822199603091234	20	12345678901		
市场部	经理	男	本科	广东省东莞市石龙县新城区欲兴路世纪滨江	广东省东莞市	332822198803091234	28	12345678901		
销售部	经理	女	本科	广东省惠州市惠城区泰豪绿湖新村A6栋	广东省惠州市	332822199603091234	20	12345678901		
人事部	部长	男	研究生	广东省惠州市惠城区南坛东路	广东省惠州市	332822198063091234	36	12345678901		
财务部	职员	女	本科	广东省惠州市惠东县大岭镇	广东省惠州市	332822199203091234	24	12345678901		
市场部	职员	女	大专	广东省惠州市惠东县集田	广东省惠州市	332822199503091234	21	12345678901		
财务部	部长	男	研究生	广东省惠州市惠东县稔山镇长排村委珠海巷	广东省惠州市	332822199603091234	20	12345678901		
销售部	职员	女	本科	广东省惠州市大亚湾区新三路	广东省惠州市	332822199403091234	22	12345678901		
销售部	职员	女	高中	广东省惠州市惠东县集田	广东省惠州市	332822199303091234	23	12345678901		

图 5.2.13　年龄计算效果

第 10 步：邮箱格式有效验证，选中 L3 单元格，单击“数据”→“数据工具”→“数据验证”→“设置”选项，在“公式”中输入“=countif（L3，″? *@? *.? *″)”，邮箱数据验证设置如图 5.2.14 所示。

数据验证
设置　输入信息　出错警告　输入法模式
验证条件
允许(A):
自定义　☑ 忽略空值(B)
数据(D):
介于
公式(F)
=countif(L3,"?*@?*.?*")
☐ 对有同样设置的所有其他单元格应用这些更改(P)
全部清除(C)　确定　取消

图 5.2.14　邮箱数据验证设置

第 11 步：最终效果图如 5.2.15 所示，单击“文件”→“另存为”选项，保存文件名为“某公司员工档案信息表.xlsx”。

某公司员工档案信息表										
部门	职务	性别	学历	户口所在地	户籍	身份证号	年龄	联系方式	邮箱	备注
市场部	职员	男	大专	广东省潮州市饶平县黄冈镇狮头寨猪哥溪五巷	广东省潮州市	332822198603091234	30	12345678901	1236536@qq.com	
研发部	总监	男	博士	广东省河源市紫金县古竹镇四维乡黄圩村	广东省河源市	332822199603091234	20	12345678901	899999@123.com	
市场部	经理	男	本科	广东省东莞市石龙县新城区欲兴路世纪滨江	广东省东莞市	332822198803091234	28	12345678901	9922@163.com	
销售部	经理	女	本科	广东省惠州市惠城区泰豪绿湖新村A6栋	广东省惠州市	332822199603091234	20	12345678901	1236537@qq.com	
人事部	部长	男	研究生	广东省惠州市惠城区南坛东路	广东省惠州市	332822198063091234	36	12345678901	1236537@qq.com	
财务部	职员	女	本科	广东省惠州市惠东县大岭镇	广东省惠州市	332822199203091234	24	12345678901	899999@124.com	
市场部	职员	女	大专	广东省惠州市惠东县集田	广东省惠州市	332822199503091234	21	12345678901	9922@164.com	
财务部	部长	男	研究生	广东省惠州市惠东县稔山镇长排村委珠海巷	广东省惠州市	332822199603091234	20	12345678901	1236538@qq.com	
销售部	职员	女	本科	广东省惠州市大亚湾区新三路	广东省惠州市	332822199403091234	22	12345678901	1236538@qq.com	
销售部	职员	女	高中	广东省惠州市惠东县集田	广东省惠州市	332822199303091234	23	12345678901	899999@125.com	

图 5.2.15　最终效果图

【课后练习】

1. 在 Excel 2013 中，日期数据的数据类型属于（　）。

A. 文字型　　B. 数字型　　C. 逻辑型　　D. 时间型

2. 在 Excel 2013 的“开始”选项卡的“剪贴板”组中，不包含的按钮是（　）。

A. 剪切　　B. 字体　　C. 粘贴　　D. 复制

3. 在 Excel 2013 中，假定一个单元格的列标为 D，行号为 12，则该单元格名称为（　）。

A. D，12　　B. D12　　C. 12D　　D. 12，D

4. 在 Excel 2013 中，被选中的单元格区域自动带有（　）。

A. 红色边框　　B. 蓝色边框　　C. 黄色边框　　D. 黑色边框

5. 在 Excel 2013 工作表中，（　）是正确的。

A. 行和列都不可以被隐藏　　B. 只能隐藏行

C. 只能隐藏列　　D. 行和列不可以被隐藏

5.3 计算与管理员工销售业绩表（基本公式和函数）

员工销售业绩表，是根据员工销售业绩数据制作的图表，利用簇状条形图展示所有销售人员的销售业绩，这样能够更加直观地比较各个员工的销售情况。

第 1 步：打开素材“销售业绩表.xlsx”，单击 J3 单元格，输入公式“=SUM（D3：I3）”，或者单击“公式”→“函数库”→“自动求和”选项，自动求和如图 5.3.1 所示，按住鼠标左键拖至 J12 单元格，自动求和填充效果如图 5.3.2 所示。

信达电器有限公司2015年下半年销售业绩统计表.xlsx - Excel

=SUM(D3:I3)

编号	姓名	部门	7月	8月	9月	10月	11月	12月	销售总额	排名
A001	杨红军	销售A组	81500	94500	57800	99300	68000		=SUM(D3:I3)	
A002	李小燕	销售A组	68002	84222	93500	79800	75003	79280		
A003	王大为	销售A组	82402	70372	80272	93200	73902	83400		
A004	孙燕霞	销售A组	94000	75000	88400	58700	64002	73000		
A005	字冰	销售B组	70237	95200	74400	35308	93500	74033		
A006	卢丽花	销售B组	98340	70434	78300	89430	87002	93003		
A007	程思盈	销售B组	93000	79444	80520	83900	84000	95660		
A008	杜添坤	销售B组	65700	84000	83053	76350	63200	94200		
A009	张俊	销售C组	79300	84200	95200	83400	86703	80230		
A010	田丽	销售C组	84200	79430	70302	74200	89200	99203		
每月平均销售额										
每月最高销售额										
每月最低销售额										

图 5.3.1　自动求和

	A	B	C	D	E	F	G	H	I	J	K
1	信达电器有限公司2015年下半年销售业绩统计表										
2	编号	姓名	部门	7月	8月	9月	10月	11月	12月	销售总额	排名
3	A001	杨红军	销售A组	81500	94500	57800	99300	68000	78000	479100	
4	A002	李小燕	销售A组	68002	84222	93500	79800	75003	79280	479807	
5	A003	王大为	销售A组	82402	70372	80272	93200	73902	83400	483548	
6	A004	孙燕霞	销售A组	94000	75000	88400	58700	64002	73000	453102	
7	A005	李冰	销售B组	70237	95200	74400	35308	93500	74033	442678	
8	A006	卢丽花	销售B组	98340	70434	78300	89430	87002	93003	516509	
9	A007	程思盈	销售B组	93000	79444	80520	83900	84000	95660	516524	
10	A008	杜添坤	销售B组	65700	84000	83053	76350	63200	94200	466503	
11	A009	张俊	销售C组	79300	84200	95200	83400	86703	80230	509033	
12	A010	田丽	销售C组	84200	79430	70302	74200	89200	99203	496535	
13	每月平均销售额										
14	每月最高销售额										
15	每月最低销售额										

图 5.3.2　自动求和填充效果

第 2 步：选中单元格 D13，输入公式“=AVERAGE（D3：D12）”，或者单击“公式”→“函数库”→“平均值”选项，并按住鼠标拖至 I13 单元格，平均值计算效果如图 5.3.3 所示。

信达电器有限公司2015年下半年销售业绩统计表										
编号	姓名	部门	7月	8月	9月	10月	11月	12月	销售总额	排名
A001	杨红军	销售A组	81500	94500	57800	99300	68000	78000	479100	
A002	李小燕	销售A组	68002	84222	93500	79800	75003	79280	479807	
A003	王大为	销售A组	82402	70372	80272	93200	73902	83400	483548	
A004	孙燕霞	销售A组	94000	75000	88400	58700	64002	73000	453102	
A005	李冰	销售B组	70237	95200	74400	35308	93500	74033	442678	
A006	卢丽花	销售B组	98340	70434	78300	89430	87002	93003	516509	
A007	程思盈	销售B组	93000	79444	80520	83900	84000	95660	516524	
A008	杜添坤	销售B组	65700	84000	83053	76350	63200	94200	466503	
A009	张俊	销售C组	79300	84200	95200	83400	86703	80230	509033	
A010	田丽	销售C组	84200	79430	70302	74200	89200	99203	496535	
每月平均销售额			81668.1	81680.2	80174.7	77358.8	78451.2	85000.9		
每月最高销售额										
每月最低销售额										

图 5.3.3　平均值计算效果

第 3 步：选中单元格 D14，输入公式“=MAX（D3：D12）”，或者单击“公式”→“函数库”→“最大值”选项，并按住鼠标左键拖至 I14 单元格，最大值计算效果如图 5.3.4 所示。

A	B	C	D	E	F	G	H	I	J	K
信达电器有限公司2015年下半年销售业绩统计表										
编号	姓名	部门	7月	8月	9月	10月	11月	12月	销售总额	排名
A001	杨红军	销售A组	81500	94500	57800	99300	68000	78000	479100	
A002	李小燕	销售A组	68002	84222	93500	79800	75003	79280	479807	
A003	王大为	销售A组	82402	70372	80272	93200	73902	83400	483548	
A004	孙燕霞	销售A组	94000	75000	88400	58700	64002	73000	453102	
A005	李冰	销售B组	70237	95200	74400	35308	93500	74033	442678	
A006	卢丽花	销售B组	98340	70434	78300	89430	87002	93003	516509	
A007	程思盈	销售B组	93000	79444	80520	83900	84000	95660	516524	
A008	杜添坤	销售B组	65700	84000	83053	76350	63200	94200	466503	
A009	张俊	销售C组	79300	84200	95200	83400	86703	80230	509033	
A010	田丽	销售C组	84200	79430	70302	74200	89200	99203	496535	
每月平均销售额			81668.1	81680.2	80174.7	77358.8	78451.2	85000.9		
每月最高销售额			98340	95200	95200	99300	93500	99203		
每月最低销售额										

图 5.3.4　最大值计算效果

第 4 步：选中单元格 D15，输入公式“=MIN（D3：D12）”，或者单击“公式”→“函数库”→“最小值”选项，并按住鼠标左键拖至 I15 单元格，最小值计算效果如图 5.3.5 所示。

信达电器有限公司2015年下半年销售业绩统计表										
编号	姓名	部门	7月	8月	9月	10月	11月	12月	销售总额	排名
A001	杨红军	销售A组	81500	94500	57800	99300	68000	78000	479100	
A002	李小燕	销售A组	68002	84222	93500	79800	75003	79280	479807	
A003	王大为	销售A组	82402	70372	80272	93200	73902	83400	483548	
A004	孙燕霞	销售A组	94000	75000	88400	58700	64002	73000	453102	
A005	李冰	销售B组	70237	95200	74400	35308	93500	74033	442678	
A006	卢丽花	销售B组	98340	70434	78300	89430	87002	93003	516509	
A007	程思盈	销售B组	93000	79444	80520	83900	84000	95660	516524	
A008	杜添坤	销售B组	65700	84000	83053	76350	63200	94200	466503	
A009	张俊	销售C组	79300	84200	95200	83400	86703	80230	509033	
A010	田丽	销售C组	84200	79430	70302	74200	89200	99203	496535	
每月平均销售额			81668.1	81680.2	80174.7	77358.8	78451.2	85000.9		
每月最高销售额			98340	95200	95200	99300	93500	99203		
每月最低销售额			65700	70372	57800	35308	63200	73000		

图 5.3.5　最小值计算

第 5 步：选中单元格区域 D3：J15，右键选择“设置单元格格式”选项，“分类”选择“货币”，“小数位点位”填“0”，“设置单元格格式”对话框如图 5.3.6 所示，设置效果如图 5.3.7 所示。

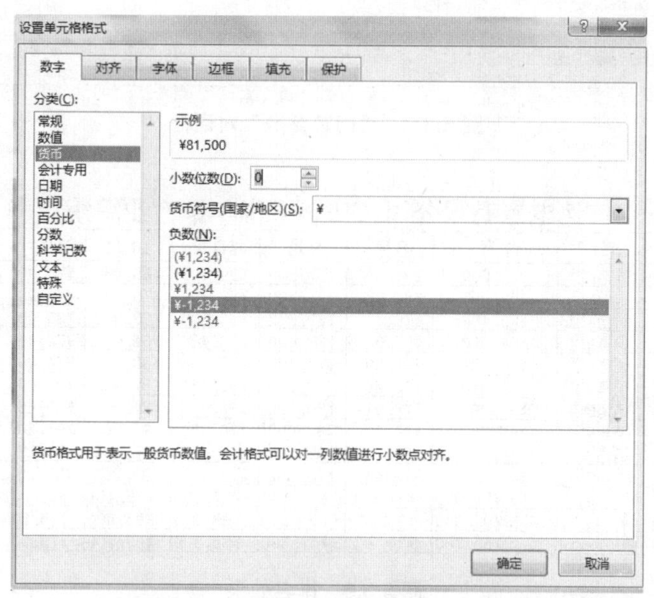

图 5.3.6　“设置单元格格式”对话框

信达电器有限公司2015年下半年销售业绩统计表										
编号	姓名	部门	7月	8月	9月	10月	11月	12月	销售总额	排名
A001	杨红军	销售A组	¥81,500	¥94,500	¥57,800	¥99,300	¥68,000	¥78,000	¥479,100	
A002	李小燕	销售A组	¥68,002	¥84,222	¥93,500	¥79,800	¥75,003	¥79,280	¥479,807	
A003	王大为	销售A组	¥82,402	¥70,372	¥80,272	¥93,200	¥73,902	¥83,400	¥483,548	
A004	孙燕霞	销售A组	¥94,000	¥75,000	¥88,400	¥58,700	¥64,002	¥73,000	¥453,102	
A005	李冰	销售B组	¥70,237	¥95,200	¥74,400	¥35,308	¥93,500	¥74,033	¥442,678	
A006	卢丽花	销售B组	¥98,340	¥70,434	¥78,300	¥89,430	¥87,002	¥93,003	¥516,509	
A007	程思盈	销售B组	¥93,000	¥79,444	¥80,520	¥83,900	¥84,000	¥95,660	¥516,524	
A008	杜添坤	销售B组	¥65,700	¥84,000	¥83,053	¥76,350	¥63,200	¥94,200	¥466,503	
A009	张俊	销售C组	¥79,300	¥84,200	¥95,200	¥83,400	¥86,703	¥80,230	¥509,033	
A010	田丽	销售C组	¥84,200	¥79,430	¥70,302	¥74,200	¥89,200	¥99,203	¥496,535	
每月平均销售额			¥81,668	¥81,680	¥80,175	¥77,359	¥78,451	¥85,001		
每月最高销售额			¥98,340	¥95,200	¥95,200	¥99,300	¥93,500	¥99,203		
每月最低销售额			¥65,700	¥70,372	¥57,800	¥35,308	¥63,200	¥73,000		

图 5.3.7　设置效果

第 6 步：选中单元格 K3，输入公式“=RANK.AVG（J3，$J3：$J12）”，或者单击“公式”→“函数库”→“其他函数”→“统计”→“RANK.AVG”选项，“函数参数”对话框如图 5.3.8 所示，并按住鼠标左键拖至 K12 单元格，排名效果如图 5.3.9 所示。

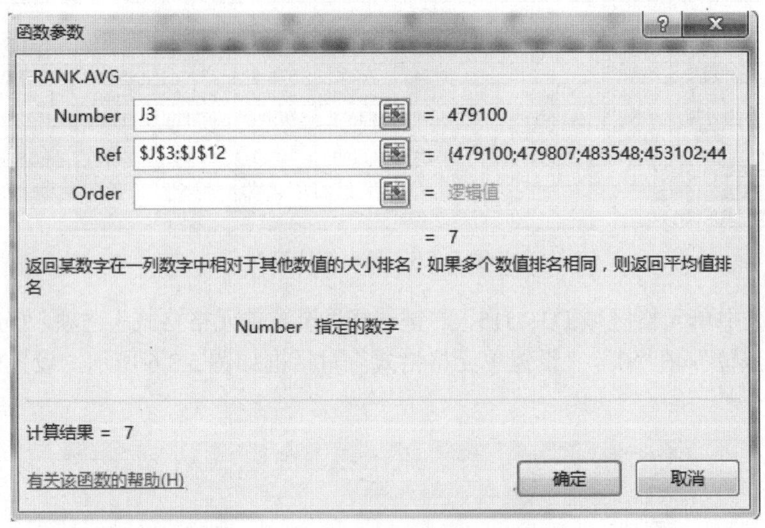

图 5.3.8 “函数参数”对话框

	A	B	C	D	E	F	G	H	I	J	K
1	信达电器有限公司2015年下半年销售业绩统计表										
2	编号	姓名	部门	7月	8月	9月	10月	11月	12月	销售总额	排名
3	A001	杨红军	销售A组	¥81,500	¥94,500	¥57,800	¥99,300	¥68,000	¥78,000	¥479,100	7
4	A002	李小燕	销售A组	¥68,002	¥84,222	¥93,500	¥79,800	¥75,003	¥79,280	¥479,807	6
5	A003	王大为	销售A组	¥82,402	¥70,372	¥80,272	¥93,200	¥73,902	¥83,400	¥483,548	5
6	A004	孙燕霞	销售A组	¥94,000	¥75,000	¥88,400	¥58,700	¥64,002	¥73,000	¥453,102	9
7	A005	李冰	销售B组	¥70,237	¥95,200	¥74,400	¥35,308	¥93,500	¥74,033	¥442,678	10
8	A006	卢丽花	销售B组	¥98,340	¥70,434	¥78,300	¥89,430	¥87,002	¥93,003	¥516,509	2
9	A007	程思盈	销售B组	¥93,000	¥79,444	¥80,520	¥83,900	¥84,000	¥95,660	¥516,524	1
10	A008	杜添坤	销售B组	¥65,700	¥84,000	¥83,053	¥76,350	¥63,200	¥94,200	¥466,503	8
11	A009	张俊	销售C组	¥79,300	¥84,200	¥95,200	¥83,400	¥86,703	¥80,230	¥509,033	3
12	A010	田丽	销售C组	¥84,200	¥79,430	¥70,302	¥74,200	¥89,200	¥99,203	¥496,535	4
13	每月平均销售额			¥81,668	¥81,680	¥80,175	¥77,359	¥78,451	¥85,001		
14	每月最高销售额			¥98,340	¥95,200	¥95,200	¥99,300	¥93,500	¥99,203		
15	每月最低销售额			¥65,700	¥70,372	¥57,800	¥35,308	¥63,200	¥73,000		

图 5.3.9 排名效果

第 7 步：单击“文件”→“另存为”选项，保存文件名为“信达电器有限公司 2015 年下半年销售业绩统计表.xlsx”。

【课后练习】

一、选择题

1. 在 Excel 2013 中，假定 B2 单元格为数值 5，B3 单元格为数值 6，则 B2*B3 的值为(　)。

A. 20　　B. 11　　C. 30　　D. 56

2. 若在某 Excel 工作表的 F1、G1 单元格中分别填入 3.5 和 4，并将这 2 个单元格选定，然后向右拖动填充柄，在 H1 和 I1 中分别填入的数据是（　）。

A. 3.5　4　　B. 4　4.5　　C. 5　5.5　　D. 4.5　5

3. 假定单元格D3中保存的公式为“=B3+C3”，若把它移动到E4单元格中，则E4中保存的公式为（　）。

A. =C3+D3　　B. =B3+C3　　C. B4+C4　　D. =C4+D4

4. 在Excel 2013中，假定一个单元格的地址为$A$35，则该单元格的地址为（　）。

A. 相对地址　　B. 混合地址　　C. 绝对地址　　C. 二维地址

5. 在Excel 2013中输入函数时，必须使用的前导字符为（　）。

A. $　　B. @　　C. =　　D. &

二、操作题

在Excel表中完成以下操作：

1. 计算各学生的总分；

2. 利用高级筛选功能筛选数学、语文、英语存在不及格（低于60分）的所有记录；

3. 把第2步的筛选结果复制到Sheet2工作表中，从单元格A1位置起，完成后用原文件名保存。

姓名	语文	数学	英语	总分
张三	82	75	83	
李四	76	89	92	
王五	68	79	52	
薛六	42	79	88	

5.4 创建销售业绩数据图表

第1步：打开素材“信达电器有限公司销售业绩统计表.xlsx”，把Sheet2重命名为“7～12月销售业绩图标”，工作表重命名如图5.4.1所示。

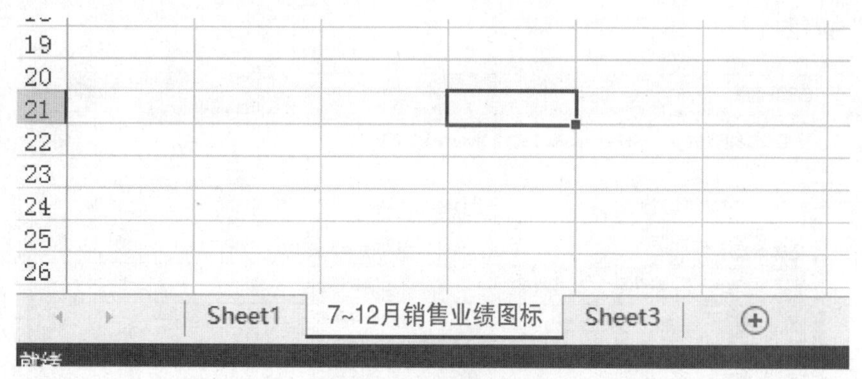

图5.4.1　工作表重命名

第2步：选中E11单元格，单击“插入”→“图表”→“三维柱形图”，建立三维柱形图如图5.4.2所示。

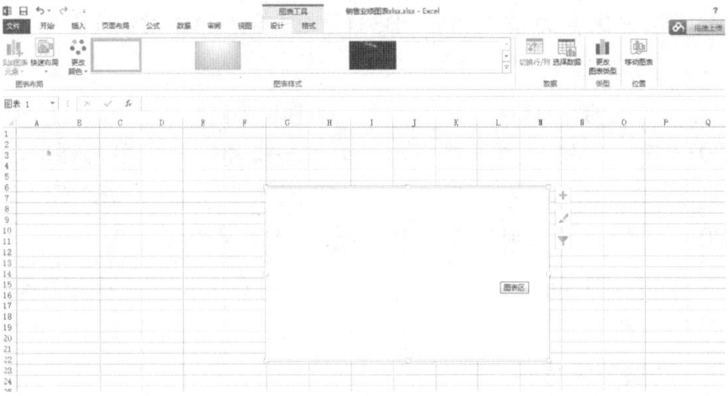

图 5.4.2　建立三维柱形图

第 3 步：单击“图表工具”→“设计”→“数据”→“选择数据”选项，单击 按钮，回到 Sheet1 工作表中，按住 Ctrl 键选中姓名一列和 7～12 月销量数据，选择数据源如图 5.4.3 所示。

信达电器有限公司2015年下半年销售业绩统计表										
编号	姓名	部门	7月	8月	9月	10月	11月	12月	销售总额	排名
A001	杨红军	销售A组	¥81,500	¥94,500	¥57,800	¥99,300	¥68,000	¥78,000	¥479,100	7
A002	李小燕	销售A组	¥68,002	¥84,222	¥93,500	¥79,800	¥75,003	¥79,280	¥479,807	6
A003	王大为	销售A组	¥82,402	¥70,372	¥80,272	¥93,200	¥73,902	¥83,400	¥483,548	5
A004	孙燕霞	销售A组	¥94,000	¥75,000	¥88,400	¥58,700	¥64,002	¥73,000	¥453,102	9
A005	李冰	销售B组	¥70,237	¥95,200	¥74,400	¥35,308	¥93,500	¥74,033	¥442,678	10
A006	卢丽花	销售B组	¥98,340	¥70,434	¥78,300	¥89,430	¥87,002	¥93,003	¥516,509	2
A007	程思盈	销售B组	¥93,000	¥79,444	¥80,520	¥83,900	¥84,000	¥95,660	¥516,524	1
A008	杜添坤	销售B组	¥65,700	¥84,000	¥83,053	¥76,350	¥63,200	¥94,200	¥466,503	8
A009	张俊	销售C组	¥79,300	¥84,200	¥95,200	¥83,400	¥86,703	¥80,230	¥509,033	3
A010	田丽	销售C组	¥84,200	¥79,430	¥70,302	¥74,200	¥89,200	¥99,203	¥496,535	4
每月平均销售额			¥81,668	¥81,680	¥80,175	¥77,359	¥78,451	¥85,001		
每月最高销售额			¥98,340	¥95,200	¥95,200	¥99,300	¥93,500	¥99,203		
每月最低销售额			¥65,700	¥70,372	¥57,800	¥35,308	¥63,200	¥73,000		

选择数据源

=Sheet1!$B$2:$B$12,Sheet1!$D$2:$I$12

图 5.4.3　选择数据源

第 4 步：单击关闭按钮，回到“选择数据源”对话框，柱形图设置如图 5.4.4 所示，并单击“确定”按钮。

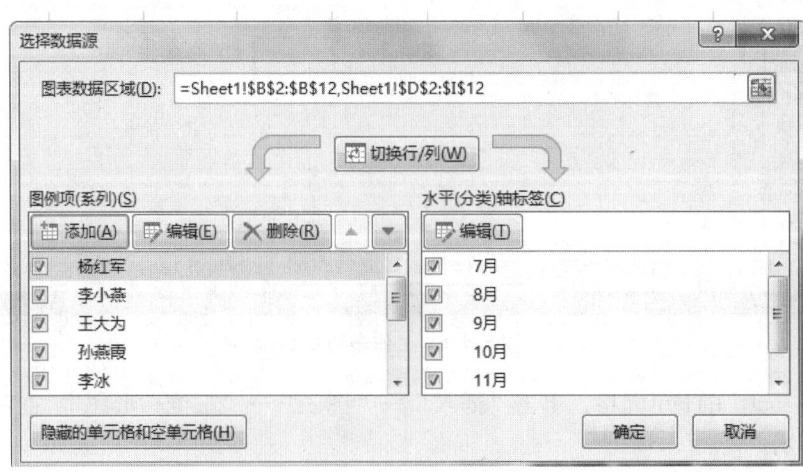

图 5.4.4　柱形图设置

第 5 步：单击图表右上方的 图标，选择“坐标轴”“坐标轴标题”“图表标题”“网格线”“图例”复选框，设置图表元素如图 5.4.5 所示。

图 5.4.5　设置图表元素

第 6 步：单击“图表标题”修改为“7～12 月份销售情况”，单击横“坐标轴标题”，修改为“月份”，单击纵“坐标轴标题”，修改为“销售额”，并设置字体、字号为宋体、14 号、加粗，设置图表标题如图 5.4.6 所示。

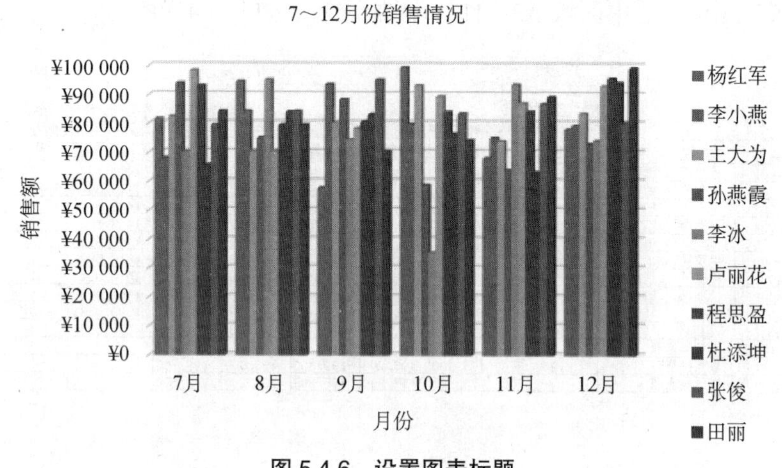

图 5.4.6　设置图表标题

第 7 步：选中图表，设置图表区格式，单击填充图标 ，选择“羊皮纸”纹理，填充效果如图 5.4.7 所示。

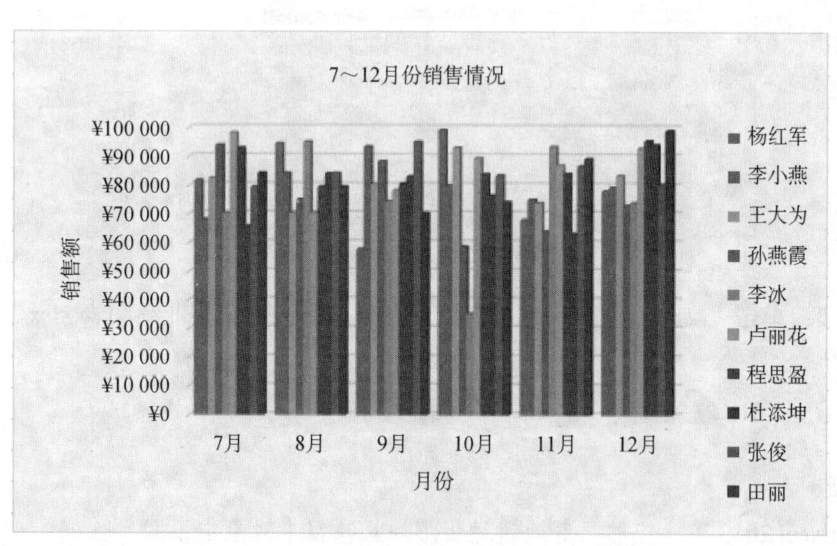

图 5.4.7　填充效果

第 8 步：双击 Sheet3 工作表，重命名为“透视表”，如图 5.4.8 所示。

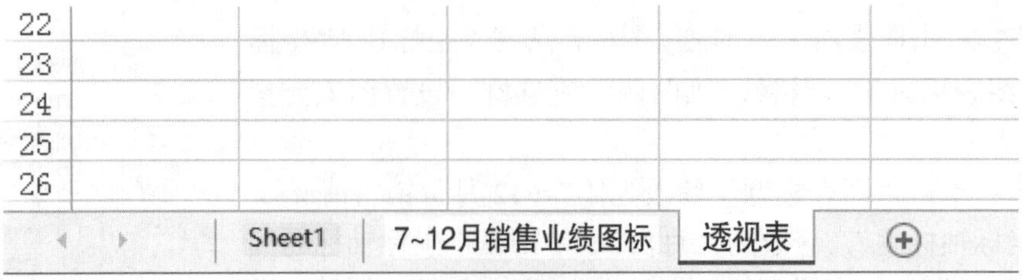

Sheet1　7~12月销售业绩图标　透视表

图 5.4.8　重命名 Sheet3 工作表

第 9 步：在“透视表”A1 单元格处，单击“插入”→“表格”→“数据透视表”选项，单击“表/区域”选项，选中区域 A2：I12，添加透视表如图 5.4.9 所示。

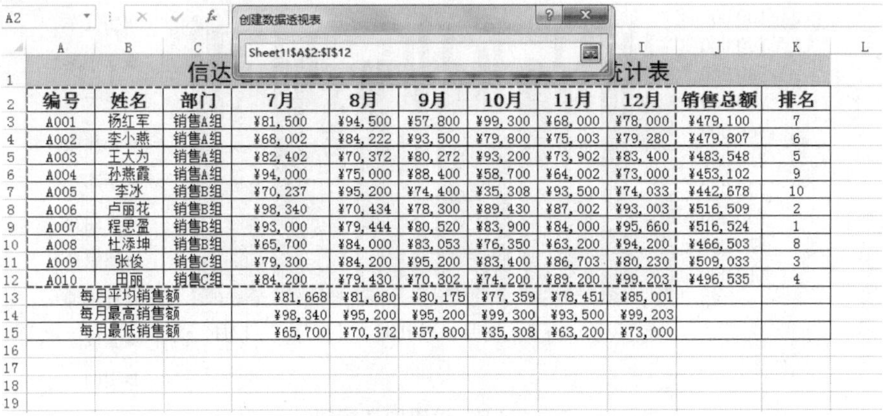

创建数据透视表

Sheet1!$A$2:$I$12

编号	姓名	部门	7月	8月	9月	10月	11月	12月	销售总额	排名
A001	杨红军	销售A组	¥81,500	¥94,500	¥57,800	¥99,300	¥68,000	¥78,000	¥479,100	7
A002	李小燕	销售A组	¥68,002	¥84,222	¥93,500	¥79,800	¥75,003	¥79,280	¥479,807	6
A003	王大为	销售A组	¥82,402	¥70,372	¥80,272	¥93,200	¥73,902	¥83,400	¥483,548	5
A004	孙燕霞	销售A组	¥94,000	¥75,000	¥88,400	¥58,700	¥64,002	¥73,000	¥453,102	9
A005	李冰	销售B组	¥70,237	¥95,200	¥74,400	¥35,308	¥93,500	¥74,033	¥442,678	10
A006	卢丽花	销售B组	¥98,340	¥70,434	¥78,300	¥89,430	¥87,002	¥93,003	¥516,509	2
A007	程思盈	销售B组	¥93,000	¥79,444	¥80,520	¥83,900	¥84,000	¥95,660	¥516,524	1
A008	杜添坤	销售B组	¥65,700	¥84,000	¥83,053	¥76,350	¥63,200	¥94,200	¥466,503	8
A009	张俊	销售C组	¥79,300	¥84,200	¥95,200	¥83,400	¥86,703	¥80,230	¥509,033	3
A010	田丽	销售C组	¥84,200	¥79,430	¥70,302	¥74,200	¥89,200	¥99,203	¥496,535	4
每月平均销售额			¥81,668	¥81,680	¥80,175	¥77,359	¥78,451	¥85,001		
每月最高销售额			¥98,340	¥95,200	¥95,200	¥99,300	¥93,500	¥99,203		
每月最低销售额			¥65,700	¥70,372	¥57,800	¥35,308	¥63,200	¥73,000		

图 5.4.9　添加透视表

第 10 步：在右侧“数据透视表字段”，选择“部门”“7～12 月”复选框，按各种求和统计，并把“行标签”修改为“部门”，设置透视表参数效果如图 5.4.10 所示。

部门	求和项:7月	求和项:8月	求和项:9月	求和项:10月	求和项:11月	求和项:12月
销售A组	325904	324094	319972	331000	280907	313680
销售B组	327277	329078	316273	284988	327702	356896
销售C组	163500	163630	165502	157600	175903	179433
总计	816681	816802	801747	773588	784512	850009

图 5.4.10　设置透视表参数

第 11 步：单击“文件”→“另存为”选项，文件名为“销售业绩图表.xlsx”。

【课后练习】

选择题

1. 在 Excel 2013 中，能够很好地通过矩形块反映每个对象中不同属性值大小的图表类型是（　）。

A. 折线图　　B. 饼图　　C. XY 散点图　　D. 柱形图

2. 在 Excel 2013 中，要表示一个单元格的行地址或列地址为绝对引用，则应该在其前面加上的字符是（　）。

A. =　　B. $　　C. @　　D. &

3. 在 Excel 2013 的工作表中，假定 F3：F5 区域内的每个单元格中都保存一个数值，则函数=COUNT（F3：F5）的值为（　）。

A. 4　　B. 5　　C. 3　　D. 6

4. 在 Excel 2013 中，求一组数值的平均值的函数为（　）。

A. MAX　　B. SUM　　C. AVERAGE　　D. MIN

5. 在 Excel 2013 中，当 F5 单元格中有公式=MIN（F1：F4），把它复制到 E7 单元格后，双击 E5 单元格将显示（　）。

A. =MIN（F1：F4）　B .=MIN（E1：E4）　C. =MIN（F4：F7）　D. =MIN（E1：E5）

第 6 章　办公软件 PowerPoint 2013

PPT 是 PowerPoint 的简称，PowerPoint 是美国微软公司出品的重要办公软件之一。Microsoft Office PowerPoint 是一种演示文稿图形程序，PowerPoint 是功能强大的演示文稿制作软件。通过 PPT 可以制作丰富多彩的幻灯片，在培训、演讲方面应用广泛。利用 PowerPoint 制作的文稿，可以通过不同的方式播放，使用幻灯片机或投影仪播放，可在幻灯片放映过程中播放音频或视频。

6.1　设计制作企业宣传片

利用 PowerPoint 2013 巧妙制作宣传片的统一背景，然后使用文本框、基本形状、图片、表格等元素，制作一份图文并茂的企业宣传片，根据初步掌握的 PPT 的设计方法，整合 PPT 的功能，并整理设计思路。

第 1 步：新建空白演示文稿，并保存文件名为“舜余房产宣传片.pptx”，如图 6.1.1 所示。

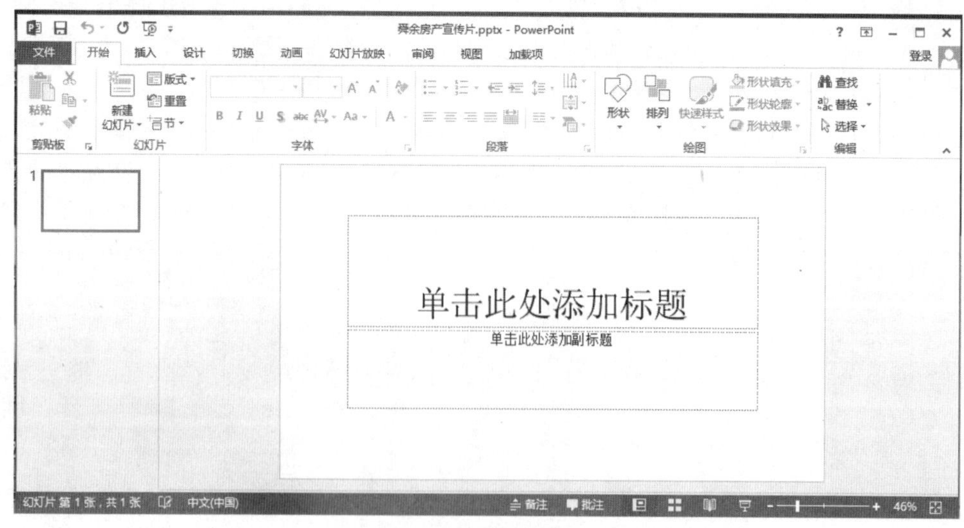

图 6.1.1　新建空白演示文稿

第 2 步：单击“视图”→“幻灯片母版”选项，切换到幻灯片母版如图 6.1.2 所示。

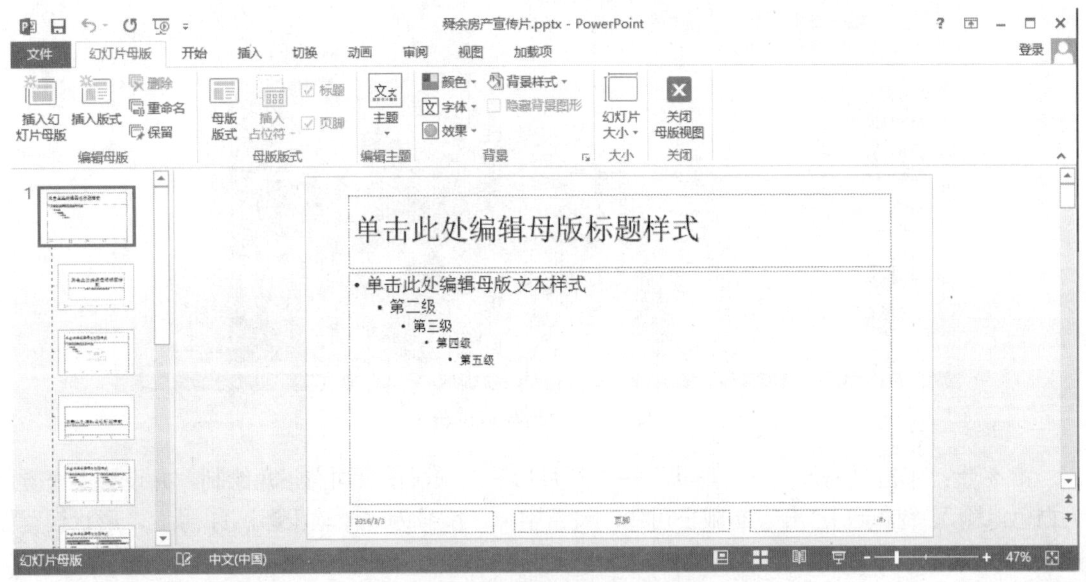

图 6.1.2　切换到幻灯片母版

第 3 步：选择第一页，单击“插入”→“图片”选项，导入“bg.jpg”素材到页面中，并调整位置及大小，插入图片如图 6.1.3 所示。

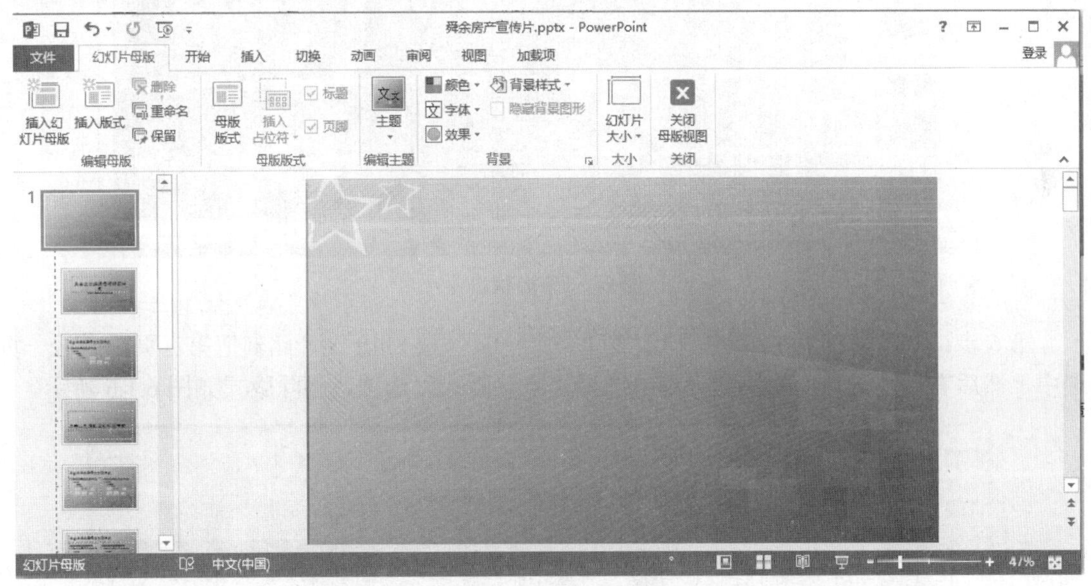

图 6.1.3　插入图片

第 4 步：单击第二页，并删除“标题”占位符和“副标题”占位符，删除占位符如图 6.1.4 所示。

图 6.1.4　删除占位符

第 5 步：单击“插入”→“形状”→“新月形”选项，在页面右下角绘制，并设置填充颜色为白色，输入“舜余房产开发有限公司”，设置字体、字号为“微软雅黑，11 号”，形状设置如图 6.1.5 所示。

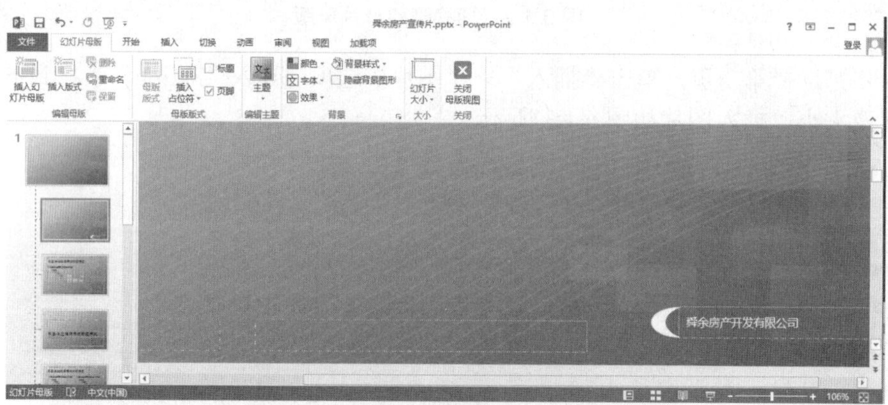

图 6.1.5　形状设置

第 6 步：单击第三页，滚动鼠标滚轮至最后一页，按 Shift 键，此刻把第三页至最后一页选中，然后右击，在弹出的快捷菜单中选择“删除版式”选项，删除版式如图 6.1.6 所示。

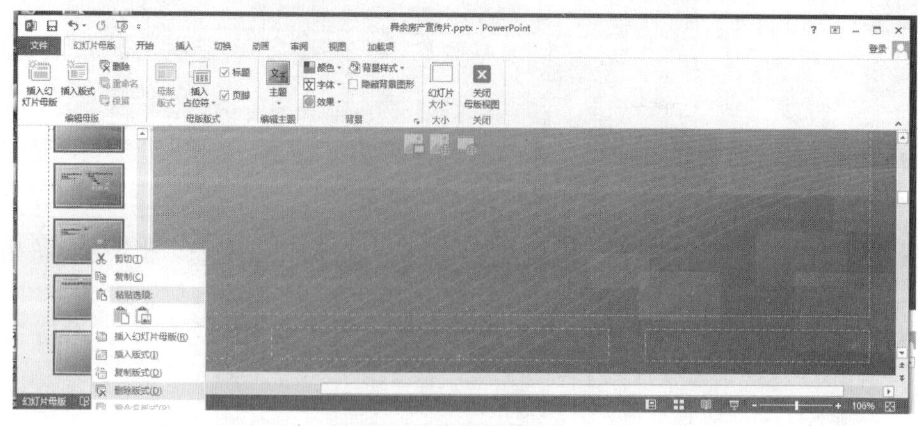

图 6.1.6　删除版式

第 7 步：回到普通视图，删除“标题”占位符和“副标题”占位符，如图 6.1.7 所示。

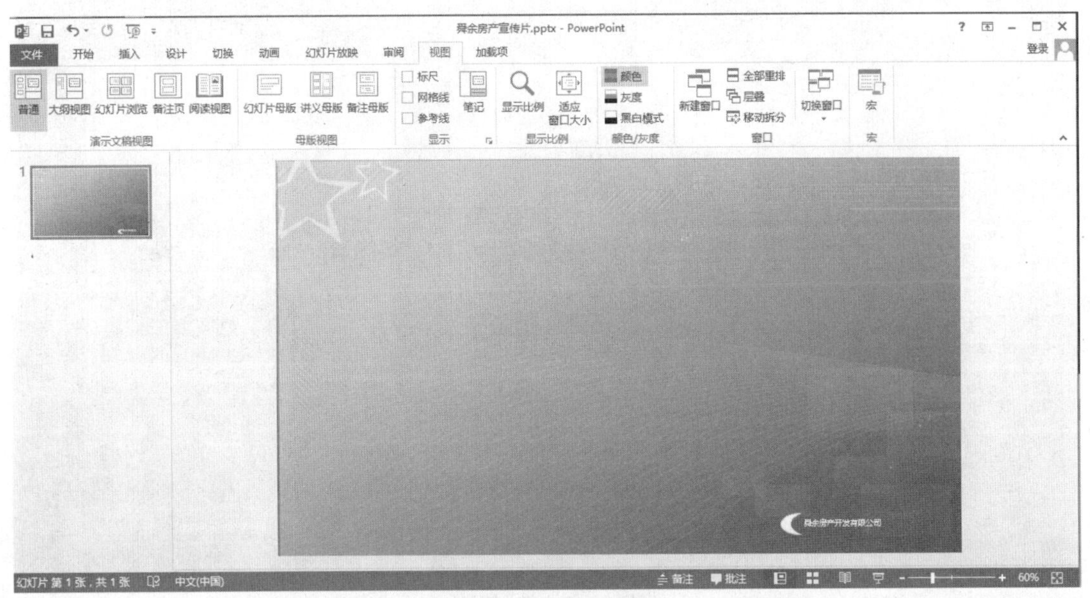

图 6.1.7 删除占位符

第 8 步：单击“插入”→“图片”选项，导入素材“gy.jpg”，单击“图片工具”→“裁剪”选项，插入图片如图 6.1.8 所示。

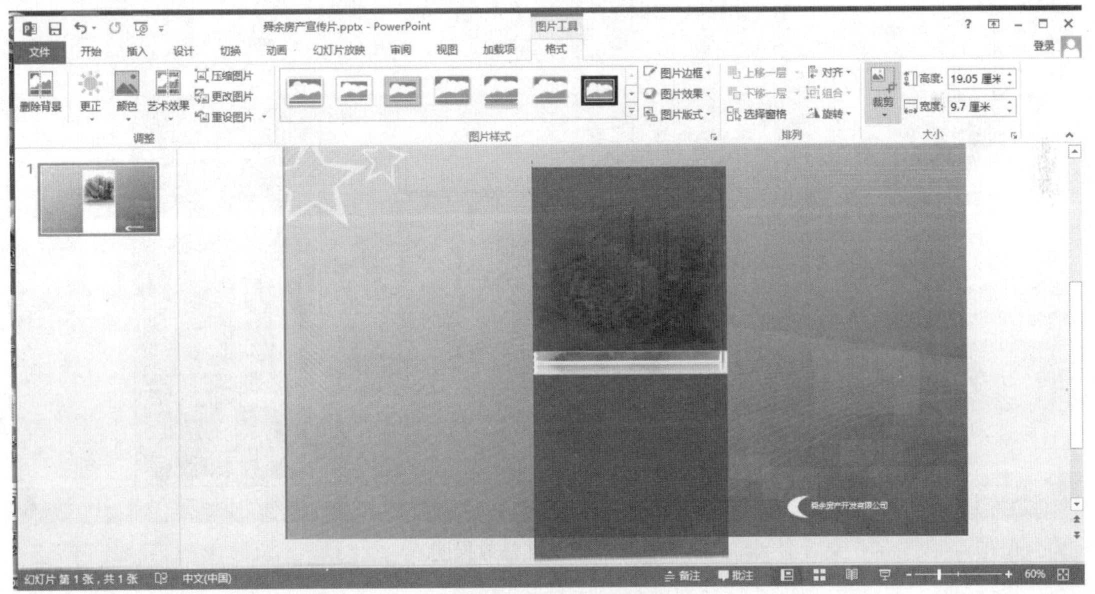

图 6.1.8 插入图片

第 9 步：选中图片，并按住 Ctrl 键拖动鼠标，复制图片，如图 6.1.9 所示。

图 6.1.9 复制图片

第 10 步：用同样的方法复制图片，并调整图片的大小和位置，堆叠效果图如图 6.1.10 所示。

图 6.1.10 堆叠效果图

第 11 步：单击“插入”→“形状”→“直线”选项，绘制一条直线，选中直线单击“绘图工具”→“形状轮廓”选项，将直线颜色、粗细设置为深红、1 磅，插入直角三角形如图 6.1.11 所示。

图 6.1.11 插入直角三角形

第 12 步：选择【直线形状】复制一次，并单击“图片工具”→“旋转 90 度”，放在适合的位置，旋转角度如图 6.1.12 所示。

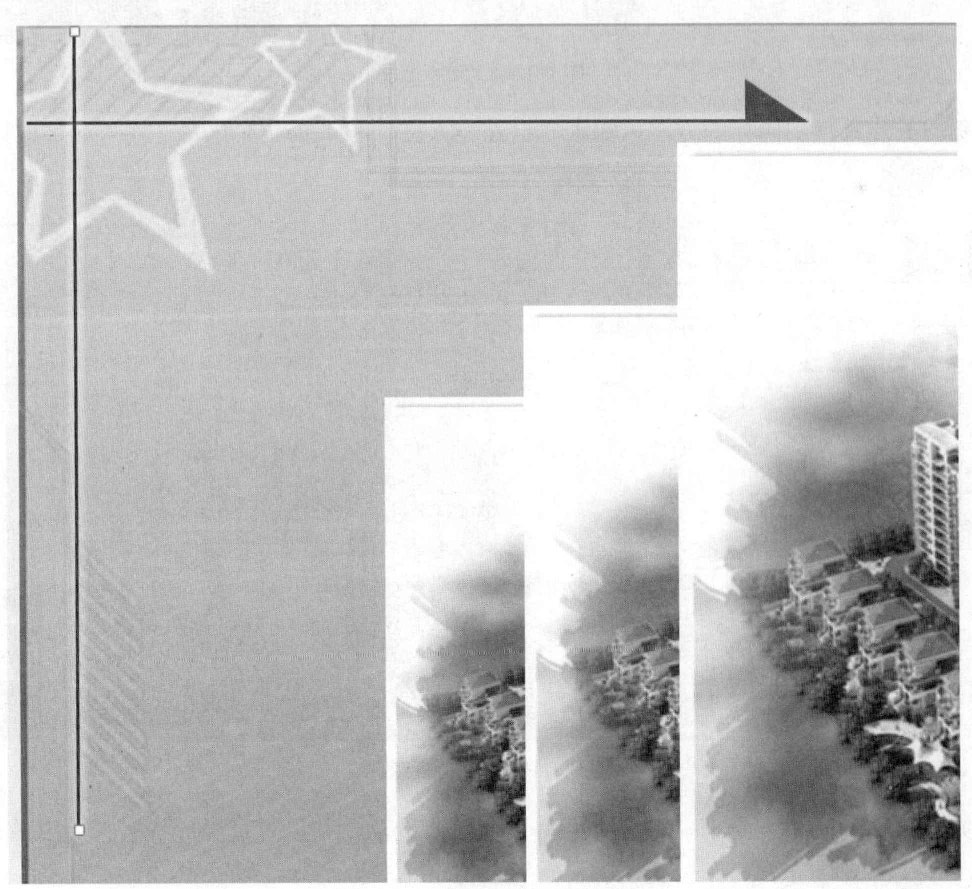

图 6.1.12 旋转角度

第 13 步：单击“插入”→“文本框”→“横排文本框”选项，输入“谐”，并设置字体为微软雅黑、32 号、加粗、文字阴影，输入文字如图 6.1.13 所示。

图 6.1.13　输入文字

第 14 步：使用同样的方法，输入“自然与人文”和“企业文化”，输入文字效果如图 6.1.14 所示。

图 6.1.14　输入文字效果

第 15 步：单击“插入”→“形状”→“直线”选项，并设置直线形状格式，如图 6.1.15 所示。

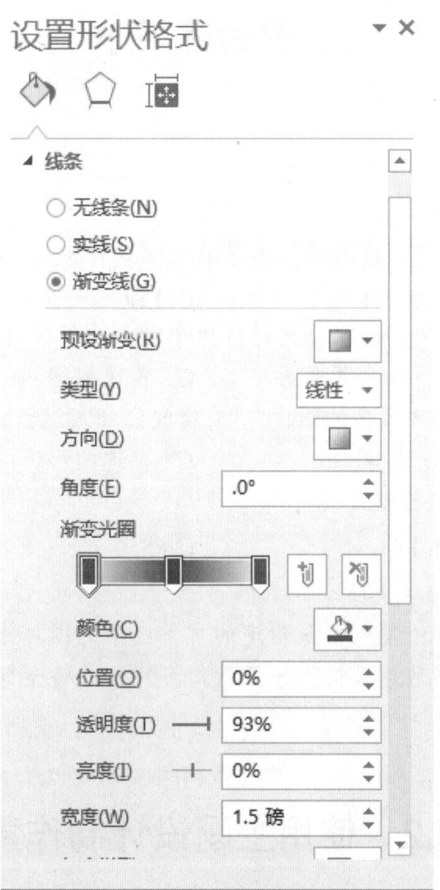

图 6.1.15 设置直线形状格式

最终效果图如图 6.1.16 所示。

图 6.1.16 最终效果图

【课后练习】

一、选择题（单选题）

1. 保存为 Power Point 2013 文件的文件扩展名为（　）。

A. .ppsx　　B. .pptx　　C. .Pst　　D. .pts

2. 在 Power Point 2013 中，启动屏幕画笔的方法是（　）。

A. Shift +X　　B. Alt+E　　C. ESC　　D. Ctrl+P

3. 在 Power Point 2013 中，若想设置幻灯片中对象的动画效果，应选择（　）。

A. 幻灯片浏览视图　　B. 备注页视图　　C. 普通视图　　D. 幻灯片放映视图

4. Power Point 2013 中自带很多的图片文件，将它们加入演示文稿中，应插入的对象是(　)。

A. 剪贴画　　B. 对象　　C. 自选图形　　D. 符号

5. 放映当前幻灯片的快捷键是（　）。

A. Shift+F4　　B. F4　　C.F5　　D. Shift+F5

二、操作题

1. 如何在第一张幻灯片中插入一张指定的文件夹下的图片作为背景。

2. 新建空演示文稿，然后连续插入 3 张新幻灯片，并将全部 4 张幻灯片的设计模板设置为“离子会议室”。

6.2 使用主题设计制作营销策划书

通过本节内容的学习，可以制作营销策划书详细内容，此营销策划书包含五个部分：项目提出背景、项目 SWOT 分析、项目概况和定位、项目营销策略和风险分析。可以根据每个部分制作 1～2 页 PPT 进行展示。

第 1 步：新建一个演示文稿，并保存名为“南山公馆营销策划书.pptx”。

第 2 步：单击“设计”→“主题”→“平面”选项，主题设置如图 6.2.1 所示。

图 6.2.1　主题设置

第 3 步：单击“变体”→“紫红色”选项，设置幻灯片版式为“空白”，设置主题颜色如图 6.2.2 所示。

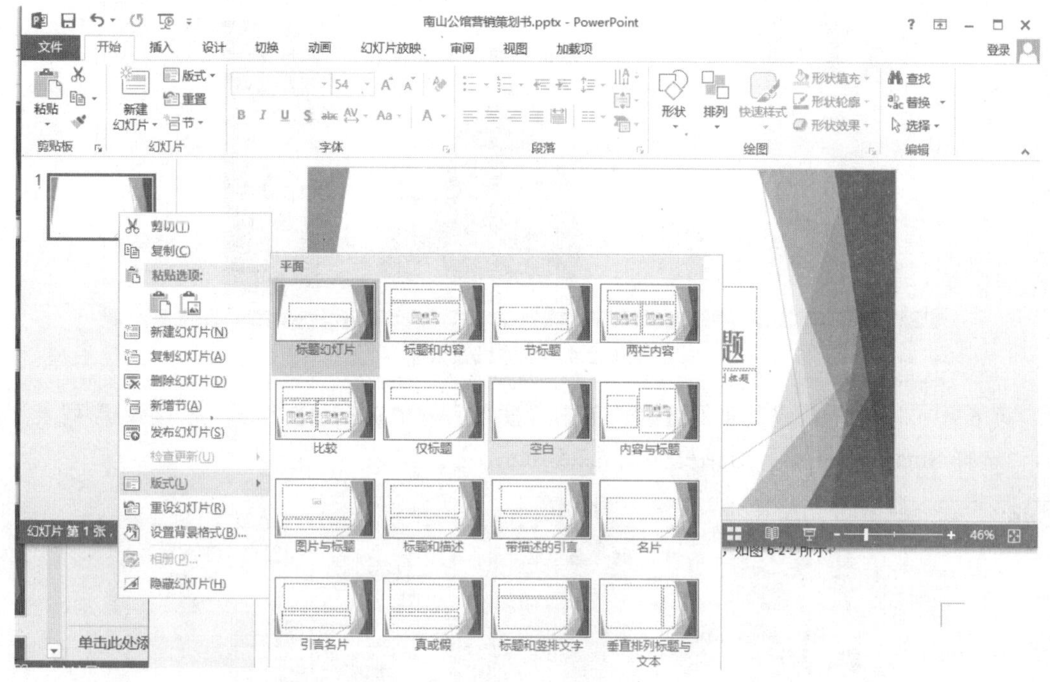

图 6.2.2 设置主题颜色

第 4 步：单击“插入”→“图片”选项，导入素材 2.jpg，单击“图片工具”→“大小”选项，并设置图片样式为“柔化边缘矩形”，导入素材如图 6.2.3 所示。

图 6.2.3 导入素材

第 5 步：单击“插入”→“文本框”→“横排文本”选项，输入“南山公馆营销策划书”，设置字体为“方正姚体，48 号”，字体设置效果如图 6.2.4 所示。

图 6.2.4 字体设置效果

第 6 步：右击，新建一张幻灯片。单击“插入”→“SmartArt”→“垂直 V 形列表”选项，“选择 SmartArt 图形”对话框如图 6.2.5 所示。

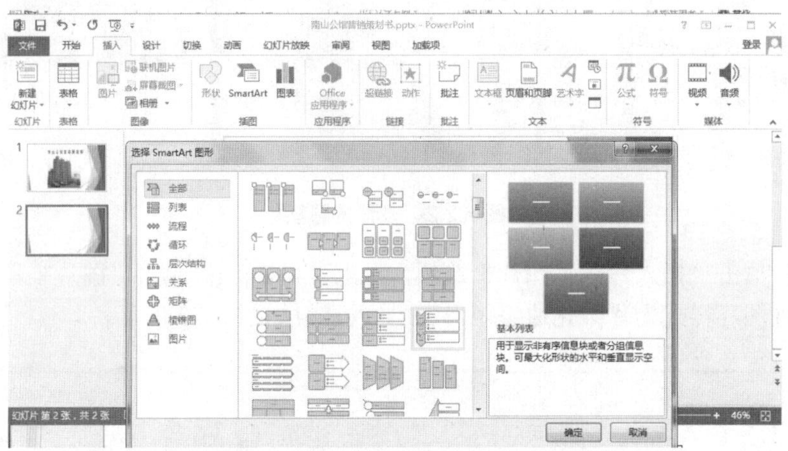

图 6.2.5 “选择 SmartArt 图形”对话框

第 7 步：打开素材“文字素材.doc”，把目录内容复制到列表中，制作目录如图 6.2.6 所示。

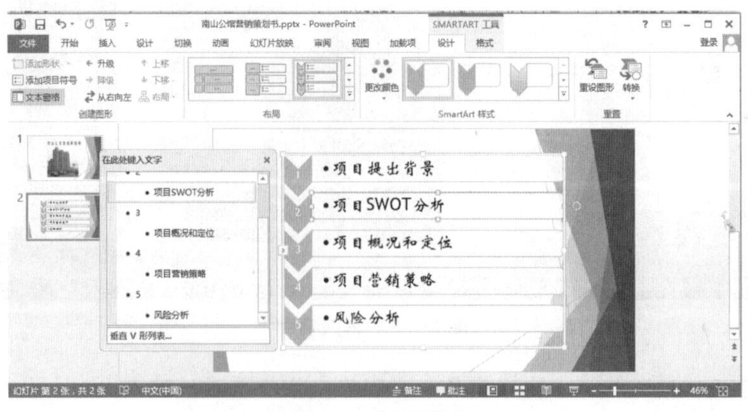

图 6.2.6 制作目录

第 8 步：新建第三张幻灯片，插入“1.jpg”素材，并调整图片的大小和位置；插入横排文本框，输入“一、项目提出背景”，设置字体、字号为“方正姚体，40 号”，字体设置效果如图 6.2.7 所示。

图 6.2.7　字体设置效果

第 9 步：使用同样的方法，插入横排文本框，把文字素材中项目提出背景内容添加到幻灯片中，如图 6.2.8 所示。

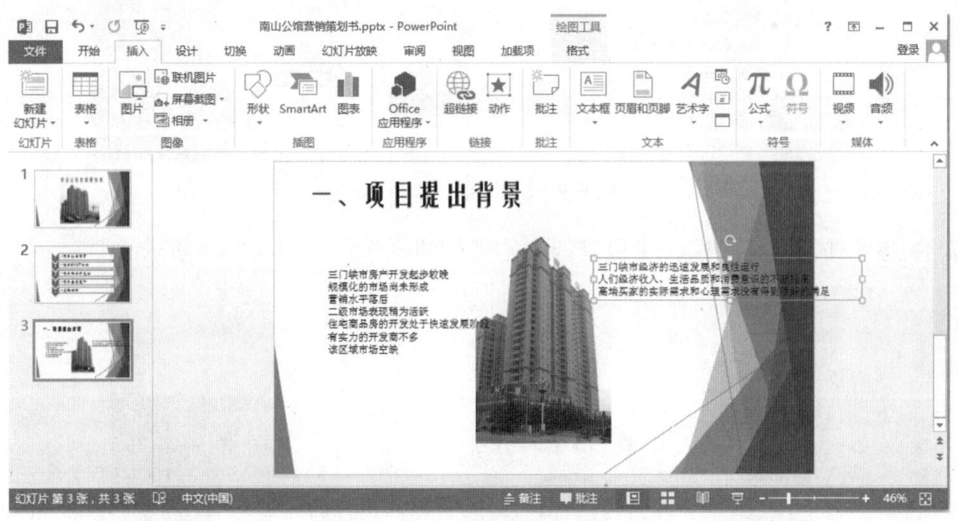

图 6.2.8　插入横排文本框

第 10 步：设置文本字体、字号为“华为新魏，22 号”，单击“开始”→“段落”→“项目符号”→“自定义”按钮，选择一种项目符号，“符号”对话框如图 6.2.9 所示，并设置项目符号的大小和颜色，如图 6.2.10 所示。

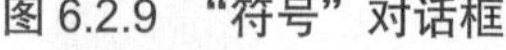

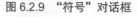

图 6.2.9 “符号”对话框

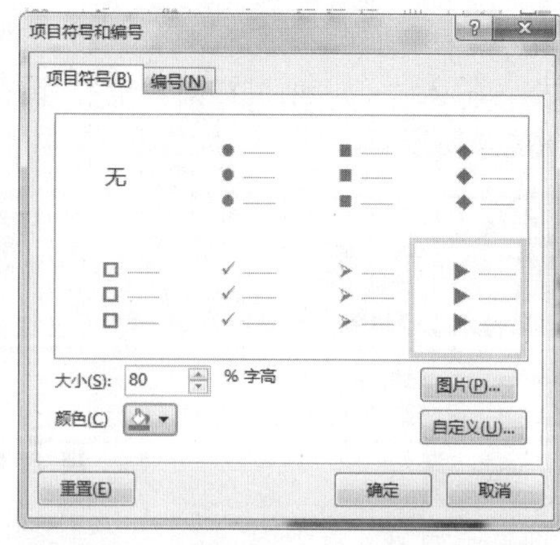

图 6.2.10 设置项目符号的大小和颜色

第 11 步：使用同样的方法，给其他内容添加项目符号。

第 12 步：设置文本框格式，如图 6.2.11 所示。

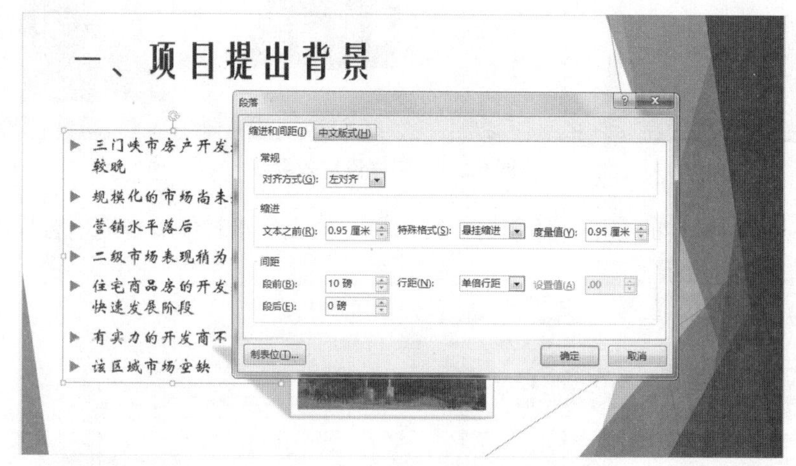

图 6.2.11 设置文本框格式

第 13 步：使用上述方法，完成第四张幻灯片的制作，如图 6.2.12 所示。

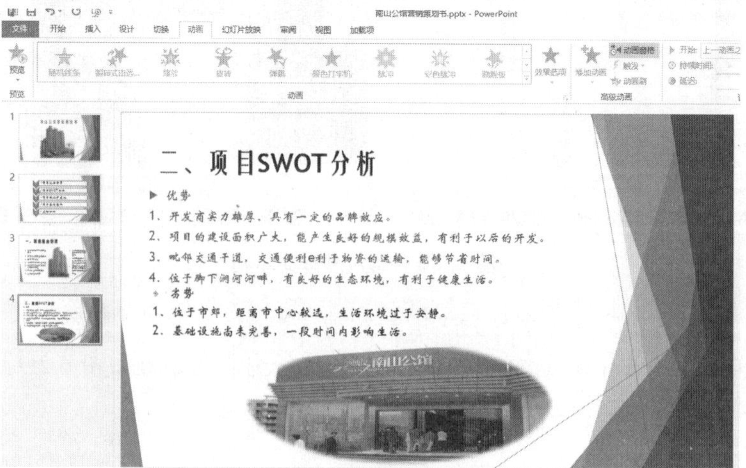

图 6.2.12 第四张幻灯片

第 14 步：新建第五张幻灯片，把素材中项目 SWOT 分析中的“机会”内容复制到幻灯片中，并设置字体、字号格式为“华文新魏，28 号”，选择文本框，单击“绘图工具”→“形状轮廓”选项，粗细设置为 1 磅，虚线设置为“短画线”，设置形状轮廓效果如图 6.2.13 所示。

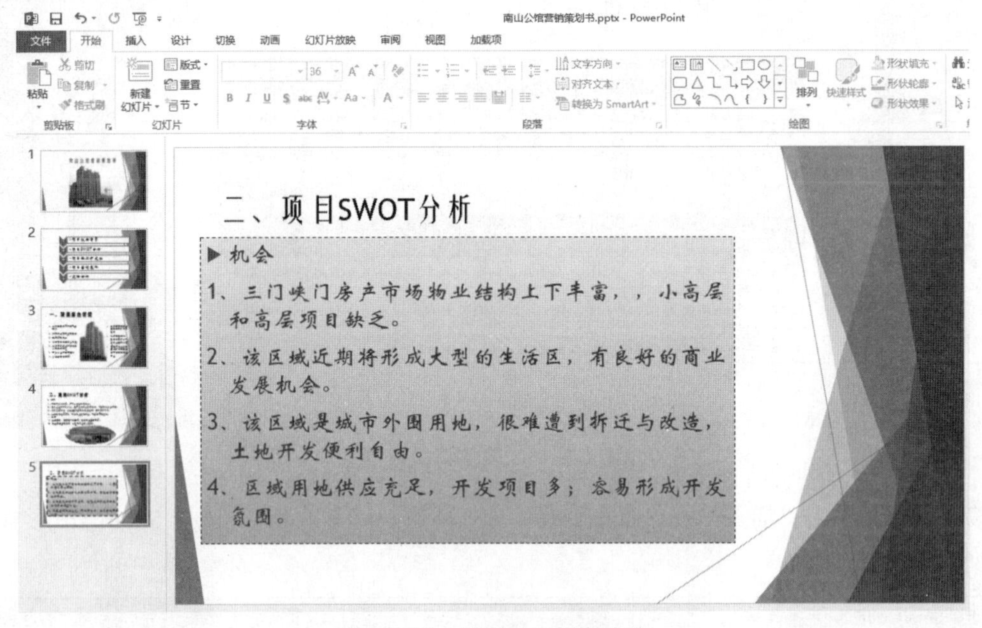

图 6.2.13　设置形状轮廓效果

第 15 步：使用以上方法，完成第六张幻灯片的制作，如图 6.2.14 所示。

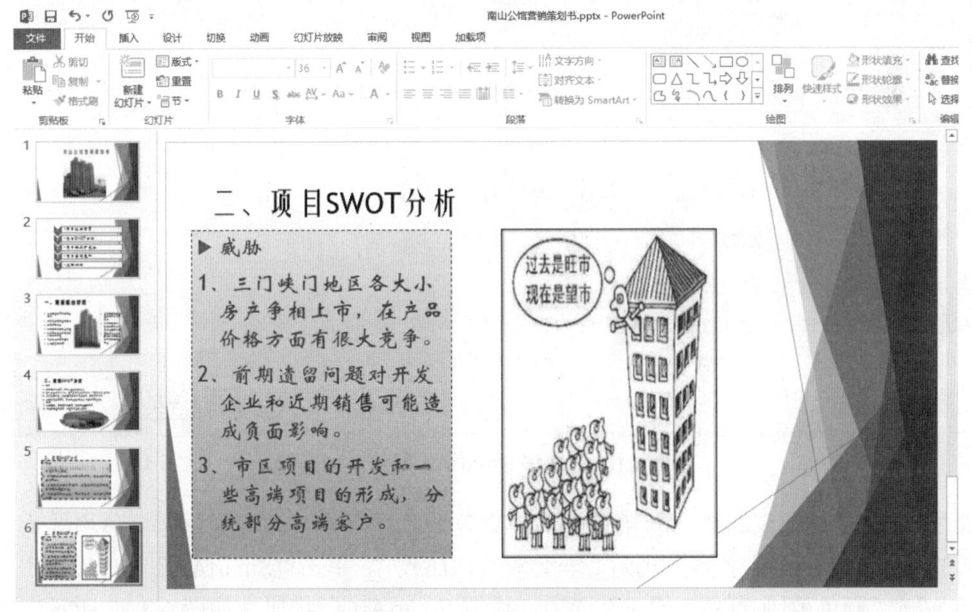

图 6.2.14　第六张幻灯片

第 16 步：单击“插入”→“表格”选项，插入 4（行）×2（列）表格，并把“项目概况和定位”内容复制到表格中，单击“表格工具”→“设计”→“表格样式”→“中度样式

2-强调 6”选项，表格样式设置如图 6.2.15 所示。

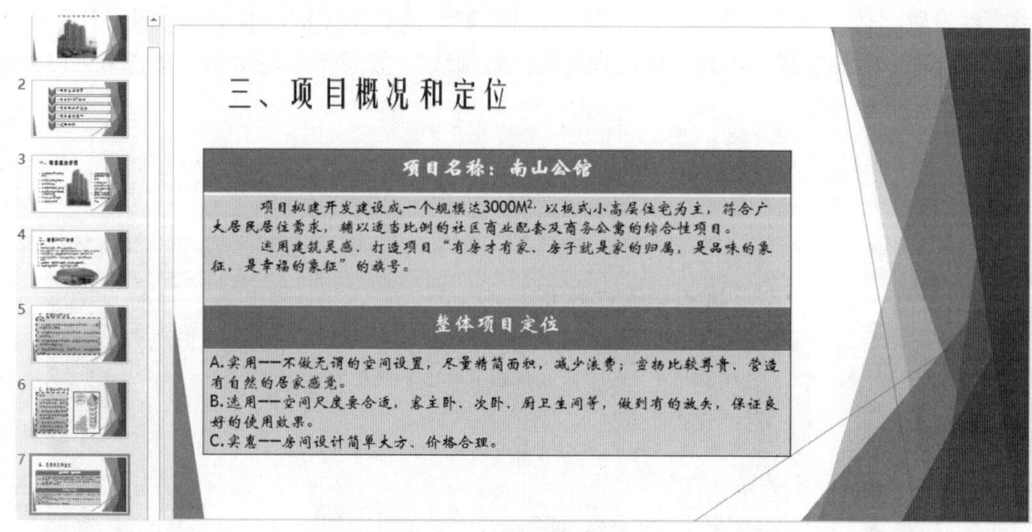

图 6.2.15 表格样式设置

第 17 步：单击“插入”→“SmartArt”→“环形矩阵”选项，“选择 SmartArt 形状”对话框如图 6.2.16 所示。

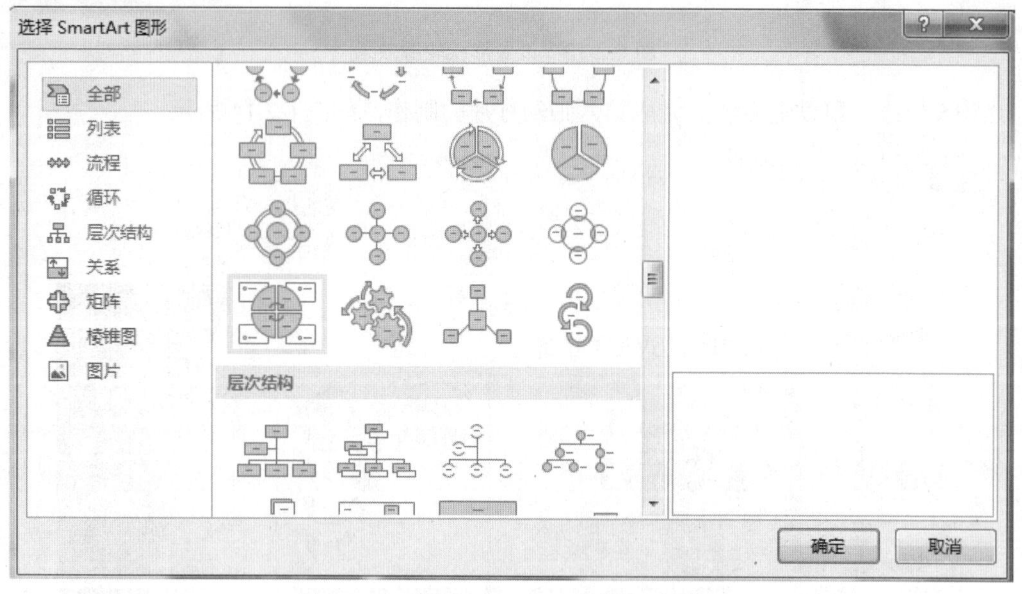

图 6.2.16 “选择 SmartArt 形状”对话框

第 18 步：把文字素材中“营销策略”内容复制到图形中，并设置标题字体格式为“华文新魏，34 号”，描述文字字体格式为“华文新魏，16 号”，单击“SmartArt”→“设计”→“更改颜色”→“彩色范围-着色 5 至 6”选项，设置 SmartArt 形状属性如图 6.2.17 所示。

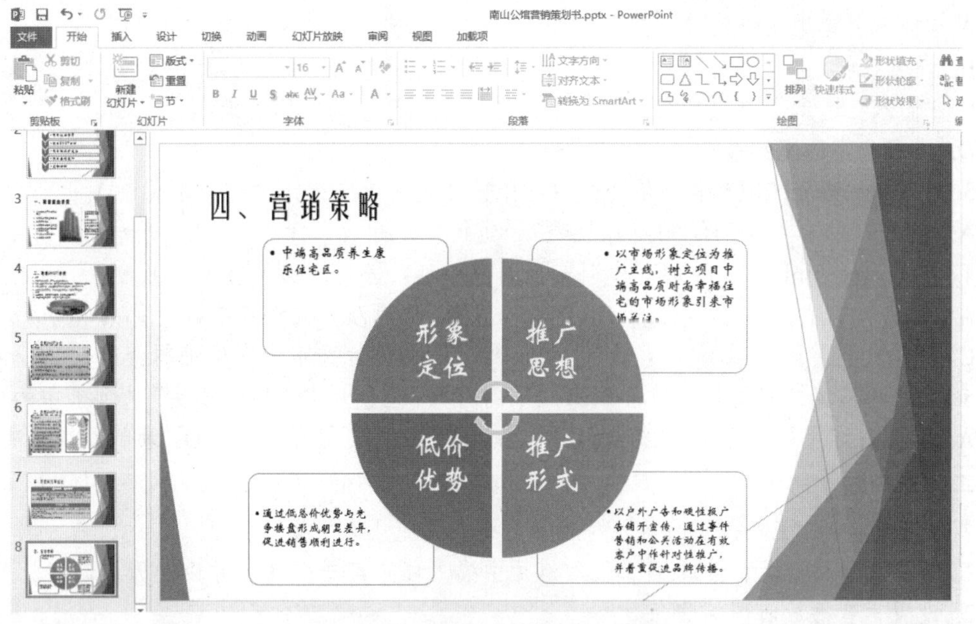

图 6.2.17　设置 SmartArt 形状属性

第 19 步：使用以上方法完成第九张和第十张幻灯片的制作，第九张幻灯片如图 6.2.18 所示。

图 6.2.18　第九张幻灯片

第 20 步：单击“文件”→“保存”选项。

【课后练习】

一、选择题（单选题）

1. 在 PowerPoint 2013 浏览视图下，按住 Ctrl 键并拖动某张幻灯片，完成的操作是（　）。

A. 移动幻灯片　　B. 复制幻灯片　　C. 隐藏幻灯片　　D. 删除幻灯片

2. 在 PowerPoint 2013 幻灯片中，直接输入*.swf 格式 flash 动画文件的方法是（　）。

A.“插入”选项卡中的“对象”命令

B. 设置按钮

C.“插入”选项卡中的“视图”命令，选择“文件中的视频”选项

D. 设置文字的超链接

3. 在 PowerPoint 2013 中，要设置幻灯片循环放映，应选择的选项是（　）。

A. 视图　　B. 幻灯片放映　　C. 审阅　　D. 开始

4. 在 PowerPoint 2013 的幻灯片浏览视图中不可以进行的工作有（　）。

A. 复制幻灯片　　B. 重排演示文稿所有幻灯片的次序

C. 删除幻灯片　　D. 幻灯片文本内容的编辑修改

5. 如果要从第二张幻灯片跳转到第八张幻灯片，应使用“幻灯片放映”选项卡中的（　）。

A. 广播幻灯片　　B. 排练计时　　C. 自定义幻灯片　　D. 录制幻灯片演示

二、操作题

制作一个名为“EXAM1.pptx”的演示文稿，并完成以下操作：

1. 新建两张幻灯片，并在第二张幻灯片中插入任意声音文件（并设置为自动播放）；

2. 设置声音播放时图标隐藏。

6.3　设计制作产品宣传片

产品宣传片是公司对外宣传品牌产品的形式之一，将公司的简介、明星产品及优势通过在电视上播放等手段介绍给客户。本节内容是根据产品说明文档制作一份手机产品宣传片，巧妙利用 PPT 中幻灯片自定义动画和动画效果实现幻灯片切换。

第 1 步：打开素材文件“米 2 手机新品发布.pptx”，单击“视图”→“幻灯片母版”选项，幻灯片母版如图 6.3.1 所示。

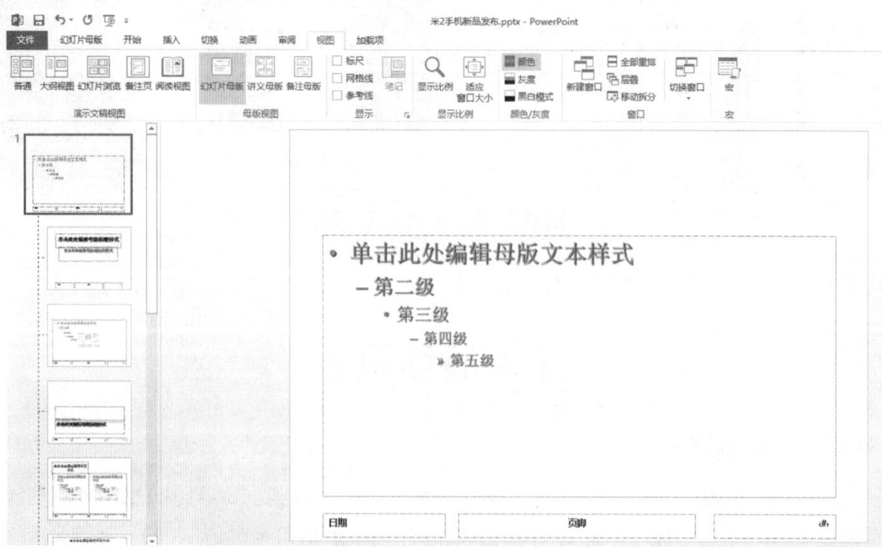

图 6.3.1　幻灯片母版

第 2 步：单击“幻灯片母版”→“背景样式”→“设置背景格式”选项，选择“图片或纹理填充”→“插入图片来自”→“文件”选项，导入素材图片 1.jpg，如图 6.3.2 所示。

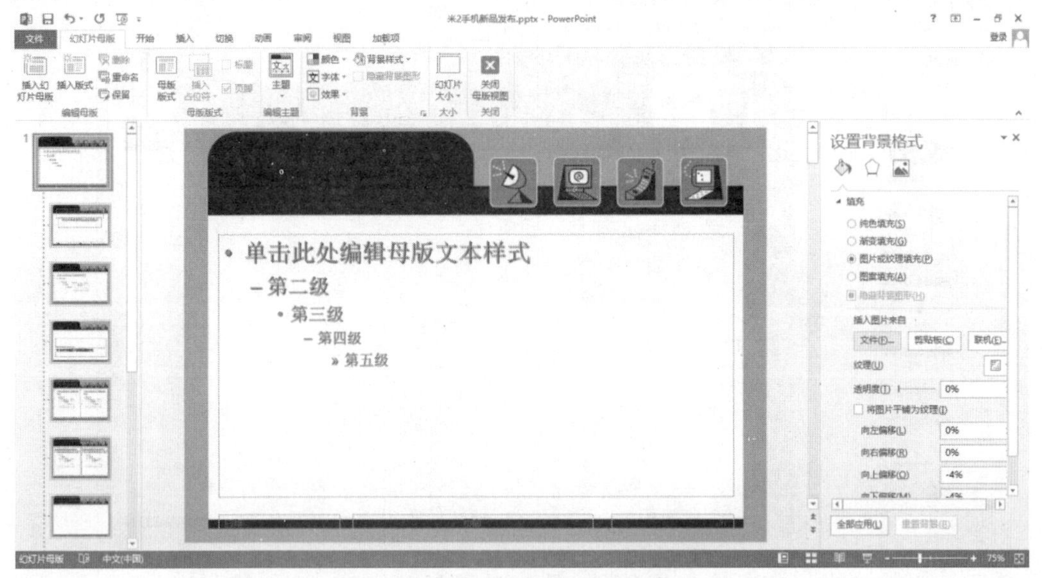

图 6.3.2 导入素材图片 1.jpg

第 3 步：单击第二张幻灯片，使用同样的方法，把素材图片 2.jpg 导入到幻灯片中，如图 6.3.3 所示。

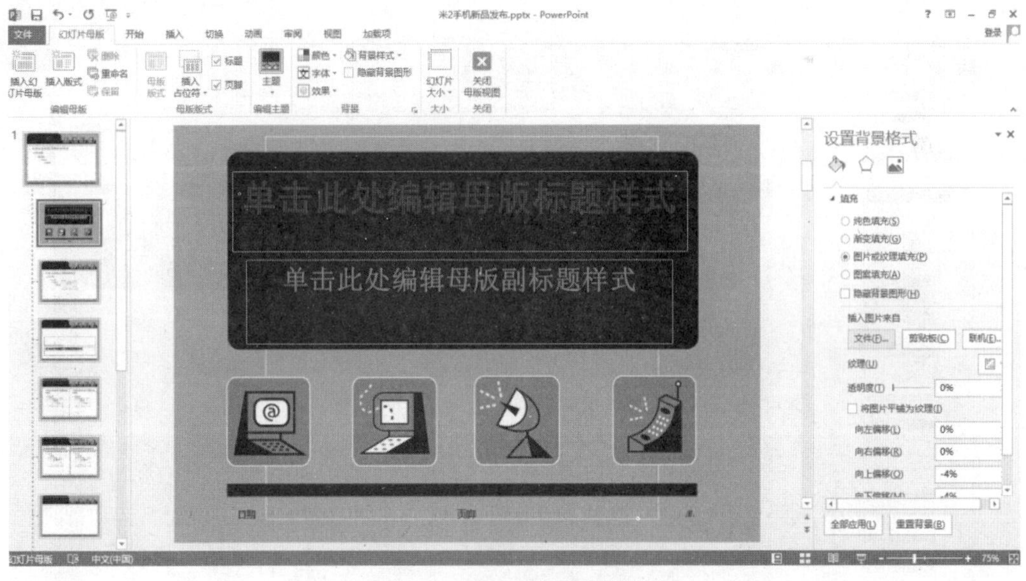

图 6.3.3 导入素材图片 2.jpg

第 4 步：选择第三张幻灯片母版，单击“插入”→“图片”选项，导入素材图片 3.jpg，如图 6.3.4 所示。

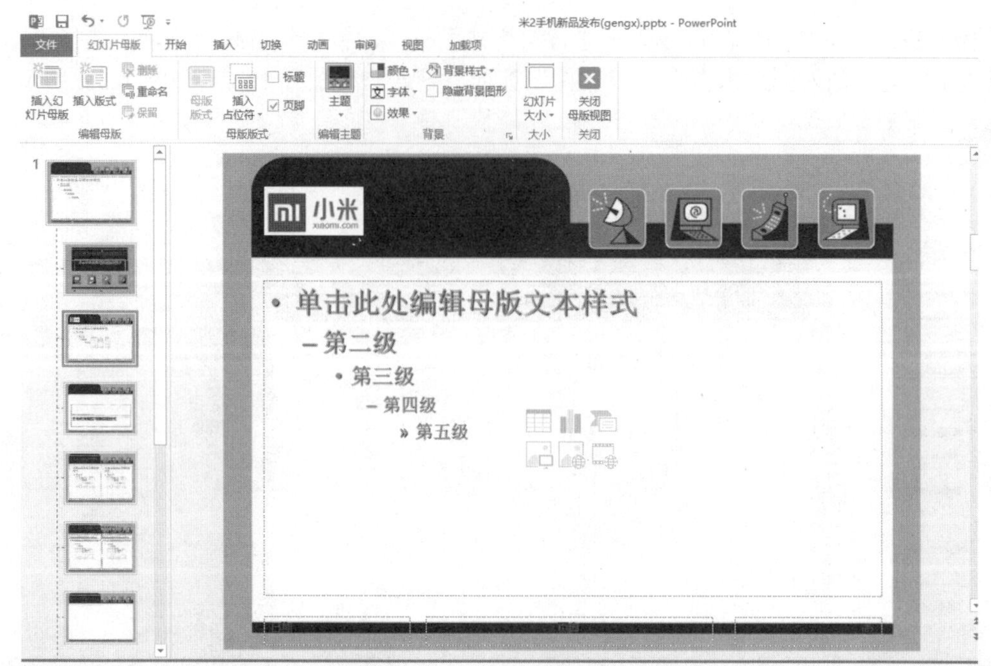

图 6.3.4 导入素材图片 3.jpg

第 5 步：选中第三张幻灯片母版，单击“插入”→“文本框”→“横排文字”选项，输入“米 2 新品发布”，设置字体格式为“方正姚体，32 号，白色”，文本框设置效果如图 6.3.5 所示。

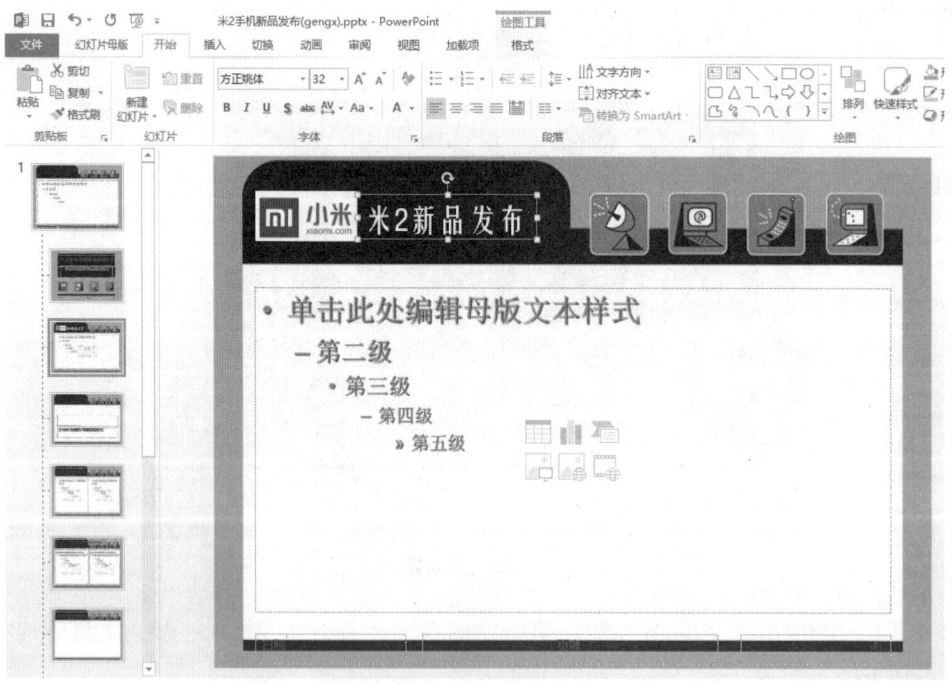

图 6.3.5 文本框设置效果

第 6 步：单击“绘图工具”→“格式”→“形状填充”→“深红色”选项，设置形状属性如图 6.3.6 所示。

图 6.3.6　设置形状属性

第 7 步：单击“关闭母版视图”选项，回到普通视图，单击“切换”→“百叶窗”选项，设置切换效果如图 6.3.7 所示。

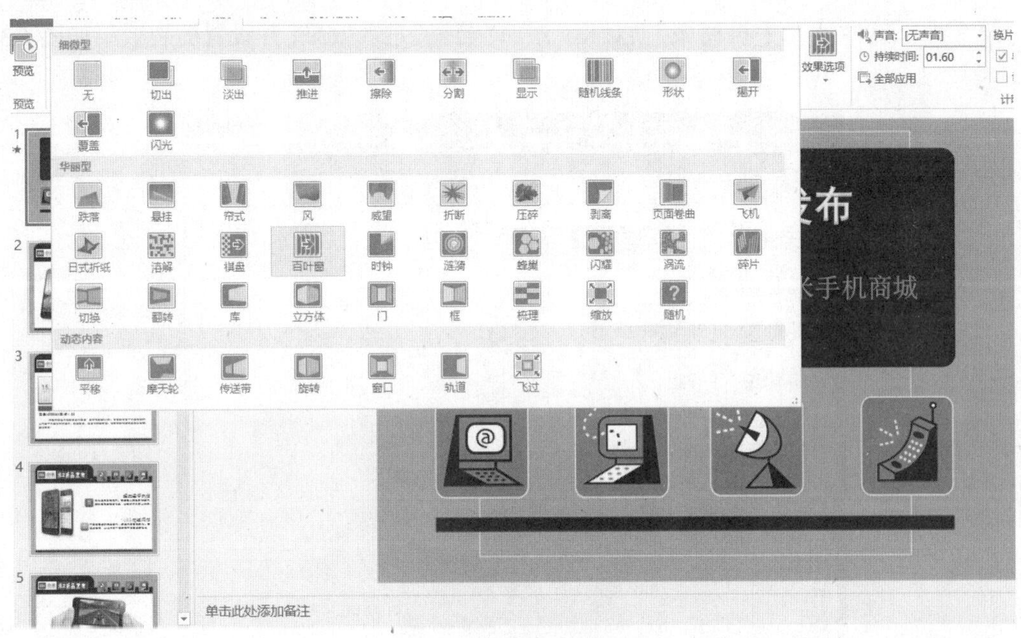

图 6.3.7　设置切换效果

第 8 步：选中“小米手机新品发布”，单击“动画”→“添加动画”→“更多进入效果”→“挥鞭式”选项，“添加进入效果”对话框如图 6.3.8 所示；并设置动画计时，如图 6.3.9 所示。

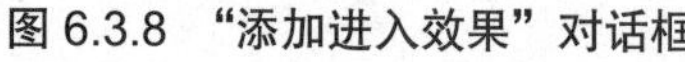
图 6.3.8 “添加进入效果”对话框

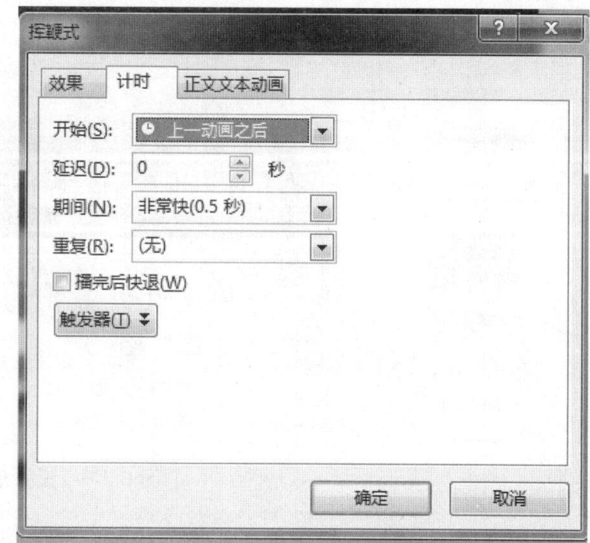

图 6.3.9 设置动画计时

第 9 步：选中“小米手机商城”对话框，添加“劈裂”进入效果，并设置劈裂效果如图 6.3.10 所示。

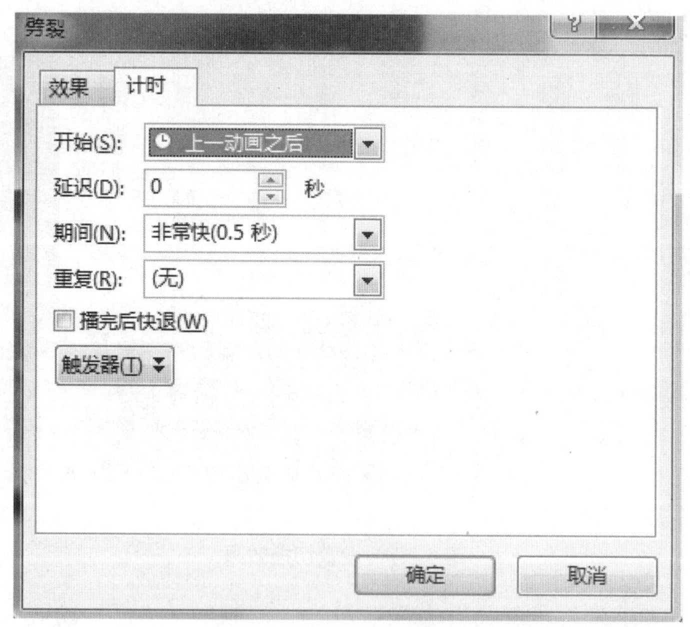

图 6.3.10 劈裂效果设置

第 10 步：选择小米图标，添加“飞入”进入效果和“陀螺旋”强调效果，并将“开始”设置为“上一动画之后”，设置“飞入”和“陀螺旋”动画效果如图 6.3.11 所示。

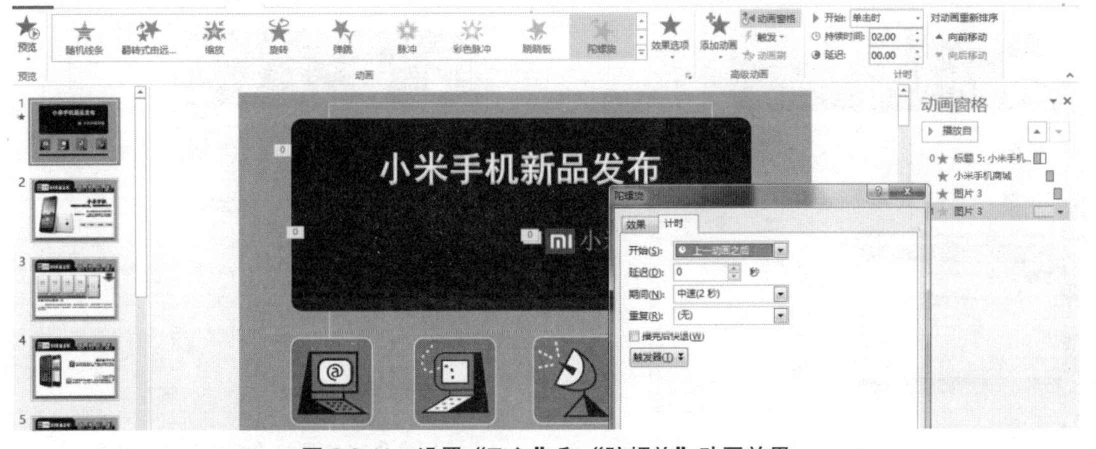

图 6.3.11　设置“飞入”和“陀螺旋”动画效果

第 11 步：制作第二张幻灯片的动画。选择第二张幻灯片，单击“切换”→“时钟”选项，选中图片 4，单击“动画”→“切入”进入动画，设置为“自左侧方向，上一动画之后”播放效果；选中 TextBox5，设置“切入”进入动画，设置为“自右侧方向，上一动画之后”播放效果；选中 TextBox6，设置“切入”进入动画，设置为“自左侧方向，上一动画之后”播放效果；选中 TextBox7，设置“切入”进入动画，设置为“自底部方向，上一动画之后”播放效果，第二张幻灯片动画效果如图 6.3.12 所示。

图 6.3.12　第二张幻灯片动画效果

第 12 步：制作第三张幻灯片的动画。选中图片 5 和下箭头 8，添加“切入”进入动画，并设置为“自顶部方向，上一动画之后”播放效果，如图 6.3.13 所示；选中 TextBox6 和 TextBox9，添加“缩放”进入动画，并设置为“上一动画之后”播放效果，如图 6.3.14 所示。

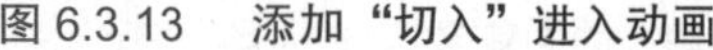

图 6.3.13　添加“切入”进入动画

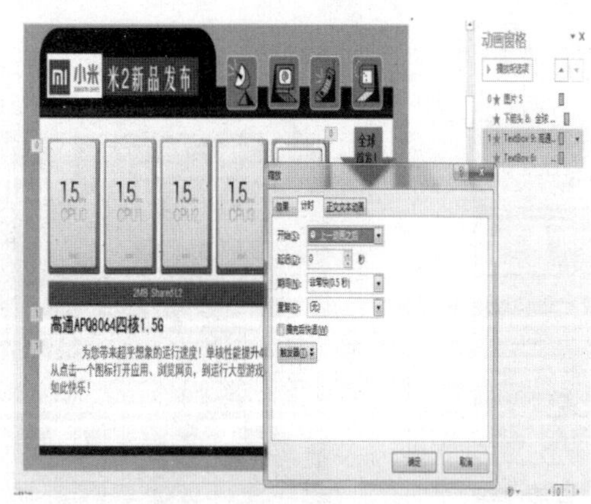

图 6.3.14　添加“缩放”进入动画

第 13 步：制作第四张幻灯片的动画。选中图片 4，添加“切入”进入动画，设置为“自左侧方向，上一动画之后”播放效果；选中图片 7 和图片 8，添加“缩放”进入动画，设置为“上一动画之后”播放效果；选中 TextBox5 和 TextBox6，添加“切入”进入动画，设置为“自底部方向，上一动画之后”播放效果，如图 6.3.15 所示；选中 TextBox5，单击动画窗格右侧向上箭头，把它上移到图片 7 下方，调整动画播放顺序如图 6.3.16 所示。

图 6.3.15　添加“切入”进入动画

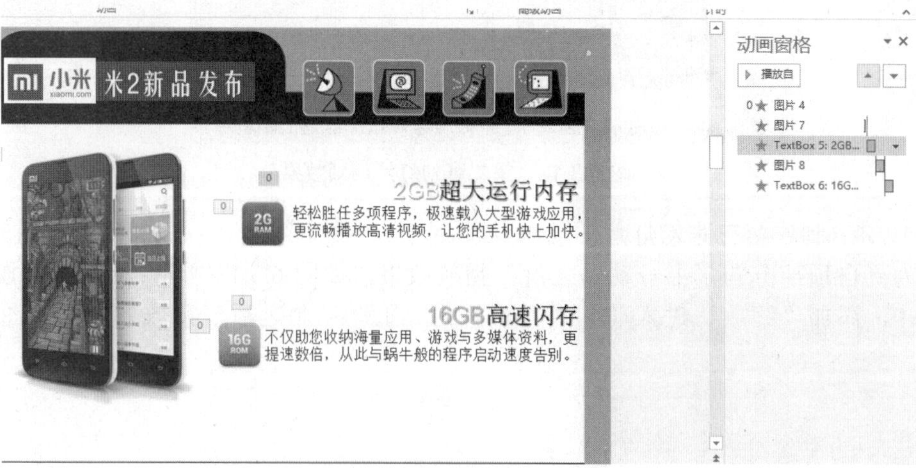

图 6.3.16　调整动画播放顺序

第 14 步：制作第五张幻灯片的动画。选中图片 4，添加“缩放”进入动画，设置为“上一动画之后”播放效果；选中图片 7，添加“螺旋飞入”进入动画，设置为“上一动画之后”播放效果；选中 TextBox5 和 TextBox6，添加“切入”进入动画，设置为“自底部方向，上一动画之后”播放效果，设置动画属性如图 6.3.17 所示。

图 6.3.17　设置动画属性

第 15 步：使用同样的方法完成第六至十二张幻灯片动画的制作，最终效果如图 6.3.18 所示。

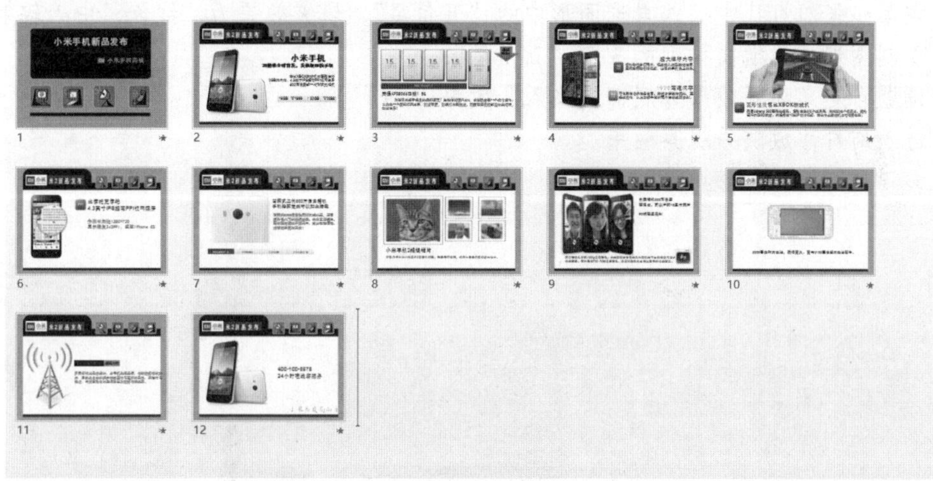

图 6.3.18　最终效果

【课后练习】

一、选择题（单选题）

1. PowerPoint 2013 中，进入幻灯片母版的方法是（　）。

A. 选择“开始”选项卡中的“母版视图”组中的“幻灯片母版”命令

B. 选择“视图”选项卡中的“母版视图”组中的“幻灯片母版”命令

C. 按住 Shift 键的同时，单击“普通视图”按钮

D. 按住 Shift 键的同时，单击“幻灯片浏览视图”按钮

2. 幻灯片母版设置可以起到的作用是（　）。

A. 设置幻灯片的放映方式

B. 定义幻灯片的打印页面设置

C. 设置幻灯片的片间切换

D. 统一设置整套幻灯片的标志图片或多媒体元素

3. 在 PowerPoint 2013 中，可采用拖放的方法来改变幻灯片顺序的选项是（　）。

A. 幻灯片母版　　B. 幻灯片放映

C. 幻灯片浏览视图　　D. 幻灯片备注页

4. 将 PowerPoint 2013 中已选定的文字设置“陀螺旋”动画效果的操作方法是（　）。

A. 选择“幻灯片放映”选项卡中的“动画方案”

B. 选择“幻灯片放映”选项卡中的“自定义动画”

C. 选择“动画”选项卡中的“动画效果”

D. 选择“格式”选项卡中的“样式和格式”

5. 若要使幻灯片按规定的时间，实现连续自动播放，应进行（　）。

A. 设置放映方式　　B. 打包操作　　C. 排练时间　　D. 幻灯片切换

二、操作题

新建一个演示文稿，名为 exam2.pptx，并按要求完成以下操作：

1. 在第一张幻灯片中插入自选图形中的“五角星”，填充效果为“红色，中心辐射”；

2. 复制图形成为横向排列的 3 个“五角星”；

3. 设置自定义动画效果为底部“飞入”效果；

4. 进入幻灯片放映并观察效果。

第 7 章　数据库技术

数据库技术是现代信息科学与技术的重要组成部分，是计算机数据处理与信息管理系统的核心。在信息技术日益普及的今天，数据库技术已经深入到人类社会的各个方面，我们的工作、学习和生活都已离不开数据库，并且随着计算机技术和互联网的迅速发展，数据库技术的应用领域也在不断扩大，如企业管理、工程管理、数据统计、多媒体信息系统等领域都在利用数据库技术。

本章介绍有关数据库技术的基础知识，通过本章内容的学习，要求熟练掌握数据库与数据库技术的基本知识、数据库技术；掌握数据库管理系统的组成与功能；了解数据库管理系统的基本使用方法。

7.1　数据库技术的基本概念

数据库技术产生于 20 世纪 60 年代末 70 年代初，其主要目的是有效地管理和存储大量的数据资源。数据库技术主要研究如何存储、使用和管理数据，是计算机数据管理技术发展的新阶段。

数据库技术是信息系统的一个核心技术，是一种计算机辅助管理数据的方法。它研究如何组织和存储数据，如何高效地获取和处理数据，是通过研究数据库的结构、存储、设计、管理，以及应用的基本理论和实现方法，并利用这些理论来实现对数据库中的数据进行处理、分析和理解的技术。数据库技术是研究、管理和应用数据库的一门软件科学。

数据库技术是现代信息科学与技术的重要组成部分，是计算机数据处理与信息管理系统的核心。数据库技术研究和解决了计算机信息处理过程中大量数据有效组织和存储的问题，在数据库系统中减少数据存储冗余、实现数据共享、保障数据安全，以及高效地检索数据和处理数据。

数据库技术研究和管理的对象是数据，所以数据库技术所涉及的具体内容主要包括：通过对数据的统一组织和管理，按照指定的结构建立相应的数据库和数据仓库；利用数据库管理系统和数据挖掘系统设计能够实现对数据库中的数据进行添加、修改、删除、处理、分析、理解、报表和打印等多种功能的数据管理和数据挖掘应用系统；利用应用系统最终实现对数据的处理、分析和理解。

近年来，数据库技术和计算机网络技术的发展相互渗透、相互促进，已成为当今计算机领域发展迅速、应用广泛的两大领域。数据库技术不仅应用于事务处理，并且进一步应用到情报检索、人工智能、专家系统、计算机辅助设计等领域。

1. 数据库的基本概念

数据是指存储在某一种媒体上能够识别的物理符号。数据的概念包括两个方面：其一是描述事物特性的数据内容；其二是存储在某一种媒体上的数据形式。

数据处理是指对各种形式的数据进行收集、存储、加工和传播的一系列活动的总和。

数据库是长期存放在计算机内的、有组织的、可以表现为多种形式的、可共享的数据集合。

数据库管理系统（DBMS）是对数据库进行管理的系统软件，它的职能是有效地组织和存储数据，获取和管理数据，接收和完成用户提出的访问数据的各种请求。

数据库系统是指拥有数据库技术支持的计算机系统，它可以实现有组织地、动态地存储大量相关的数据，提供数据处理和信息资源共享服务。

2. 数据管理技术的发展

数据管理技术的发展大致经历了人工管理、文件系统和数据库系统三个阶段。

（1）人工管理阶段

20 世纪 50 年代中期以前，计算机主要用于科学计算。那时的计算机硬件种类，外存设备只有卡片、纸带及磁带，没有磁盘等直接存取的存储设备；软件种类，只有汇编语言，没有操作系统和高级语言，更没有管理数据的软件；数据处理的方式是批处理。这些情况决定了当时的数据管理只能依赖人工进行。

人工管理阶段的主要特点如图 7.1.1 所示。

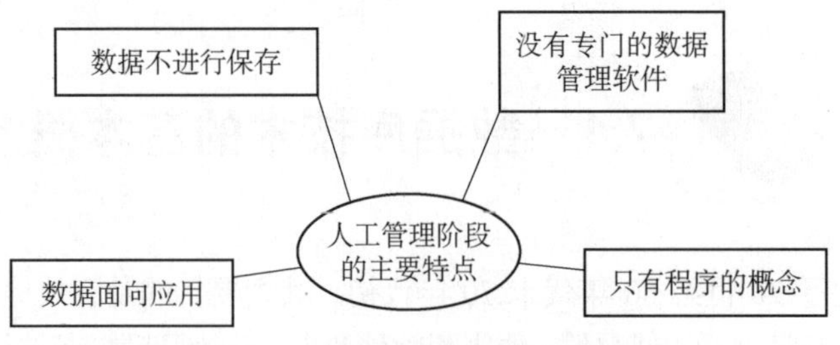

图 7.1.1　人工管理阶段的主要特点

（2）文件系统阶段

20 世纪 60 年代，随着科学技术的发展，计算机技术有了很大提高，计算机的应用范围也不断扩大，不仅用于科学计算，还大量用于管理。这时的计算机硬件已经有了磁盘、磁鼓等直接存取的外存设备；软件则有了操作系统、高级语言，操作系统中的文件系统是专门用于数据管理的软件；处理方式不仅有批处理，还增加了联机实时处理方式。

文件系统阶段的主要特点如图 7.1.2 所示。

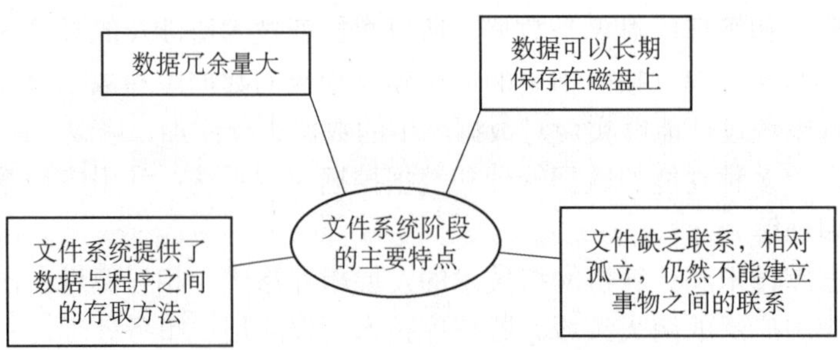

图 7.1.2　文件系统阶段的主要特点

（3）数据库系统阶段

20 世纪 60 年代末以后，计算机的应用更为广泛，用于数据管理的规模也更为庞大，由此带来数据量的急剧膨胀。计算机磁盘技术有了很大发展，出现了大容量的磁盘。在处理方式上，联机实时处理的要求更多。这种变化促使了数据管理手段的进步，数据库技术应运而生。

数据库系统阶段的主要特点如图 7.1.3 所示。

图 7.1.3 数据库系统阶段的主要特点

未来数据库将朝两个方向发展，一是超大容量，支持海量数据处理，支持数据仓库、数据挖掘、数据分析等；二是更小，如嵌入式数据库，作为一个完整的商用数据库更灵活、方便地使用。面向对象的数据库技术将成为下一代数据库技术发展的主流。面向对象的数据模型由于吸收了已经成熟的面向对象程序设计方法学的核心概念和基本思想，因此它符合人类认识世界的一般方法，更适合描述现实世界。

数据仓库与 XML 数据库是最近几年出现的数据库的新的分支。

① 数据仓库系统。数据仓库技术是目前数据处理中发展十分迅速的一个分支。所谓数据仓库，是对长期数据的存储，这些数据来自多个异种数据源。通过数据仓库提供的联机分析处理（On-Line Analytical Processing，OLAP）工具，实现多维数据分析，以便向管理决策层提供支持。数据仓库系统允许将各种应用系统集成在一起，为统一的历史数据分析提供坚实的平台，对海量信息处理进行支持。目前数据仓库已经日渐成为数据分析和联机分析处理的重要平台。

数据仓库的主要特征如下：

- 面向主题特性：围绕某一主题建模和分析。
- 集成特性：将多个异种数据源及事务记录集成在一起。
- 时变特性：数据存储从历史的角度提供信息。
- 非易失特性：总是以物理方式独立存放数据。

数据库系统和数据仓库系统的区别主要有以下几点：

- 面向的用户不同。数据库系统面向使用单位的低层人员，用于日常数据的分析和处理；数据仓库系统面向的是使用单位的决策人员，提供决策支持。
- 数据内容不同。数据库系统存储和管理的是当前的数据；数据仓库系统存储的是长期的历史数据。
- 数据来源不同。数据库的数据一般来源于同种数据源，而数据仓库的数据可以来源于多个异种数据源。
- 数据的操作不同。数据库系统提供了执行联机事务处理（On-Line Transaction Processing，OLTP）系统，数据仓库系统主要提供了联机分析处理（OLAP）和决策支持系统，实现数据挖掘和知识发现。

② XML 数据库。XML 数据库是一种支持对 XML 格式文档进行存储和查询等操作的数据管理系统。在系统中，开发人员可以对数据库中的 XML 文档进行查询、导出和指定格式的序列化。

XML（Extensible Markup Language）即可扩展标记语言，它与 HTML 一样，都是标准通用标记语言（Standard Generalized Markup Language，SGML）。XML 作为一种简单的数据存储语言，仅仅使用一系列简单的标记来描述数据。虽然 XML 比二进制数据要占用更多的空间，但 XML 极其简单，易于掌握和使用，尤其具有跨平台的特性。

尽管 XML 数据库在数据索引、相关一致性等方面的表现不如 Access、Oracle 和 SQL Server 数据库，但 XML 数据库具有结构简单、系统负载小、跨平台等优越性，这使得 XML 在 Internet 中得到了广泛的应用。

3. 数据库管理系统的组成

数据库管理系统由四部分组成，即硬件系统、系统软件、数据库应用系统和各类人员。

（1）硬件系统

由于一般的数据库管理系统数据量很大，加之 DBMS 丰富的功能使得自身的体积很大，因此整个数据库管理系统对硬件资源有较高的要求。

（2）系统软件

系统软件主要包括操作系统、数据库管理系统、与数据库接口的高级语言及其编译系统，以及以 DBMS 为核心的应用程序开发工具。

（3）数据库应用系统

数据库应用系统是为特定应用开发的数据库应用软件。

（4）各类人员

参与分析、设计、管理、维护和使用数据库的人员均是数据库系统的组成部分。这些人员包括数据库管理员、系统分析员、应用程序员和最终用户。

4. 数据模型

人们经常以模型来描述现实世界中的实际事物。地图、沙盘、航模都是具体的实物模型，它们会使人联想到真实生活中的事物。人们也可以用抽象的模型来描述事物及其运动规律，它是以实际事物的数据特征的抽象表示来描述事物的，描述的是事物数据的特征及其特性。

数据库是企业或组织所涉及的数据的存取，它不仅反映数据特点，而且反映数据之间的联系。数据库用数据模型对现实世界进行抽象描述，现有的数据库系统均是基于某种数据模型进行构建的。

数据库中最常见的数据模型有三种，即层次模型、网状模型和关系模型。

（1）层次模型

若用图来表示，层次模型是一棵倒立的树。在数据库中，满足以下两个条件的数据模型称为层次模型。

- 有且仅有一个节点无父节点，这个节点称为根节点。
- 其他节点有且仅有一个父节点。

在层次模型中，节点层次从根开始定义，根为第一层，根的子节点为第二层，根为其子节点的父节点，同一父节点的子节点称为兄弟节点，没有子节点的节点称为叶节点。

如图 7.1.4 所示的层次模型中，R1 为根节点；R2 和 R3 为兄弟节点，并且是 Rl 的子节点；R4 和 R5 为兄弟节点，并且是 R2 的子节点；R3、R4 和 R5 为叶节点。

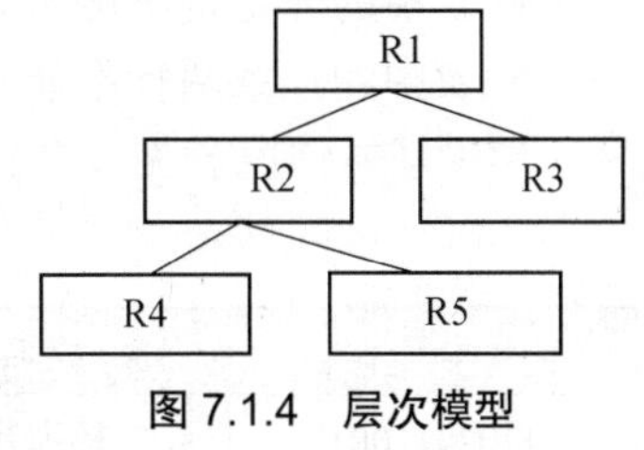

图 7.1.4　层次模型

层次模型对多层次关系的描述非常自然、直观、容易理解，这是层次模型的突出优点。层次数据库采用层次模型作为数据的组织方式。典型的层次数据库管理系统是 1968 年 IBM 公司推出的 IMS 系统。

（2）网状模型

若用图来表示，网状模型是一个网络。在数据库中，满足以下两个条件之一的数据模型称为网状模型。

- 允许一个以上的节点无父节点。
- 允许节点有多于一个的父节点。

在网状模型中子节点与父节点的联系不是唯一的，所以要为每个联系命名，并指出与该联系有关的父节点和子节点。

在图 7.1.5 所示的网状模型中，R1 与 R2 之间的联系被命名为 L1，R1 与 R4 之间的联系被命名为 L2，R3 与 R4 之间的联系被命名为 L3，R4 与 R5 之间的联系被命名为 L4，R2 与 R5 之间的联系被命名为 L5。R1 为 R2 和 R4 的父节点，R3 也是 R4 的父节点。R1 和 R3 没有父节点。

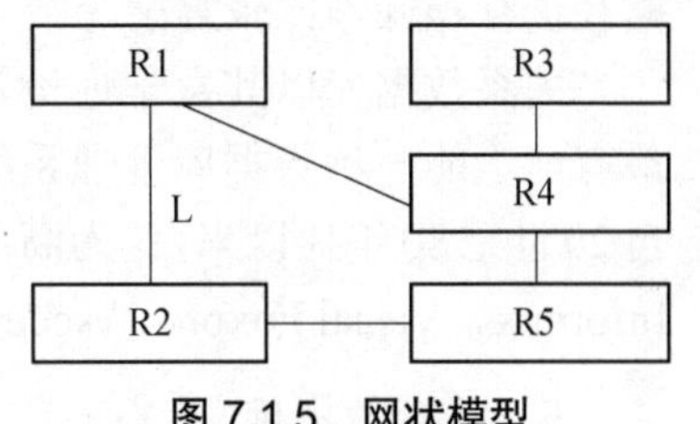

图 7.1.5　网状模型

网状模型允许一个以上的节点无父节点或某一个节点有一个以上的父节点，从而构成了比层次结构复杂的网状结构。

网状数据库采用网状模型作为数据的组织方式。网状数据库管理系统的典型代表是 20 世纪 70 年代美国的数据系统研究会（Conference on Data System Language，CODASYL）下属的数据库任务组（Database Task Group，DBTG）提出的 DBTG 系统。

（3）关系模型

关系模型把世界看作由实体（Entity）和联系（Relationship）构成的。

所谓联系就是指实体之间的关系，即实体之间的对应关系。联系可以分为三种：

- 一对一的联系。比如：一个班级只有一个班长，一个班长只属于一个班级，班长和班级之间为一对一的联系。
- 一对多的联系。比如：相同性别的人有许多个，一个人只有一种性别，性别与人之间为一对多的联系。
- 多对多的联系。比如：一个人可以选择多门课，一门课可以被很多人选，人与课程之间是多对多的联系。

通过联系可以用一个实体的信息来查找另一个实体的信息。关系模型把所有的数据都组织到表中。表由行和列组成，反映了现实世界中的事实和值。

满足下列条件的二维表，在关系模型中称为关系：

- 每列中的分量是类型相同的数据。
- 列的顺序可以是任意的。
- 行的顺序可以是任意的。

● 表中的分量是不可再分割的最小数据项，即表中不允许有子表。

● 表中的任意两行不能完全相同。

学生基本情况表见表 7.1.1，便是一个关系。

表 7.1.1　学生基本情况表

学号	姓名	性别	出生日期	入学成绩
1702011001	杨海艳	男	1995-09-10	540
1702011002	王月梅	女	1995-10-22	578
1702011003	刘芬	女	1994-12-31	620
1702011004	彭锦强	男	1995-01-11	601
1702011005	冯理明	男	1996-02-28	599

层次数据库是数据库系统的先驱，而网状数据库则为数据库在概念、方法、技术上的发展奠定了基础，它们是研究最早的两种数据库，并得到广泛的应用。但是，这两种数据库管理系统存在结构比较复杂、用户不易掌握、数据存取操作必须按照模型结构中已定义的存取路径进行、操作比较复杂等缺点，这就限制了这两种数据库管理系统的发展。

关系数据库以其数学理论基础完善、使用简单灵活、数据独立性强等特点，而被公认为最有前途的一种数据库管理系统。它的发展十分迅速，目前已成为主导的数据库管理系统。自20世纪80年代以来，作为商品推出的数据库管理系统几乎都是关系型的，如Oracle、Sybase、Informix、Visual Foxpro、Access 等。

5. 关系数据库

（1）关系数据库的基本概念

● 关系：一个关系就是一张二维表，每个关系有一个关系名。在计算机中，关系的数据存储在文件中，在 Access 中，一个关系就是数据库文件中的一个表对象。

● 属性：二维表中垂直方向的列称为属性，有时也叫作一个字段。

● 域：一个属性的取值范围叫作一个域。

● 元组：二维表中水平方向的行称为元组，有时也叫作一条记录。

● 码：又称为关键字。二维表中的某个属性或属性组，若它的值唯一地标志了一个元组，则称该属性或属性组为候选码。若一个关系有多个候选码，则选定其中一个为主码，也称为主键。

● 分量：元组中的一个属性值叫作元组的一个分量。

● 关系模式：是对关系的描述，它包括关系名、组成该关系的属性名、属性到域的映像。通常简记为：关系名（属性名 1，属性名 2，…，属性名 n）。

（2）关系运算

对关系数据库进行查询时，若要找到用户关心的数据，就需要对数据进行一定的关系运算。关系运算有两种：一种是传统的集合运算（并、差、交、广义笛卡儿积等）；另一种是专门的关系运算（选择、投影、连接）。

传统的集合运算不仅涉及关系的水平方向（二维表的行），而且涉及关系的垂直方向（二维表的列）。关系运算的操作对象是关系，运算的结果仍为关系。专门的关系运算包括：

● 选择：选择运算即在关系中选择满足指定条件的元组。

- 投影：投影运算是在关系中选择某些属性（列）。
- 连接：连接运算是从两个关系的笛卡儿积中选取属性间满足一定条件的元组。

7.2 数据库设计

数据库设计（Database Design）是指根据用户的需求，在某一具体的数据库管理系统中，设计数据库的结构和建立数据库的过程。

1. 数据库设计概述

（1）数据库设计任务

数据库设计是指根据用户需求研制数据库结构的过程，具体地说，是指对于一个给定的应用环境，构建最优的数据库模式，建立数据库及其应用系统，使之能有效地存储数据，满足用户的各种信息处理要求。

具体地说，数据库设计是把现实世界中的数据，根据各种应用处理的要求，加以合理的组织，满足硬件和操作系统的特性，利用已有的 DBMS 来建立能够实现系统目标的数据库。

（2）数据库设计的阶段

一般来说，数据库的设计过程大致可分为五个阶段。

① 需求分析：调查和分析用户的业务活动和数据的使用情况，弄清所用数据的种类、范围、数量，以及它们在业务活动中交流的情况，确定用户对数据库系统的使用要求和各种约束条件等，形成用户需求规约。

② 概念设计：针对用户要求描述的现实世界（可能是一个工厂、一个商场或者一所学校等），对其中数据的分类、聚集和概括，建立抽象的概念数据模型。

③ 逻辑设计：将现实世界的概念数据模型设计成数据库的一种逻辑模式，即适用于某种特定数据库管理系统所支持的逻辑数据模式。与此同时，可能还需为各种数据处理应用领域产生相应的逻辑子模式。这一步设计的结果就是所谓的“逻辑数据库”。

④ 物理设计：根据特定数据库管理系统所提供的多种存储结构和存取方法等，以及依赖于具体计算机结构的各项物理设计措施，对具体的应用任务选定最合适的物理存储结构（包括文件类型、索引结构和数据的存放次序、存取方法和存取路径等）。这一步设计的结果就是所谓的“物理数据库”。

⑤ 验证设计：在上述设计的基础上收集数据并建立一个数据库，运行一些典型的应用任务来验证数据库设计的正确性和合理性。一般来说，一个大型数据库的设计过程往往需要经过多次循环反复。当设计的某步发现问题时，可能就需要返回到前面进行修改，因此，在做上述数据库设计时就应考虑今后修改设计的可能性和方便性。

至今，数据库设计的很多工作仍需要人工完成，除关系型数据库已确有一套较完整的数据范式理论可用来指导部分数据库设计外，尚缺乏一套完善的数据库设计理论、方法和工具，以实现数据库设计的自动化或交互式的半自动化设计。所以，数据库设计今后的研究发展方向是研究数据库设计理论，寻求能够更有效地表达语义关系的数据模型，为各阶段的设计提供自动或半自动的设计工具和集成化的开发环境，使数据库的设计更加工程化、规范化和方便易行，在数据库的设计中充分体现软件工程的先进思想和方法。

2. 需求分析

数据库设计是面向应用的设计，用户是最终的使用者，为设计满足要求的数据库，设计者必须首先进行用户需求调查、分析与描述。

需求分析是数据库设计的第一步，是设计的基石。需求分析是否能全面、准确地表达用户需求，将直接影响后续各阶段的设计，影响整个数据库设计的可用性和合理性。

（1）需求分析的内容和方法

需求分析的目的是获取用户的信息要求、处理要求、安全性要求和完整性要求。

需求分析阶段的任务如图 7.2.1 所示。

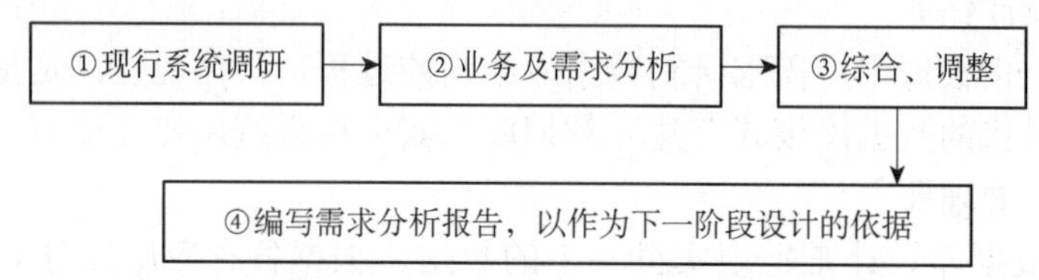

图 7.2.1　需求分析阶段的任务

（2）用户要求的描述分析

① 数据流图。数据流图（Data Flow Diagram，DFD）是结构分析方法的工具之一，它描述数据处理过程，以图形化方式描述数据流从输入到输出的变换过程。任何一个系统都可以用如图 7.2.2 所示的数据流抽象图描述。

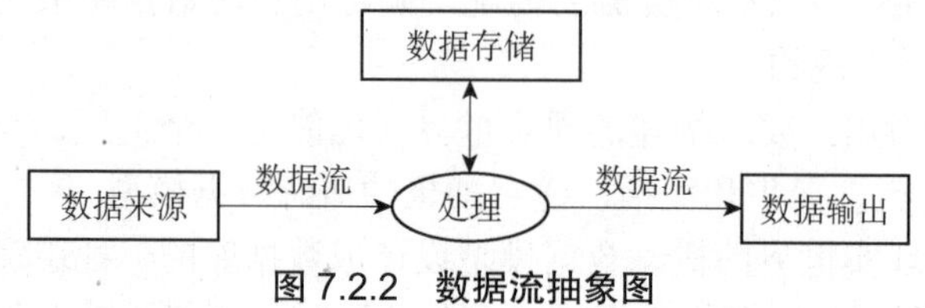

图 7.2.2　数据流抽象图

② 数据字典。数据字典（Data Dictionary，DD）是对系统中数据的详细描述，是各类数据属性的清单。对数据库设计来讲，数据字典是进行详细的数据收集和数据分析所获得的主要结果。数据字典是各类数据描述的集合，通常包括以下几个部分：

- 数据项：数据的最小单位。
- 数据结构：若干数据项有意义的集合。
- 数据流：可以是数据项，也可以是数据结构。
- 数据存储：处理过程中存取的数据。

3. 概念设计

概念设计是对数据的抽象和分析，它以对信息要求和处理要求的初步分析为基础，以数据流程图和数据字典提供的信息作为输入，运用信息模型工具，发挥开发设计人员的综合抽象能力建立概念模型。概念模型独立于数据逻辑结构，也独立于 DBMS 和计算机系统，是对现实世界有效而自然的模拟。其主要特点如下：

- 能充分地反映现实世界。
- 易于理解。
- 易于改动。
- 易于向关系、网状或层次等数据模型转换。

（1）概念设计的方法

概念设计可采用两种方法，即自顶而下和自底而上，分别如图 7.2.3 和 7.2.4 所示。

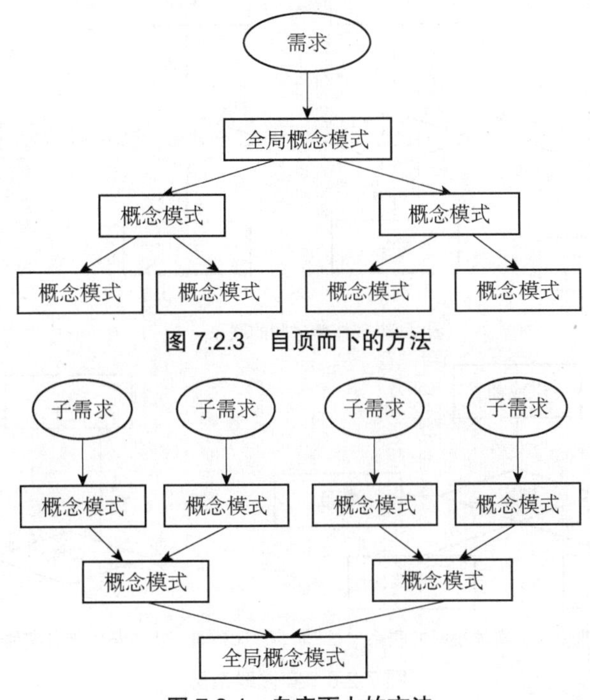

图 7.2.3　自顶而下的方法

图 7.2.4　自底而上的方法

（2）数据抽象与局部视图设计

① E-R 模型。E-R 方法是实体-联系方法（Entity-Relationship Approach）的简称，是描述现实世界概念结构模型的有效方法。用 E-R 方法建立的概念结构模型称为 E-R 模型，或称为 E-R 图，E-R 模型图如图 7.2.5 所示。

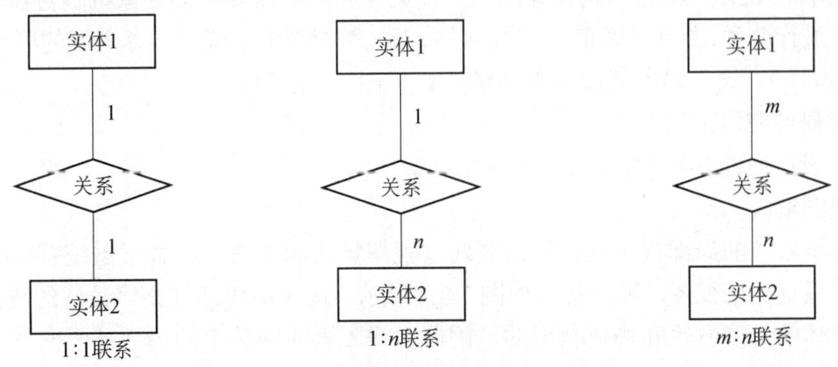

图 7.2.5　E-R 模型图

现实世界的复杂性导致实体联系的复杂性，表现在 E-R 图上可以归结为以下几种基本形式：

- 两个实体集之间的联系，如图 7.2.6（a）所示。
- 两个以上实体集间的联系，如图 7.2.6（b）所示。
- 同一实体集内部各实体之间的联系，这就构成了实体内部的一对多的联系，如图 7.2.6（c）所示。

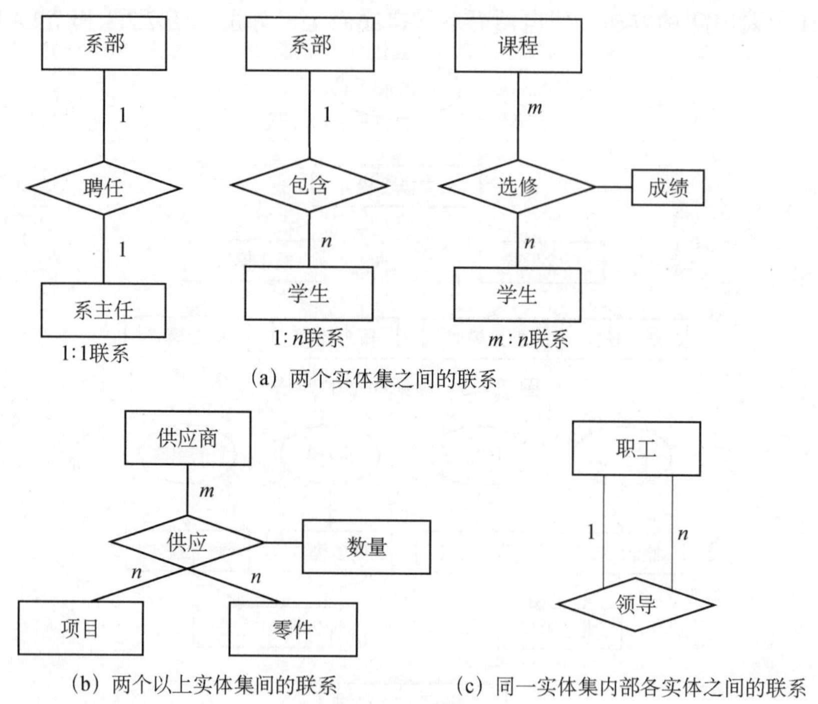

图 7.2.6　实体联系类

② 数据抽象。E-R 模型是对现实世界的一种抽象。所谓抽象是对实际的人、物、事和概念进行人为处理，抽取人们关心的本质特性，忽略非本质的细节，并把这些特性用各种概念精确地描述，这些概念组成了某种模型。数据抽象一般有三种类型，分别是分类、聚集和概括。

③ 局部视图设计。概念结构设计的第一步就是利用上面介绍的抽象机制对需求分析阶段收集的数据进行分类、组织（聚集），形成实体，标志实体的码，确定实体之间的联系类型（1∶1，1∶*n*，*m*∶*n*），设计局部视图（也称局部 E-R 图）。具体做法：

- 选择局部应用。
- 逐一设计局部 E-R 图。

（3）视图集成

设计各子系统的局部视图后，还需要通过视图集成的方法，将各子系统有机融合起来，综合成一个系统的总视图，视图集成如图 7.2.7 所示。这样由局部到整体设计的数据库，最终是从系统整体的角度看待和描述数据的，因此数据不再面向某个应用而是面向整个系统。经过视图集成，数据库能被系统的多个应用共享使用。

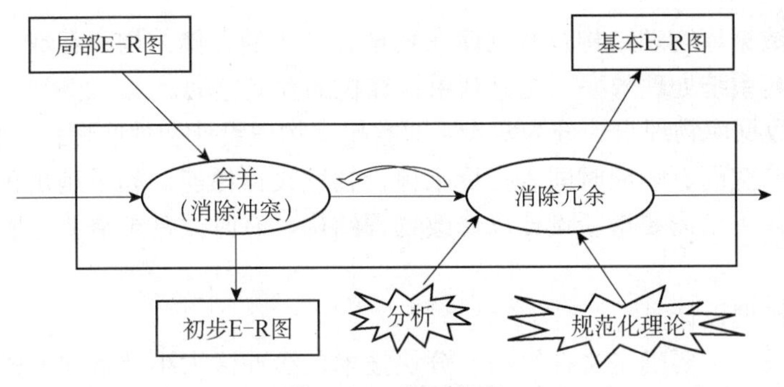

图 7.2.7 视图集成

① 合并。局部 E-R 图中语法和语义都相同的概念称为对应，局部 E-R 图之间的不一致称为冲突。合并局部 E-R 图就是尽量合并对应的部分，保留特殊的部分，着重解决冲突的部分。各局部 E-R 图面向不同的局部应用，而通常由不同的开发设计人员进行局部 E-R 图设计，因此，各个局部 E-R 图间的冲突是难免的。一般来讲，冲突分为命名冲突、属性冲突和结构冲突。

② 消除冗余。冗余包括冗余数据和实体间的冗余联系。冗余数据是指可由其他数据导出的数据；冗余联系是指可由其他联系导出的联系。冗余数据和冗余联系会破坏数据库的完整性，增加数据库管理的困难，应该消除。

但并非所有的冗余都应去掉，对于访问频率高的冗余数据应适当保留，同时加强数据完整性约束，如设计触发器等。消除冗余后得到基本 E-R 图。

4. 逻辑设计

逻辑设计是在数据库概念设计的基础上，将概念结构设计阶段得到的独立于 DBMS 和计算机系统的概念模型转换成特定 DBMS 所支持的数据模型。概念模型可转换为关系、网状、层次三种模型中的任一种。新设计的数据库系统普遍采用支持关系数据模型的 DBMS。这里仅介绍 E-R 图向关系模型的转换。

E-R 图由实体、联系和属性组成，E-R 图向关系模型的转换就是将实体、联系、属性转换为关系模式。转换原则如下。

（1）实体转换为关系模型

用关系模型表示实体是很直接的，实体的名称就是关系的名称，实体的属性就是关系的属性，实体的主键就是关系的主键。由实体转换的关系模型是否符合规范化理论，可在优化阶段使用规范准则进行检查、修改。

（2）联系转换为关系模型

① 一对一联系的转换：若实体间的联系是 1∶1，则选择两个实体类型转换成的关系模型中的任意一个，在其属性中加入另一个关系模型的键和联系类型的属性。

② 一对多联系的转换：若实体间的联系是 1∶n，则可以在“n”端实体类型转换成的关系模型中，加入“1”端实体类型的键和联系类型的属性。

③ 多对多联系的转换：若实体间的联系是 m∶n，则可以把联系类型也转换成关系模型。

5. 物理设计

物理设计是以逻辑设计结果作为输入，结合 DBMS 特征与存储设备特性设计适合应用环境的物理结构。数据库物理结构是数据库在物理设备上的存储结构和存取方法。数据库物理设计的目的是提高系统处理效率，充分利用计算机的存储空间。

一般来讲，数据库物理设计分为两步，即数据库物理设计和性能评价。物理设计完成后，可以通过估算存储空间、响应时间等指标来评价物理设计性能。如果满足预定目标，则进入数据库实施阶段，否则需要重新设计以修改物理结构，有时候甚至需要返回逻辑设计阶段修改数据模型。

（1）数据库物理设计

数据库物理设计主要确定文件组织、分块技术、缓冲区大小及管理方式、数据在存储器中的分布等。

目前流行的DBMS大多数是关系型的。关系型DBMS具有更强的物理独立性，数据库文件的存取方法、记录的存放位置、缓冲区大小设置及管理方式等由操作系统管理。当然，DBMS会提供工具以设置其中的参数，如缓冲区大小和数目。这里仅介绍数据簇集设计和索引的选择。

① 数据簇集设计。数据簇集就是把有关的元组集中在一个物理块内或物理上相邻的区域，以提高访问某些数据的速度。

数据簇集建立以后，簇集键相同的元组存放在一起，因而簇集键不必在每个元组中重复存储，只需在一组中存储一次即可，从而节约一些存储空间。簇集键可以是单属性的，也可以是复合的。

簇集对于某些特定的应用可以明显地提高性能。一般来说，用户应用满足以下条件时考虑创建簇集。

- 通过簇集键进行访问或连接是该关系的主要应用，与簇集无关的其他访问很少或是次要的。
- 对应每个簇集键值的平均元组既不能太少，也不能太多。
- 簇集键的值相对稳定（更新、插入、删除操作少），以减少修改簇集键值所引起的维护开销。
- 对查询某一范围的值，最好在相关属性上建立簇集索引。

② 索引的选择。索引是为了提高对表中数据进行检索的效率而创建的一种分散存储结构。索引是表的关键字，它提供了指向表中记录行的指针。合理建立索引可以提高数据检索速度，增强关系连接，强制操作的唯一。一些数据库的查询优化器依赖于索引起作用。但是，创建、维护索引花费时间、占用存储空间，因此，索引并非越多越好。

一般来说，建立索引需考虑以下原则。

考虑建立索引的属性：

- 主关键字。
- 连接中频繁使用的属性。

不考虑建立索引的属性：

- 很少或从来不在查询中出现的属性。
- 属性值很少的属性。
- 小表（记录很少的表）。
- 经常更新的属性或表。
- 属性值分布不均，集中在若干值上。

● 字段过长的属性。

（2）性能评价

数据库物理设计可能有多个方案，衡量一个物理设计的优劣，可以从存储空间、响应时间、维护代价等方面综合评定。存储空间利用率、存取时间和维护代价等常常是相互矛盾的。例如，某一冗余数据可提高检索效率，但增加了存储空间。开发设计人员必须进行权衡，进行性能的预测和评价，选择一个较优的设计。

7.3 数据库管理系统

数据库管理系统（DataBase Management System）是一种操纵和管理数据库的系统软件，用于建立、使用和维护数据库，简称 DBMS。它对数据库进行统一的管理和控制，以保证数据库的安全性和完整性。用户通过 DBMS 访问数据库中的数据，数据库管理员也通过 DBMS 进行数据库的维护工作。它提供多种功能，可使多个应用程序和用户使用不同的方法同时或不同时地建立、修改和查询数据库。它使用户能方便地定义和操纵数据、维护数据的安全性和完整性，以及进行多用户下的并发控制和恢复数据库等工作。

1. 数据库管理系统的组成和功能

（1）数据库管理系统的组成

按功能划分，数据库管理系统大致可分为以下六个部分。

① 模式翻译：提供数据定义语言（DDL），使用它书写的数据库模式被翻译为内部表示。数据库的逻辑结构、完整性约束和物理存储结构保存在内部的数据字典中。数据库的各种数据操作（如查找、修改、插入和删除等）和数据库的维护管理都是以数据库模式为依据的。

② 应用程序的编译：将包含访问数据库语句的应用程序编译成在 DBMS 支持下可运行的目标程序。

③ 交互式查询：提供易使用的交互式查询语言，如 SQL。DBMS 负责执行查询命令，并将查询结果显示在屏幕上。

④ 数据的组织与存取：提供数据在外围存储设备上的物理组织与存取方法。

⑤ 事务运行管理：提供事务运行管理及运行日志管理、事务运行的安全性监控和数据完整性检查、事务的并发控制及系统恢复等功能。

⑥ 数据库的维护：为数据库管理员提供软件支持，包括数据安全控制、完整性保障、数据库备份、数据库重组，以及性能监控等维护工具。

（2）数据库管理系统的功能

① 数据定义功能。DBMS 提供相应数据定义语言来定义数据库结构，描述数据库框架，并保存在数据字典中。

② 数据存取功能。DBMS 提供数据操纵语言（DML），实现对数据库数据的基本存取操作，如检索、插入、修改和删除。

③ 数据库运行管理功能。DBMS 提供数据控制功能，即在数据库运行期间，对数据的安全性、完整性和并发控制等进行有效的控制和管理，以确保数据正确、有效。

④ 数据库的建立和维护功能。包括数据库初始数据的装入，数据库的转储、恢复、重组织，系统性能监视、分析等功能。

⑤ 数据库的传输。DBMS 提供数据的传输功能，实现用户程序与 DBMS 之间的通信，通常与操作系统协调完成。

基于关系模型的数据库管理系统已日臻完善，并已作为商品化软件广泛应用于各行各业。在分布式环境中，它使数据库系统的应用进一步扩展。随着新型数据模型及数据管理的实现技术的推进，可以预期 DBMS 软件的性能还将进一步更新和完善，应用领域也将进一步拓宽。

2. 数据库管理系统的层次结构

根据处理对象的不同，数据库管理系统的层次结构由高级到低级依次为应用层、语言翻译处理层、数据存取层、数据存储层、操作系统。

① 应用层：应用层是 DBMS 与终端用户和应用程序的界面层，处理的对象是各种各样的数据库应用程序。

② 语言翻译处理层：语言翻译处理层对数据库语言的各类语句进行语法分析、视图转换、授权检查、完整性检查等。

③ 数据存取层：数据存取层处理的对象是单个元组，它将上层的集合操作转换为单记录操作。

④ 数据存储层：数据存储层处理的对象是数据页和系统缓冲区。

⑤ 操作系统：操作系统是 DBMS 的基础，操作系统提供的存取原语和摹本的方法通常是与 DBMS 存储层的接口。

3. 常见的数据库管理系统

目前，常见的数据库管理系统有 Oracle、Microsoft SQL Server、Visual Foxpro、Microsoft Access、MySQL、DB2，它们各有所长，在数据库市场中占有一席之地。

（1）Oracle

Oracle 是著名的 Oracle（甲骨文）公司的产品，它是最早商品化的关系型数据库管理系统，也是应用最广泛、功能最强大的数据库管理系统之一。Oracle 作为一种通用的数据库管理系统，不仅具有完整的数据管理功能，还是一个分布式数据库系统，支持各种分布式功能，特别是支持 Internet 应用。作为一个应用开发环境，Oracle 提供了一套界面友好、功能齐全的数据库开发工具。Oracle 使用 PL/SQL 语言执行各种操作，具有良好的开放性、可移植性、可伸缩性。特别是在 Oracle 8i 中，引入了支持面向对象的功能，如支持类、方法、属性等，使得 Oracle 产品成为一种对象，成为关系型数据库管理系统。

（2）Microsoft SQL Server

Microsoft SQL Server 是一种典型的关系型数据库管理系统，它使用 Transact-SQL 语言完成数据操作。Microsoft SQL Server 是开放式的系统，其他系统可以与它进行较好的交互操作。Microsoft SQL Server 具有较好的可靠性、可伸缩性、可用性、可管理性等特点，能够为用户提供完整的数据库解决方案。

（3）Visual Foxpro

Visual Foxpro 简称 VFP，是 Microsoft 公司推出的数据库管理 / 开发软件，它既是一种简单的数据库管理系统，又能用来开发数据库客户端应用程序。

Visual Foxpro 源于美国 Fox Software 公司推出的数据库产品 FoxBase，在 DOS 环境下运行，与 xBase 系列兼容。Fo7ro 原来是 FoxBase 的加强版，最高版本曾发布到 2.6。之后，Fox Software 被微软收购，加以发展，使其可以在 Windows 环境下运行，并且更名为 Visual Foxpro。Visual Foxpro 在桌面型数据库应用中，处理速度极快，是日常工作中的得力助手。

（4）Microsoft Access

作为 Microsoft Office 组件之一的 Access 是在 Windows 环境下非常流行的桌面型数据库管理系统。使用 Access 无须编写任何代码，只需通过直观的可视化操作就可以完成大部分数据管理任务。在 Access 数据库中，包括许多组成数据库应用的基本要素，这些要素是存储信息的表、显示人机交互界面的窗体、有效检索数据的查询语句、信息输出载体的报表、提高应用效率的宏、功能强大的模块工具等。它不仅可以通过 ODBC（开放式数据库互联）与其他数据库相连，实现数据交换和共享，还可以与 Word、Excel 等办公软件进行数据交换和共享，并且通过对象链接与嵌入技术在数据库中嵌入和链接声音、图像等多媒体数据。

（5）MySQL

MySQL 是一种小型关系型数据库管理系统，开发者为瑞典的 MySQL AB 公司。在 2008 年 1 月 16 日 MySQL AB 被 SUN 公司收购，而 2009 年，SUN 又被 Oracle 收购。目前，MySQL 被广泛地应用在 Internet 上的中小型网站中。由于其体积小、速度快、成本低，尤其是开放源码这一特点，许多中小型网站为了降低网站成本而选择了 MySQL 作为网站数据库。

（6）DB2

DB2 是 IBM 公司研制的一种关系型数据库系统，具有较好的可伸缩性，可支持从大型机到单用户环境，应用于 OS/2、Windows 等平台下。DB2 提供了高层次的数据利用性、完整性、安全性、可恢复性，以及小规模到大规模应用程序的执行能力，具有与平台无关的基本功能和 SQL 命令。DB2 采用了数据分级技术，能够使大型机数据很方便地下载到 LAN 数据库服务器，使得基于客户端，服务器结构或局域网（LAN）的应用程序可以访问大型机数据，并使数据库本地化及远程连接透明化。它以拥有一个功能非常完备的查询优化器而著称，其外部连接改善了查询性能，并支持多任务并行查询。DB2 具有很好的网络支持能力，每个子系统可以连接十几万个分布式用户，可同时激活上千个活动线程，对大型分布式应用系统尤为适用。

4. 数据库管理系统的选择原则

选择数据库管理系统时应从以下几个方面予以考虑。

（1）构造数据库的难易程度

需要分析数据库管理系统有没有范式要求，即是否必须按照系统所规定的数据模型分析现实世界，建立相应的模型；数据库管理语句是否符合国际标准，符合国际标准则便于系统的维护、开发、移植；有没有面向用户的易用的开发工具；所支持的数据库容量，数据库的容量特性决定了数据库管理系统的使用范围。

（2）程序开发的难易程度

有无计算机辅助软件工程工具，计算机辅助软件工程工具可以帮助开发者根据软件工程的方法提供各开发阶段的维护、编码环境，便于复杂软件的开发、维护；有无第四代语言的开发平台，第四代语言具有非过程语言的设计方法，用户不需编写复杂的过程性代码，易学、易懂、易维护；有无面向对象的设计平台，面向对象的设计思想十分接近人类的逻辑思维方式，便于开发和维护；对多媒体数据类型的支持，多媒体数据需求是今后发展的趋势，支持多媒体数据类型的数据库管理系统必将减少应用程序的开发和维护工作。

（3）数据库管理系统的性能分析

数据库管理系统的性能分析包括性能评估（响应时间、数据单位时间吞吐量）；性能监控（内、外存使用情况，系统输入/输出速率，SQL 语句的执行，数据库元组控制）；性能管理（参数设定与调整）等方面。

（4）对分布式应用的支持

对分布式应用的支持包括数据透明与网络透明程度。数据透明是指用户在应用中无须指出数据在网络中的什么节点，数据库管理系统可以自动搜索网络，提取所需数据；网络透明是指用户在应用中无须指出网络所采用的协议，数据库管理系统自动将数据包转换成相应的协议数据。

（5）并行处理能力

并行处理能力包括支持多 CPU 模式的系统（SMP、CIUSTE.MPP），负载的分配形式，并行处理的颗粒度、范围。

（6）兼容性

数据库的兼容性主要体现在三个方面：一是操作系统兼容性，数据库管理系统不会因操作系统的升级而进行额外的修改、升级和维护；二是数据兼容性，当数据库管理系统升级的时候，要求新的系统能够兼容低版本的数据；三是硬件兼容性，数据库应该能够适应硬件系统的升级和扩展。例如，不仅要支持单 CPU，还要能支持多 CPU。

（7）数据完整性约束

数据完整性约束是指数据的正确性和一致性保护，包括实体完整性、参照完整性和复杂的事务规则。

（8）并发控制功能

对于分布式数据库管理系统，并发控制功能是必不可少的。因为它面临的是多任务分布环境，可能会有多个用户点在同一时刻对同一数据进行读或写操作，为了保证数据的一致性，需要由数据库管理系统的并发控制功能来完成。评价并发控制的标准应从下面几方面加以考虑：保证查询结果一致性方法；数据锁的颗粒度（数据锁的控制范围，表、页、元组等）；数据锁的升级管理功能；死锁的检测和解决方法。

（9）安全性控制

安全性控制包括账户管理、用户权限、网络安全控制、数据约束等。

【课后练习】

1. 简述数据处理经历的发展阶段。

2. 简述数据库系统的构成和特点、数据库管理系统的主要功能、常见数据库管理系统有哪些。

3. 简述数据库系统与数据仓库的主要区别。

4. 数据库设计包含哪些内容？

第 8 章　信息系统安全

计算机网络技术的发展，尤其是 Internet 在社会各领域的广泛应用，使得计算机安全的概念发生了根本的变化。传统的计算机安全着眼于单个计算机，主要强调计算机病毒对于计算机运行的危害，在安全防范方面主要研究计算机病毒的防治。当前，我们正处在全球信息化、网络化的知识经济时代，离开网络的单个计算机应用即将退出历史舞台。现在的计算机安全着眼于网络，其保护手段不仅要通过技术手段，而且要利用法律的武器。本章主要介绍计算机信息系统安全的相关知识和法规，并通过实际案例加强我们的法律意识。

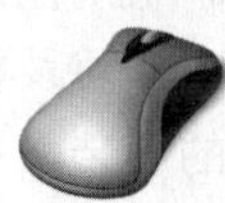

8.1　计算机信息系统安全范畴

国务院 1994 年 2 月 18 日颁布的《中华人民共和国计算机信息系统安全保护条例》第一章第三条的内容：计算机信息系统的安全保护，应当保障计算机及其相关的配套的设备、设施（含网络）的安全，运行环境的安全，保障信息的安全，保障计算机功能的正常发挥，以维护计算机信息系统的安全运行。计算机信息系统安全范畴包括实体安全、运行安全、信息安全和网络安全。

1. 实体安全

计算机信息系统的实体安全是整个计算机信息系统安全的前提。因此，保证实体的安全是十分重要的。计算机信息系统的实体安全是指计算机信息系统设备及相关设施的安全、正常运行。其内容包括以下三个方面。

（1）环境安全

环境安全是指计算机和信息系统的设备及相关设施所放置的机房的地理环境、气候条件、污染状况及电磁干扰等对实体安全的影响。在国标 GB50173-93《电子计算机机房设计规范》、GB2887-89《计算机站场地技术条件》、GB9361-88《计算机站场地安全要求》中对有关的环境条件均做了明确的规定。根据上述国标规定，在选择计算机信息系统的站场地时应遵守以下原则。

① 远离滑坡、危岩、砾石流等地质灾害高发地区。

② 远离易燃、易爆物品的生产工厂及存储库房。

③ 远离环境污染严重的地区。例如，不要将场地选择在水泥厂、火电厂及其他有毒气体、

腐蚀性气体生产工厂的附近。

④ 远离低洼、潮湿及雷击区。

⑤ 远离强烈振动设备、强电场设备及强磁场设备所在地。

⑥ 远离飓风、台风及洪涝灾害高发地区。

（2）设备安全

设备安全保护是指计算机信息系统的设备及相关设施的防盗、防毁，以及抗电磁干扰、静电保护、电源保护等几个方面。

① 防盗、防毁保护。防盗、防毁主要是防止犯罪分子偷盗和破坏计算机信息系统的设备、设施及重要的信息和数据。这方面的安全保护主要通过安装防盗设备和建立严格的规章制度来实现。普通的防盗设备有防盗铁门、铁窗，主要作用是阻止非法人员进入计算机信息系统机房。对于重要的计算机信息系统应安装技术先进的报警系统、闭路电视监视系统，甚至安排专门的保安人员昼夜值班。在规章制度的建设方面：一是严格控制进入计算机信息系统机房人员；二是严格控制机房钥匙的管理；三是严格控制系统口令和密码。

② 抗电磁干扰。计算机信息系统的设备在受到电磁场的干扰后，其设备电路的噪声加大，导致设备的工作可靠性降低，严重时会致使设备不能工作。在站场地选择时，我们已经强调应远离强电磁场设备，实在无法避免时，可以通过接地和屏蔽来抑制电磁场干扰的影响。

③ 静电保护。计算机机房内主要有三个静电来源：一是计算机机房用地板，人行走时鞋底与其摩擦时会引起静电；二是机房内使用的设施，如工作台、工作柜及机架等，不可避免地与之摩擦而产生静电；三是工作人员的服装，尤其是化纤制品的服装，在穿着过程中因摩擦而产生静电并传给人体，在一定的温、湿度条件下会产生高达 40kV 的静电电压，人体带电电压也高达 20kV 左右。静电会引起计算机的误操作，严重时会损坏计算机器件，尤其是以 MOS（场效应管）为主组成的存储器件，静电放电时产生的火花也可能产生火灾。

静电的防止与消除应根据静电来源和条件采取一些措施。一是采用一套合理的接地和屏蔽系统；二是采用防静电地板作为地面材料；三是工作人员的工作服装要采用不易产生静电的衣料制作，鞋底用低阻值的材料制作；四是控制室内温、湿度在规定范围之内。静电对计算机的危害已引起了人们的重视，在目前的机房工程中，普遍使用了抗静电地板和接地系统，但在静电的防护方法和措施上还存在很多需要进一步研究的问题。

④ 电源保护。为计算机提供能源的供电及其电源质量直接影响计算机运行的可靠性。在我国，供电系统采用三相四线制，单相电压为 220V，三相电压为 380V，额定供电频率为 50Hz。供电系统的上述参数因国别不同而有所差异，因此，在引进的国外设备安装时，必须弄清它对供电系统的要求，当与我国的供电系统参数不同时应采取相应的措施。

电气干扰超过设备规定值时会影响设备正常工作，降低可靠性，严重时会烧坏计算机。

发生停电时致使计算机及设备不能工作。电源的保护一般采用下列措施：一是采用专线供电，以避免同一线路上其他用电设备产生的干扰；二是保证电源的接地满足要求；三是采用电源保护装置。常用的是不间断供电电源，即 UPS。UPS 又分为两种类型：一种是后备式；另一种是在线式。后备式 UPS 在供电系统正常供电时，由供电系统直接供电，只有当供电系统停电时才由 UPS 提供电源。在线式 UPS 在任何时候都不由供电系统直接供电，当供电系统有电时，它通过交流电→整流→逆变器的方法向计算机及其设备提供电源；供电系统停电时由蓄电池→逆变器的方式提供电源。

（3）媒体安全

媒体安全是指对存储数据的媒体进行安全保护。在计算机信息系统中，存储信息的媒体主要有：纸介质、磁介质（硬盘、软盘、磁带）、半导体介质的存储器及光盘。媒体是信息和数据的载体，媒体损坏、被盗或丢失，损失最大的不是媒体本身，而是媒体中存储的数据和信息。对于存储一般数据信息的媒体，这种损失在没有备份的情况下会造成大量人力和时间的浪费；对于存储重要和机密信息的媒体，将会造成无法挽回的巨大损失，甚至会影响社会的安定和战争的成败。

2. 运行安全

运行安全的保护是指计算机信息系统在运行过程中的安全必须得到保证，使之能对信息和数据进行正确的处理，正常发挥系统的各项功能。影响运行安全的主因素包括以下几个。

（1）工作人员的误操作

工作人员的业务技术水平不高、工作态度不好及操作流程的不合理都会造成误操作，误操作带来的损失可能是难于估量的。常见的误操作有：误删除程序和数据、误移动程序和数据的存储位置、误切断电源，以及误修改系统的参数等。

（2）硬件故障

造成硬件故障的原因有很多，如电路中的设计错误或漏洞、元器件的质量、印刷电路板的生产工艺、焊接工艺、供电系统的质量、静电影响及电磁场干扰等均会导致在运行过程中硬件发生故障。硬件故障轻则使计算机信息系统运行不正常、数据处理出错，重则导致系统完全不能工作，造成不可估量的巨大损失。

（3）软件故障

软件故障通常由于程序编写错误引起。随着程序复杂性的加大，出现错误的地方就会越多。这些错误对于复杂的程序来说是不可能完全排除的，因为对程序进行调试时，不可能检测所有的硬件环境和处理所有的数据。这些错误只有当满足它的条件时才会表现出来，平时我们是不能发现的。众所周知，微软的 Windows 95、Windows 98 均存在几十处程序错误，发现这些错误后均通过打补丁的形式来解决，因此“打补丁”这个词在软件产业界已经习以为常。程序编写中的错误尽管不是恶意的，但仍会带来巨大的损失。例如，“2000 年问题”是一个因设计缺陷而引起的涉及范围最广、损失最大的特例，各国均花费了巨额资金和大量人力、物力来解决此问题。

（4）计算机病毒

计算机病毒是破坏计算机信息系统运行安全的最重要因素之一，Internet 在为人们提供信息传输和浏览功能的同时，也为计算机病毒的传播提供了方便。1999 年，人们刚从“美丽杀手”的阴影中解脱出来，1999 年 4 月 26 日，全球便遭到了目前认为最危险的计算机病毒 CIH 的洗劫，全球至少有数百万台计算机因 CIH 而瘫痪，它不但破坏 BIOS 芯片，而且破坏硬盘中的数据，所造成的损失难以用金钱的数额来估计。计算机病毒已经进入了 Internet 时代，它主要以 Internet 为传播途径，传播速度快、范围广，造成的损失特别巨大。计算机病毒一旦发作，轻则造成计算机运行效率降低，重则使整个系统瘫痪，既破坏硬件，也破坏软件和数据。

（5）“黑客”攻击

“黑客”一词是网络时代产生的新名词，它是英文 HACKER 的音译，原意是指有造诣的计算机程序设计者，现在专指那些利用所学计算机知识，利用计算机系统偷阅、篡改或偷窃他人的机密资料，甚至破坏、控制或影响他人计算机系统运行的人。

“黑客”具有高超的技术，对计算机硬、软件系统的安全漏洞非常了解。他们的攻击目的具有多样性，有的是恶意的犯罪行为；有的是玩笑型的调侃行为。随着 Internet 的发展和普及，黑客的攻击越来越多。2001 年 3 月，我国的大型网站新浪、搜狐及 IT163 均受到黑客的攻击，网站的运行安全受到不同程度的影响。

（6）恶意破坏

恶意破坏是一种犯罪行为，它包括对计算机信息系统的物理破坏和逻辑破坏两个方面。物理破坏只要犯罪分子能接近计算机便可实施，通过暴力对实体进行毁坏。逻辑破坏是利用冒充身份、窃取口令等方式进入计算机信息系统，改变系统参数、修改有用数据、修改程序等，造成系统不能正常运行。物理破坏容易发现，而逻辑破坏具有较强的隐蔽性，常常不能及时发现。

3. 信息安全

信息安全是指防止信息财产被故意或偶然地泄露、破坏、更改，保证信息使用完整、有效、合法。信息安全的破坏性主要表现在如下几个方面。

（1）信息可用性的破坏

信息的可用性是指用户的应用程序能够利用相应的信息进行正确的处理。计算机程序与信息数据文件之间都有约定的存放磁盘、文件夹、文件名的关系，如果将某数据文件的文件名称进行了改变，对于它的处理程序来说这个数据文件就不可用，因为它不能找到要处理的文件。同样，将数据文件存放的磁盘或文件夹进行了改变后，数据文件的可用性也遭到破坏。如果在数据文件中加入一些错误的或应用程序不能识别的信息代码，导致程序不能正常运行或得到错误的结果。

（2）信息完整性的破坏

信息的完整性包含信息数据的多少、正确与否、排列顺序等几个方面。任何一个方面遭到破坏均影响信息的完整性。例如，在一个学生学籍管理系统中，数据库文件中缺少了“出生年月”这个字段中的数据，或者出现了错误的数据，这显然破坏了学生信息的完整性。同样，在数据库中缺少了一个或多个学生的记录，或者学号排列顺序被打乱均破坏了信息的完整性。

信息完整性的破坏可能来自多个方面，人为的因素、设备的因素、自然的因素及计算机病毒等均可能破坏信息的完整性。在信息的录入或采集过程中可能产生错误的数据，已有的数据文件也可能被人有意或无意地修改、删除或重排。计算机病毒是威胁信息安全的重要因素，它不但可以轻易破坏信息的完整性，而且通过破坏文件分配表和分区表，使信息完全丢失。

（3）信息保密性的破坏

在国民经济建设、国家事务、国防建设及尖端科学技术领域的计算机信息系统中，有许多信息具有高度的保密性，一旦其保密性遭到破坏，损失是极其重大的，它可能关系到战争的成败，甚至国家和民族的存亡。当然，对于普通的民用或商业计算机信息系统，同样有许多保密信息，保密性的破坏对于企业来说，同样是致命的。

对保密性的破坏一般包括非法访问、信息泄露、非法复制、盗窃，以及非法监视、监听等方面。非法访问是指盗用别人的口令或密码等对超出自己权限的信息进行访问、查询、浏览。信息泄露包含人为泄露和设备、通信线路的泄露。人为泄露是指掌握有机密信息的人员有意或无意地将机密信息传给了非授权人员，这是一种犯罪行为；设备及通信线路的信息泄露主要有电磁辐射泄露、搭线侦听、废物利用几个方面：电磁辐射泄露是指计算机及其设备、通信线路及设备在工作时所产生的电磁辐射，利用专门的接收设备，可以在很远的地方接收到这些辐射信息。在比较发达的国家，利用电磁辐射窃取有价值信息的案例很普遍，他们可以从容地坐在汽车中或计算机机房附近的某个房间里轻松地得到所要的机密信息。另一种泄露的方式是搭线侦听，当信息的传输依靠电话线路、电缆时，由于线路长、铺设地理环境复杂，在一些偏僻无人的地方，完全可以在线路上搭线侦听，从而获取机密信息。如果信息是用无线信道传输，侦听变得更加容易，只需一台相应的无线接收机即可。废物利用也是犯罪分子获取机密信息的一个主要手段，我们对记录机密信息的各类媒体，因各种原因要进行销毁时，必须进行粉碎性处理或烧毁，即便对于已经损坏的信息媒体也应如此。损坏的磁盘，不是所有的存储区域都损坏了，通过一些专门的软件，仍可读取许多信息。更不要认为对机密信息文件进行了删除，或对磁盘进行格式化就已经安全，删除文件实际上并没有删掉文件的内容，删除的仅仅是文件名。在国外的先进水平中，磁盘被格式化多次仍能恢复其数据。

4. 网络安全

计算机网络是把具有独立功能的多个计算机系统通过通信设备和通信信道连接起来，并通过网络软件（网络协议、信息交换方式及网络操作系统）实现网络中各种资源的共享。网络从覆盖的地域范围大小可分为局域网、区域网及广域网。从完成的功能上看，网络由资源子网和通信子网组成。对于计算机网络的安全来说，包括两个部分，一是资源子网中各计算机系统的安全性；二是通信子网中的通信设备和通信线路的安全性。对它们安全性的威胁主要有以下几种形式。

（1）计算机犯罪行为

计算机犯罪行为包括故意破坏网络中计算机系统的硬软件系统、网络通信设施及通信线路；非法窃听或获取通信信道中传输的信息；假冒合法用户非法访问或占用网络中的各种资源；故意修改或删除网络中的有用数据等。

（2）自然因素的影响

自然因素的影响包括自然环境和自然灾害的影响。自然环境的影响包括地理环境、气候状况、环境污染状况及电磁干扰等多个方面。自然灾害有地震、水灾、大风、雷电等，它们可能给计算机网络带来致命的危害。

（3）计算机病毒的影响

计算机网络中的病毒会造成重大的损失，轻则造成系统的处理速度下降，重则导致整个网络系统瘫痪，既破坏软件系统和数据文件，也破坏硬件设备。

（4）人为失误和事故的影响

人为失误是非故意的，但它仍会给计算机网络安全带来巨大的威胁。例如，某网络管理人员违章带电拔插网络服务器中的板卡，导致服务器不能工作，整个网络瘫痪，这期间可能丢失了许多重要的信息，延误了信息的交换和处理，其损失可能是难以弥补的。

网络规模越大，其安全问题就越突出，安全保障的困难就越大。近年来，随着计算机网络技术的飞速发展和应用的普及，国际互联网的用户大幅度增加，就我国而言已有1000万用户接入国际互联网，人们在享受互联网给工作、生活、学习带来各种便利的同时，也承受了因网络安全性不足而造成的许多损失。国际互联网本身是在没有政府的干预和指导下无序发展起来的。过分强调开放性和公平性，反而容易忽略了安全性。网络中每个用户的地位均是平等的，网络中没有任何人是管理者。近年来，互联网上黑客横行、病毒猖獗、有害数据泛滥、犯罪事件不断发生，暴露了众多的安全问题，引起了各国政府的高度重视。

8.2 计算机信息系统的脆弱性

计算机信息系统面临来自人为的和自然的种种威胁，而计算机信息系统本身也存在一些脆弱性，抵御攻击的能力很弱，自身的一些弱点或缺陷一旦被黑客及犯罪分子利用，攻击计算机信息系统就变得十分容易，并且攻击之后不留下任何痕迹，使得侦破的难度加大。

1. 硬件系统的脆弱性

计算机信息系统硬件本身存在的局限性，导致计算机硬件系统的脆弱性。主要表现为以下几方面：

① 计算机信息系统的硬件均需要提供满足要求的电源才能正常工作，一旦切断电源，即使极其短暂的一刻，计算机信息系统的工作也会间断。

② 计算机利用电信号对数据进行运算和处理。因此，环境中的电磁干扰会引起处理错误，得出错误的结论，并且所产生的电磁辐射会产生信息泄露。

③ 电路板焊点过分密集，极易产生短路而烧毁器件。接插部件多，接触不良的故障经常发生。

④ 体积小、重量轻、物理强度差，极易被偷盗或毁坏。

⑤ 电路高度复杂，设计缺陷在所难免，加上某些不良制造商还故意留有“后门”。

存储系统分为内存和外存。内存分为 RAM 和 ROM；外存分为硬盘、软盘、磁带和光盘等。

它们的脆弱性表现在如下几个方面：

① RAM 中存放的信息一旦掉电即刻丢失，并且易于在内嵌入病毒代码。

② 硬盘构成复杂。既有动力装置，也有电子电路及磁介质，任何一部分出现故障均导致硬盘不能使用，丢失大量软件和数据。

③ 软盘及磁带易损坏。它们的长期保存对环境要求高，保存不妥，便会发生霉变现象，导致数据不能读取。此外，盘片极易遭受物理损伤（折叠、划痕、破碎等），从而丢失程序和数据。

④ 光盘盘片没有设置附在一起的保护封套，在进行数据读取和存放的过程中容易因摩擦而产生划痕，引起读取数据失败。此外，盘片的物理脆性较大，易破碎而损坏，导致全盘的数据丢失。

⑤ 各种信息存储媒体存储密度大，体积小，重量轻，一旦被盗窃或损坏，损失巨大。

⑥ 存储在各媒体中的数据均具有可访问性，数据信息很容易被复制而且不留任何痕迹。一台远程终端上的用户，可以通过计算机网络连接到计算机上，利用一些技术手段，访问系

统中的所有数据，并可进行拷贝、删除和破坏。

2. 软件系统的脆弱性

（1）操作系统的脆弱性

任何应用软件均是在操作系统的支持下执行的，操作系统的不安全是计算机信息系统不安全的重要原因。操作系统的脆弱性表现在以下几个方面：

① 操作系统的程序可以动态链接。这种方式虽然为软件开发商进行版本升级时提供了方便，但“黑客”也可以利用此方式攻击系统或链接计算机病毒程序。

② 操作系统支持网上远程加载程序，这为实施远程攻击提供了技术支持。

③ 操作系统通常提供 DAEMON 软件，这种软件在 UNIX、WINDOWSNT 操作系统上与其他系统核心软件具有同等的权利。借此摧毁操作系统十分便捷。

④系统提供了 Debug 与 Wizard，它们可以将执行程序进行反汇编，方便地追踪执行过程。掌握这两种技术，即可成为黑客。

⑤操作系统的设计缺陷。“黑客”正是利用这些缺陷对操作系统进行致命攻击。

（2）数据库管理系统的脆弱性

数据库管理系统的核心是数据。存储数据的媒体决定了它易于修改、删除和替代。开发数据库管理系统的基本出发点是为了共享数据，而这又带来了访问控制中的不安全因素，在对数据进入访问时一般采用密码或身份验证机制，这些很容易被盗窃、破译或冒充。

3. 计算机网络的脆弱性

ISO7498 网络协议形成时，基本上没有顾及安全的问题，后来才增加五种安全服务和八种安全机制。国际互联网中的 TCP/IP 同样存在类似的问题。首先，IP 协议对来自物理层的数据包没有进行发送顺序和内容正确与否的确认；其次，TCP 通常总是默认数据包的源地址是有效的，这给冒名顶替带来了机会；与 TCP 位于同一层的 UDP 对包顺序的错误也不做修改，对丢失包也不重传，因此极易受到欺骗。

4. 信息传输中的脆弱性

① 信息传输所用的通信线路易遭破坏。通信线路从铺设方式上分为架空明线和地埋线缆两种，其中架空明线更易遭到破坏。一些不法分子，为了贪图钱财，偷盗通信线缆，造成信息传输中断。自然灾害也易造成架空线缆的损坏，如大风、雷电、地震等。

地埋线缆的损坏，主要来自人为的因素，各种工程在进行地基处理、深挖沟池、地质钻探等施工时，易损坏其下埋设的通信线缆。当然，发生塌方、砾石流等地质灾害时，其间的地埋线缆也定会遭到破坏。

② 线路电磁辐射引起信息泄露。市话线路、长途架空明线，以及短波、超短波、微波和卫星等无线通信设备都具有相当强的电磁辐射，可通过接收这些电磁辐射来截获信息。

③ 架空明线易于直接搭线侦听。

④ 无线信道易遭到电子干扰。无线通信是以大气为信息传输媒体，发射信息时，都将其调制到规定的频率，当另有一发射机发射相同或相近频率的电磁波时，两个信号进行叠加，使接收方无法正确接收信息。

8.3 计算机信息系统安全保护

我们正处在信息时代，信息化将是 21 世纪综合国力较量的重要因素，是振兴经济、提高工业竞争力、提高人类生活质量的有力手段。各行业计算机信息系统的建设和应用已取得了可喜的成绩，但其安全问题常常困扰着人们，甚至难以权衡利弊。在这样的情况下，我国政府将计算机信息系统的安全保护提到了议事日程，明确规定公安机关为计算机信息系统安全保护的主管部门，各地公安机关成立了计算机安全监察部门，行使其计算机安全监察的职权。由此可见，计算机信息系统的安全保护已受到了政府的高度重视，并步入了科学化、规范化的轨道。

1. 计算机信息系统安全保护的一般原则

计算机信息系统的安全保护难度大，投资高，甚至远远超过计算机信息系统本身的价格。

因此，实施安全保护时应根据计算机信息系统的重要性，划分不同的等级，实施相应的安全保护。按照计算机信息系统安全保护的基本思想，计算机信息系统安全保护的基本原则有以下几项。

（1）价值等价原则

我们这里讲的是价值等价，而不是价格等价。计算机信息系统软、硬件费用的总和代表价格，而它的价值与它处理的信息直接相关。例如，花费 1 万元购进的一台普通微机，用于一般的文字处理服务，它的价值基本上与价格相等；若将这台微机用于国防或尖端科学技术信息管理，那么它的价值远远高于它的价格。计算机系统的价值与系统的安全等级有关，安全等级是根据价格与处理信息的重要性来综合评估的，是计算机信息系统实际价值的关键性权值。因此，我们在对计算机信息系统实施安全保护时，要看是否值得，对一般用途的系统少投入，对于涉及国家安全、社会安定等的重要系统要多投入。

（2）综合治理原则

计算机信息系统的安全保护是一个综合性的问题，一方面，要采用各种技术手段来提高安全防御能力，如数据加密、口令机制、电磁屏蔽、防火墙技术及各种监视、报警系统等；另一方面，要加强法制建设和宣传，对计算机犯罪行为进行严励打击，同时也要加强安全管理和安全教育，建立健全计算机信息系统的安全管理制度，通过多种形式的安全培训和教育，提高系统使用人员的安全技术水平，增强他们的安全意识。

（3）突出重点原则

《中华人民共和国计算机信息系统安全保护条例》中第一章第四条明确规定：“计算机信息系统的安全保护工作，重点维护国家事务、经济建设、国防建设、尖端科学技术等重要领域的计算机信息系统的安全。”

（4）同步原则

同步原则是指计算机信息系统安全保护在系统设计时应纳入总体进行考虑，避免在今后增加安全保护设施时造成应用系统和安全保护系统之间的冲突和矛盾，达不到应该达到的安全保护目标。同步的另一层含义是计算机信息系统在运行期间应按其安全保护等级实施相应的安全保护。

2. 计算机信息系统安全保护技术

计算机信息系统安全保护技术是通过技术手段对实体安全、运行安全、信息安全和网络安全实施保护，是一种主动的保护措施，增强计算机信息系统防御攻击和破坏的能力。

（1）实体安全技术

实体安全技术是为了保护计算机信息系统的实体安全而采取的技术措施，主要有以下几个方面。

① 接地要求与技术接地分为避雷接地、交流电源接地和直流电源接地等多种方式。

避雷接地是为了减少雷电对计算机机房建筑、计算机及设备的破坏，以及保护系统使用人员的人身安全，其接地点应深埋地下，采用与大地良好相通的金属板为接地点，接地电阻应小于 10Ω，这样才能为遭到雷击时的强大电流提供良好的放电路径。交流电源接地是为了保护人身及设备的安全，安全正确的交流供电线路应该是三芯线，即相线、中线和地线，地线的接地电阻值应小于 4Ω。直流电源为各个信号回路提供能源，常由交流电源经过整流变换而来，它处在各种信号和交流电源交汇的地方，直流电源良好的接地是去耦合、滤波等取得良好效果的基础，其接地电阻要求在 4Ω 以下。

② 从国内外的情况分析，火灾是威胁实体安全最大的因素。因此，从技术上采取一些防火安全技术措施是十分必要的。

建筑防火：建筑防火是指在修建机房建筑时采取一些防火措施。一般隔墙应采用耐火等级高的建筑材料，室内装修的表面材料应采用符合防火等级要求的装饰材料，应设置两个以上的出入口，并应考虑排烟孔，以减轻火势的蔓延。为了防止电气火灾，应设置应急开关，以便快速切断电源。

设置报警装置：设置报警装置的目的是尽早发现火灾，在火灾的早期进行扑救以减小损失，通常在屋顶或地板下安放烟感装置。

设置灭火设备：灭火设备包括人工操作的灭火器和自动消防系统两大类。灭火器适合于安全级别要求不高的小型计算机信息系统，灭火剂应选择灭火效率高，且不损伤计算机设备的种类。特别注意的是不能采用水灭火，水有很好的导电性能，会使计算机设备因短路而烧坏。自动消防系统造价高，它能自动监测火情、自动报警并能自动切断电源，同时启动预先设置的灭火设备进行灭火，适合于重要的、大型的计算机信息系统。

③ 防盗技术是防止计算机设备被盗窃而采取的一些技术措施，分为阻拦设施、报警装置、监视装置及设备标记等方面。阻拦设施是为了防止盗窃犯从门窗等薄弱环节进入计算机房进行偷盗活动，常用的做法是安装防盗门窗，必要时配备电子门锁。报警装置是窃贼进入计算机房内，接近或触摸被保护设备时自动报警，有光电系统、微波系统、红外线系统几大类。监视系统是利用闭路电视对计算机房的各部位进行监视保护，这种系统造价高，适合于重要的计算机信息系统。设备标记是为了设备被盗后查找赃物时准确、方便，在为设备制作标记时应采用先进的技术，使标记便于辨认，且不能清除。

（2）运行安全技术

运行安全技术是为了保障计算机信息系统安全运行而采取的一些技术措施和技术手段，分为风险分析、审计跟踪、应急措施和容错技术几个方面。

① 风险分析。风险分析是对计算机信息系统可能遭到攻击的部位及其防御能力进行评

估，并对攻击发生的可能性进行预测。风险分析的结果是我们确定安全保护级别和措施的重要依据，既避免了盲目进行保护造成的经济损失，也使应该保护的地方得到强有力的保护。风险分析分为四个阶段：即系统设计前的风险分析、系统运行前的风险分析，系统运行期间的风险分析及系统运行后的风险分析。风险分析过程中应对可能的风险来源进行估计，并对其危害的严重性、可能性做出定量的评估。

② 审计跟踪。审计跟踪是采用一些技术手段对计算机信息系统的运行状况及用户使用情况进行跟踪记录。其主要功能：其一，记录用户活动，记录用户名、使用系统的起始日期和时间，以及访问的数据库等；其二，监视系统的运行和使用状况，可以发现系统文件和数据正在被哪些用户访问，硬件系统运行是否处于正常状态，一有故障及时报警；其三，安全事故定位，如某用户多次使用错误口令试图进入系统，试图越权访问或删除某些程序和文件等，这时审计跟踪系统会记录用户的终端号及使用时间等定位信息；其四，保存跟踪日志，日志是计算机信息系统一天的运行状况及使用状况的一个记录，它直接保存在磁盘上，我们通过阅读日志可以发现很多安全隐患。

③ 应急措施。无论如何进行安全保护，计算机信息系统在运行过程中都可能发生一些突发事件，导致系统不能正常运行，甚至整个系统瘫痪。因此，在事前做一些应急准备，事后实施一些应急措施是十分必要的。应急准备包括关键设备的整机备份、设备主要配件备份、电源备份、软件备份及数据备份等，一旦事故发生，应立即启用备份，使计算机信息系统尽快恢复正常工作。此外，对于应付火灾、水灾这类灾害，应制定人员及设备的快速撤离方案，规划撤离线路，并落实到具体的工作岗位。事故发生后，应根据平时的应急准备，快速实施应急措施，尽快使系统恢复正常运行，减少损失。

④ 容错技术。容错技术是使系统能够发现和确认错误，给用户以错误提示信息，并试图自动恢复。容错能力是评价一个系统是否先进的重要指标，第一种容错方式是通过软件设计来解决，例如，我们在学生管理系统中输入学生的性别时，只有男、女两个汉字可以，当输入其他汉字时应该给出错误提示，并等待新的输入；第二种容错方式是对数据进行冗余编码，常用的有奇偶校码、循环冗余码、分组码及卷积码等，这些编码方式使信息占用的存储空间加大、传输时间加长，但它们可以发现和纠正一些数据错误；第三种容错方式是采用多个磁盘来完成，如磁盘冗余阵列、磁盘镜像、磁盘双工等。

（3）信息安全技术

为了保障信息的可用性、完整性、保密性而采用的技术措施称为信息安全技术。为了保护信息不被非法地使用或删改，对其访问必须加以控制，如设置用户权限、口令、密码及身份验证等。为了使信息被窃取后不可识别，我们必须对明数据按一定的算法进行处理，这称为数据加密。加密后的数据在使用时必须进行解密后才能变为明数据，其关键的是加、解密算法和加、解密密钥。防止信息通过电磁辐射而泄露的技术措施主要有四个：一是采用低辐射的计算机设备，这类设备辐射强度低，但造价高；二是采用安全距离保护，辐射强度是随着距离的增加而减弱的，在一定距离之后，场强减弱，使接收设备不能正常接收；三是利用噪声干扰方法，在计算机旁安放一台噪声干扰器，使干扰器产生的噪声和计算机设备产生的辐射混在一起，使接收设备不能正确复现计算机设备的辐射信息；四是利用电磁屏蔽使辐射电磁波的能量不外泄，方法是采用低电阻的金属导体材料制作一个表面封闭的空心立体把计算机设备罩住，辐射电磁波遇到屏蔽体后产生折射或被吸收，这种屏蔽体被称为屏蔽室。

（4）网络安全技术

计算机网络的目标是实现资源的共享，也正因为要实现共享资源，网络的安全遭到多方面的威胁。网络分为内部网和互联网两个类型，内部网是一个企业、一个学校或一个机构内部使用的计算机组成的网络，互联网是将多个内部网络连接起来，实现更大范围内的资源共享，众所周知的 Internet 是一个国际范围的互联网。

3. 内部网的安全技术

对内部网络的攻击主要来自内部，据有关资料统计，其比例高达 85%。因此，内部网络的安全技术是十分重要的，其实用安全技术有如下几个方面。

（1）身份验证

身份验证是对使用网络的终端用户进行识别的验证，以证实他是否为本人，防止假冒。身份验证包含识别和验证两个部分，识别是对用户声称的标志进行对比，看是否符合条件；验证是对用户的身份进行验证，其验证的方法有口令字、信物及人的生物特征。真正可靠的是利用人的生物特征，如指纹、声音等。

（1）报文验证

报文验证包括内容的完整性、真实性、正确的验证，以及报文发送方和接收方的验证。报文内容验证可以通过发送方在报文中加入一些验证码，接收方收到报文后利用验证码进行鉴别，符合的接收，不符合的拒绝。对于确认报文是否来自发送方的验证，一是对发送方加密的身份标志解密后进行识别；二是报文中设置加密的通行字。确认自己是否为该报文的目的接收方的方法与确认发送方的方法类似。

（3）数字签名

签名的目的是确信信息是由签名者认可的，这在我们的日常生活及工作中是常见的现象。电子签名作为一种安全技术使签名者事后不能否认自己的签名，且签名不能被伪造和冒充。电子签名是一种组合加密技术，密文和用来解码的密钥一起发送，而该密钥本身又被加密，还需要另一个密钥来解码。由此可见，电子签名具有较好的安全性，是商业中首选的安全技术。

（4）信息加密技术

加密技术是密码学研究的主要范畴，是一种主动的信息安全保护技术，能有效地防止信息泄露。在网络中主要是对信息的传输进行加密保护，在信息的发送方利用一定的加密算法将明文变成密文后在通信线路中传送，接收方收到的是密文，必须经过一个解密算法才能恢复为明文，这样就只有确认的通信双方才能进行正确的信息交换。加密算法的实现既可以通过硬件，也可以通过软件。

4. Internet 的安全技术

Internet 经过 20 多年的发展，已成为世界上规模最大、用户最多、资源最丰富的网络系统，覆盖了 160 多个国家和地区，其内约有十万个子网，有一亿多个用户。Internet 引起了人类生活及工作方式的深刻变革。Internet 是一个无中心的分布式网络，在安全性方面十分脆弱。近年来大型网站遭到“黑客”攻击的事件频频发生，CIH 病毒席卷全球至今令我们不寒而栗。因此，了解和掌握一些 Internet 的安全技术是十分有益的。

（1）防火墙概述

防火墙是在内部网和外部网之间实施安全防范的系统（含硬件和软件），也可被认为是一种访问控制机制，用于确定哪些内部服务可被外部访问。防火墙有两种基本保护原则：一种是未被允许的均为禁止，这时防火墙封锁所有的信息流，然后对希望的服务逐项开放，这种原则安全性高，但使用不够方便；另一种原则是未被禁止的均为允许，这时防火墙转发所有的信息流，再逐项屏蔽可能有害的服务。这种原则使用方便，但安全性容易遭到破坏。

（2）防火墙的分类

防火墙根据功能的特点分为包过滤型、代理服务器及复合型三种。

① 包过滤型防火墙。包过滤型防火墙通常安装在路由器上，多数商用路由器都提供包过滤功能。包过滤是根据信息包中的源地址、目标地址及所用端口等信息与事先确定的进行比较，相同的允许通过，反之则被拒绝。这种防火墙的优点是使用方便、速度快且易于维护，缺点是易于欺骗且不记录通过信息。

② 代理服务器防火墙。代理服务器也称应用级网关，它把内部网和外部网进行隔离，内部网和外部网之间没有了物理连接，不能直接进行数据交换，所有数据交换均由代理服务器完全。例如，内部用户对外发出的请求要经由代理服务器审核，当符合条件时，代理服务器为其到指定地址取回信息后转发给用户。代理服务器还对提供的服务产生一个详细的记录，也就是说提供日志及审计服务。这种防火墙的缺点是使用不够方便，且易产生通信瓶颈。

③ 复合型防火墙。复合型防火墙是包过滤防火墙和代理服务器防火墙相结合的产物，它具有两种防火墙的功能，有双归属网关、屏蔽主机网关和屏蔽子网防火墙三种类型。

5. 计算机信息系统的安全管理

安全管理是计算机信息系统安全保护中的重要环节。《中华人民共和国计算机信息系统安全保护条例》第十三条明确规定：“计算机信息系统的使用单位应当建立健全安全管理制度，负责本单位计算机信息系统的安全保护工作。”这说明计算机信息系统的安全保护责任落到了使用单位的肩上，各单位应根据本单位计算机信息系统的安全级别，做好组织建设和制度建设。

（1）组织建设

计算机信息系统安全保护的组织建设是安全管理的根本保证，单位领导必须主管计算机信息系统的安全保护工作，成立专门的安全保护机构，根据本单位系统的安全级别设置多个专、兼职岗位，做好工作的分工和责任落实，计算机信息系统绝不能只由一家来独立管理。在安全管理机构的人员构成上应做到领导、保卫人员和计算机技术人员的“三结合”。在技术人员方面，还应考虑各种专业技术的适当搭配，如系统分析人员、硬件技术人员、软件技术人员、网络技术人员及通信技术人员等。安全管理机构应该定期组织人员对本单位计算机信息的安全情况进行检查，发现问题应及时解决；组织建立、健全各项安全管理制度，并经常监督其执行情况；对各种安全设施设备定期检查其有效性，保证其功能的正常发挥。除此以外，还应对当前易遭受的攻击进行分析和预测，并采取适当措施加以防备。

（2）制度建设

只有搞好制度建设，才能将计算机信息管理系统的安全管理落到实处，做到各种行为有章可循，职责分明。安全管理制度应该包含以下几个方面的内容：

① 保密制度。对于有保密要求的计算机信息系统，必须建立此项制度。首先应对各种资料和数据按有关规定划分为绝密、机密、秘密三个保密等级，制定相应的访问、查询及修改的限制条款，并对用户设置相应的权限。对于违反保密制度规定的行为应做出相应处罚，直

至追究刑事责任，移送公安机关。

② 人事管理制度。人事管理制度是指对计算机信息管理系统的管理和使用人员调出和调入做一些管理规定。主要包括政治审查、技术审查及上网安全培训、调离条件及保密责任等内容。

③ 环境安全制度。环境安全制度应包括对机房建筑环境、防盗防水、消防设备、供电线路、危险物品，以及室内温度等建立相应的管理规定。

④ 出入管理制度。包括登记制度、验证制度、着装制度，以及钥匙管理制度等。

⑤ 操作与维护制度。操作制度的制定是计算机信息系统正确使用的纲领，在制定时应科学化、规范化。系统的维护是正常运行的保证，通过维护及早发现问题，能避免很多安全事故的发生。在制定维护制度时，应对重点维护、全面维护、维护方法等做出具体规定。

⑥ 日志管理及交接班制度。日志是计算机信息系统工作一天的详细运行情况的记载，分为人工记录日志和计算机自动记录日志两部分。制定该制度时，在保证日志的完整性、准确性及可用性等方面做出详细的规定。交接班制度是落实责任的一种管理方式，应对交接班的时间、交接班时应交接的内容做出规定，交接班人应在记录上签名。

⑦ 器材管理制度。器材，尤其是应急器材是解决安全事故的物质保证，应对器材存储的位置、环境条件、数量多少、进货渠道等方面做出详细的规定。

⑧ 计算机病毒防治制度。计算机病毒已经成为影响计算机信息系统安全的强敌。该制度中应该对防止病毒的硬、软件做出具体规定，对于防毒软件一般要求两种以上，并应定期进行病毒检查和清除。对病毒的来源应严格加以封锁，不允许外来磁盘上机，不运行来源不明的软件，更不允许编制病毒程序。

6. 计算机信息系统的安全教育

计算机信息系统的攻击绝大多数都是人为的。一种情况是法制观念不强，故意破坏计算机信息系统的犯罪行为；另一种情况是安全意识不够、安全技术水平低，在工作中麻痹大意，造成了安全事故。因此，加强安全教育是保护计算机信息系统安全的一个基础工作。

8.4 计算机病毒

计算机病毒是软件技术高度发展的一种负面产物，它给计算机信息系统的安全造成了严重的威胁，反病毒已经成为信息产业中一个重要的分支。计算机病毒不但没有随着反病毒软件队伍的不断壮大退出历史舞台，相反在这个日益信息化、网络化的时代里，它的危害愈演愈烈。本节将介绍计算机病毒的有关知识。

1. 计算机病毒的定义及其特点

1984 年 5 月 Cohen 博士第一次在世界上给出了计算机病毒的定义：计算机病毒是一段程序，它通过修改其他程序把自身复制嵌入而实现对其他程序的感染。计算机病毒虽然对人体无害，但它具有与生物病毒类似的特征。

（1）传染性

计算机病毒具有自我复制的能力，能将自己嵌入别的程序中实现其传染的目的。是否具有传染性是判断其是否为病毒的基本标志。

（2）隐蔽性

计算机病毒嵌在正常程序中，没有进行破坏时，一切正常，使之不被发觉。

（3）破坏性

计算机病毒破坏数据或软、硬件资源，凡是软件技术能触及的资源均可能遭到破坏。

（4）潜伏性

计算机病毒并不是一传染就立即破坏数据或资源，而是等待出现一定条件，在此期间它们不断感染新对象，一旦满足条件时破坏范围更大。

2. 计算机病毒的传播途径和危害

计算机病毒可以通过软盘、硬盘、光盘及网络等多种途径传播。当计算机因使用带毒的软盘而遭到感染后，又会感染计算机以后使用的软盘，如此循环往复使传播的范围越来越大。当硬盘带毒后可以感染所使用的软盘，在用软盘交换程序和数据时又会感染其他计算机上的硬盘。目前盗版光盘很多，既有各种应用软件，也有各种游戏，这些都可能带有病毒，一旦我们安装和使用这些软件、游戏，病毒就会感染计算机中的硬盘，从而形成了病毒的传播。通过计算机网络传播病毒已经成为主流方式，这种方式传播的速度极快，且范围广。我们在Internet中进行邮件收发、下载程序、文件传输等操作时，均可能被感染病毒。Internet的病毒大多是Windows时代宏病毒的延续，它们往往利用强大的宏语言读取E-mail软件的地址簿，并将自己作为附件发送到地址簿的E-mail地址，从而实现病毒的网上传播。这种传播方式极快，感染的用户成几何级数增加，其危害是以前任何一种病毒无法比拟的。曾经出现的Internet病毒有美丽杀手、爱虫、Nimda、红色代码II等，它们在全球造成的损失均达到百亿美元。

计算机病毒的种类繁多，危害极大，对计算机信息系统的危害主要有以下四个方面。

（1）破坏系统和数据

病毒通过感染并破坏电脑硬盘的引导扇区、分区表，或利用错误数据改写主板上可擦写型BIOS芯片，造成整个系统瘫痪、数据丢失，甚至主板损坏。

（2）耗费资源

病毒通过感染可执行程序，大量耗费CPU、内存及硬盘资源，造成计算机运行效率大幅度降低，表现计算机处理速度变慢的现象。

（3）破坏功能

计算机病毒可能造成不能正常列出文件清单、封锁打印功能等。

（4）删改文件

对用户的程序及其他各类文件进行删除或更改，破坏用户资料。

3. 计算机病毒的防治

做好计算机病毒的防治工作是减少其危害的有力措施，防治的办法：一是从管理入手；二是采取一些技术手段，如定期利用杀毒软件检查和清除病毒或安装防病毒卡等。

（1）管理措施

① 不要随意使用外来软盘，使用时必须先用杀毒软件扫描，确认无毒后方可使用。

② 不要使用来源不明的程序，尤其是游戏程序，这些程序中很可能有病毒。

③ 不要到网上随意下载程序或资料，对来源不明的邮件不要随意打开。

④ 不要使用盗版光盘上的软件，甚至将盗版光盘放入光驱内，因为自启动程序可能使病毒传染你的计算机。

⑤ 对重要的数据和程序应独立备份，以防万一。

⑥ 对特定日期运作的病毒应做提示公告。

（2）技术措施

① 杀毒软件。杀毒软件的种类很多，目前国内比较流行的有公安部研制的SCAN和KILL，北京江民新技术有限公司开发的KV300，以及美国CENTRAL POINT SOFTWARE公司开发的CPAV等。杀毒软件分为单机版和网络版，单机版只能检查和消除单个计算机上的病毒，价格较便宜；网络版可以检查和消除整个网络中各个计算机上的病毒，价格较为昂贵。值得提醒的是，任何一个杀毒软件都不可能查出所有病毒，当然更不能清除所有的病毒，因为软件公司不可能搜集到所有的病毒，且新的病毒在不断地产生。

新的杀毒软件大多具有实时监控、检查及清除病毒三个功能。监控功能只要在Windows系统中安装即可，检查和杀毒功能的使用也很简单，下面以KV300为例介绍。

首先将已写保护的KV300原盘插入软盘驱动器A或B，并将计算机的当前驱动器转换为相应的软盘驱动器。如果是A驱，则在DOS提示符下键入命令：

```
A：\>KV300
```

按回车键后会启动KV300并显示主画面。KV300启动成功后可以检查软盘和硬盘的病毒。如果检查软盘，可以将KV300原盘取出并插入待检查的软盘。

在KV300的主画面下，用户可以键入功能键（F1～F10）选择相应的菜单，然后依次键入A，B，C，D，…，Z，以便对相应磁盘上的病毒进行扫描或清除。在任何状态下按Esc键可以返回或终止，也可以在主画面下按Esc键退出KV300。常用的功能有：

- 扫描病毒。按F2键后再键入某一盘符，即可对该盘引导区和所有文件中的病毒进行扫描。
- 清除病毒。按F3键后再键入某一盘符，就可以快速清除该磁盘中的病毒；按F5键后再键入某一盘符和路径，就可以对该磁盘指定目录下的全部文件中的病毒进行扫描和清除。

② 防病毒卡。防病毒卡是用硬件的方式保护计算机免遭病毒的感染。国内使用较多的产品有瑞星防病毒卡、化能反病毒卡等。防病毒卡有以下特点：

- 广泛性防病毒卡以病毒机理入手进行有效的检测和防范，因此可以检测具有共性的一类病毒，包括未曾发现的病毒。
- 双向性。防病毒卡既能防止外来病毒的侵入，又能抑制已有的病毒向外扩散。
- 自保护性。任何杀毒软件都不能保证自身不被病毒感染，而防病毒卡是采用特殊的硬件保护，使自身免遭病毒感染。

③ 著名的计算机病毒防治和研究中心的网址如下：

- 国家计算机病毒应急中心：http：//www.antivirus-china.org.cn/
- 中国计算机网络应急协调中心：http：//www.cert.org.cn/
- 瑞星杀毒软件公司：http：//www.rising.com.cn/
- 北京江民科技公司KV系列杀毒软件：http：//www.jiangmin.com/
- 金山毒霸反病毒软件：http：//www.iduba.net/
- 冠群金辰杀毒软件：http：//www.kill.com.cn/

- 启明星辰反病毒软件：http：//www.venustech.com.cn/
- 国际计算机安全协会（ICSA）：http：//www.icsa.net/

8.5 计算机信息系统安全保护的法律、法规

随着计算机信息系统广泛的推广应用，计算机犯罪事件不断增加。加强法规建设是打击破坏计算机信息系统安全罪行的基础，其目的是维护计算机信息系统安全，规范和约束人的行为，避免计算机信息系统的自然灾害和人为事故，扼制和打击计算机犯罪，促进计算机的应用发展，保障社会主义现代化建设的顺利进行。其意义是使计算机信息系统的建设和安全保护工作走上法制化、规范化和科学化的轨道，做到有法可依、有章可循。1994 年国务院颁布了《中华人民共和国计算机信息系统安全保护条例》，1997 年对《刑法》进行了修订，增加了计算机犯罪的惩治条款。

1. 《刑法》中惩治计算机犯罪的部分条款

根据我国《刑法》中有关惩治计算机犯罪的条款，摘录如下：

第二百八十六条违反国家规定，对计算机信息系统功能进行删除、修改、增加、干扰，造成计算机信息系统不能正常运行，后果严重的，处五年以下有期徒刑或者拘役；后果特别严重的，处五年以上有期徒刑。

违反国家规定，对计算机信息系统中存储、处理或者传输的数据和应用程序进行删除、修改、增加的操作，后果严重的，依照前款的规定处罚。

故意制作、传播计算机病毒等破坏性程序，影响计算机系统正常运行，后果严重的，依照第一款的规定处罚。

第二百八十七条利用计算机实施金融诈骗、盗窃、贪污、挪用公款、窃取国家秘密或者其他犯罪的，依照本法有关规定定罪处罚。

2. 《中华人民共和国计算机信息系统安全保护条例》的部分条款

1994 年国务院颁布的《中华人民共和国计算机信息系统安全保护条例》，作为普通公民，我们应该学习、掌握，并依法遵守这些规定。其主要内容有：

在《保护条例》的“第一章总则”的第二条，对计算机信息系统定义为：

“本条例所称的计算机信息系统，是指由计算机及其相关的和配套产品的设备、设施（含网络）构成的，按照一定的应用目标和规则对信息进行采集、加工、存储、传输、检索等处理的人机系统。”

并在第七条规定“任何组织或者个人，不得利用计算机信息系统从事危害国家利益、集体利益和公民合法利益的活动，不得危害计算机信息系统的安全。”

《保护条例》的“第二章安全保护制度”的第十四条规定：“对计算机信息系统中发生的案件，有关使用单位应当在 24 小时内向当地县级以上人民政府公安机关报告。”

在《保护条例》的“第四章法律责任”一章里，对违反本条例规定的处罚，可依据第二十条、第二十三条、第二十四条执行。

第二十条违反本条例的规定，有下列行为之一的，由公安机关处以警告或者停机整顿：

（一）违反计算机信息系统安全等级保护制度，危害计算机信息系统安全的；

（二）违反计算机信息系统国际联网备案制度的；

（三）不按照规定时间报告计算机信息系统中发生的案件的；

（四）接到公安机关要求改进安全状况的通知后，在限期拒不改进的；

（五）有危害计算机信息系统安全的其他行为的。

第二十三条故意输入计算机病毒及其他有害数据危害计算机信息系统安全的，或者未经许可出售计算机信息系统安全专用产品的，由公安机关处以警告或者对个人处以5000元以下的罚款、对单位处以15000元以下的罚款；有违法所得的，除予以没收外，可以处以违法所得1至3倍的罚款。

第二十四条违反本条例的规定，构成违反治安管理行为的，依照《中华人民共和国治安管理处罚条例》的有关规定处罚；构成犯罪的，依法追究刑事责任。

在《保护条例》的“第五章附则”的第二十八条对计算机病毒做如下定义：“计算机病毒，是指编制或者在计算机程序中插入的破坏计算机功能或者毁坏数据，影响计算机使用，并能自我复制的一组计算机指令或者程序代码。”

3. 计算机犯罪

计算机犯罪是指故意泄露或破坏计算机信息系统中的机密信息，以及危害系统实体安全、运行安全和信息安全的不法行为。它分为两类形式：一是以计算机信息系统作为犯罪工具；二是以计算机信息系统作为犯罪对象。在作案手段上又有暴力和非暴力之分，暴力手段是对计算机设备进行物理破坏；非暴力是指利用计算机技术知识进行犯罪活动。

近年来，随着国际互联网的普及应用，计算机犯罪呈现以下特点。

（1）危害巨大

在国际互联网上实施计算机犯罪，轻而易举地造成巨额损失。曾经爆发的“爱虫”病毒，在短短5天内使2950万台企业电脑和1750万个人用户遭到重创，直接经济损失高达67亿美元。

（2）危害领域宽

由于各行各业广泛应用计算机，计算机犯罪几乎涉及所有领域。

（3）日趋社会化

以前作案人员多为内部计算机专业技术人员，现在由于计算机应用技术的广泛普及，非专业的计算机使用人员作案增多，加之各种“黑客”软件的泛滥，使一个具有初步操作能力的人均可实施计算机犯罪。

（4）日趋国际化

国际互联网使实施跨国作案成为可能。2012年，在俄罗斯破获的一起网上诈骗案中，被骗的5500人中大部分为外国人；CIH及“美丽杀手”病毒袭击的目标均为国际互联网上的各国计算机系统。

（5）目的多样化

以前的作案大多为了钱财，而现在的作案目的多种多样，犯罪人员可能为了窃取商业秘密或军事秘密，也可能为了报复别人，甚至炫耀自己的技术水平等。

（6）快速、隐蔽

计算机作案十分快捷，可在瞬间完成。作案隐蔽性也很强，作案地点可在自己家中或其他任何地方，作案后也不会留下任何痕迹。因此，打击计算机犯罪不但要依靠本国的力量，而且要加强国际合作。2000 年 5 月 15 日西方八国集团在巴黎召开了会议，就进一步开展国际合作打击网络犯罪行为展开了为期 3 天的讨论，它标志着国际间网络安全合作已迈出了第一步。

8.6 计算机软件的知识产权及保护

世界知识产权组织的大量专家，花费了近十年的时间，于 1971 年就保护计算机软件的知识产权在《伯尔尼公约》中达成了等同于文学作品的保护协定。在之后的 20 多年时间里，世界上主要使用计算机的国家都接受了以版权来保护计算机软件的选择。我国政府于 1991 年颁布了《计算机软件保护条例》，从而使计算机软件知识产权的保护走上了法制的轨道。

1. 计算机软件保护条例概述

计算机软件保护条例于 1991 年 5 月 24 日经国务院第八十三次常务会议通过，1991 年 6 月 4 日中华人民共和国国务院令第 84 号发布。整个《计算机软件保护条例》分为总则、计算机软件著作权、计算机软件的登记管理、法律责任和附则五章。

在“总则”中明确了制定本条例的目的是保护计算机软件著作权人的权益，调整计算机软件在开发、传播和使用中发生的利益关系，鼓励计算机软件的开发与流通，促进计算机应用事业的发展。同时对有关术语，如计算机软件、计算机程序、文档、软件开发者、软件著作权人、复制等做出了明确的定义。规定了计算机软件保护的范围。

在“计算机软件著作权”一章中，规定了计算机软件版权的归属人、软件保护的期限，以及著作权人享有的各项权利。特别规定了因课堂教学、科学研究、国家机关执行公务等非商业性目的可进行少量复制，可不经软件著作权人或合法受让者的同意，并不支付其报酬。

在“计算机软件的登记管理”一章中，规定了软件包著作权人申请登记应提交的文档和材料，软件登记机关发送的登记证明文件是软件著作权有效的证明。向国外转让软件权利时必须报请国务院有关主管部门批准并向软件登记管理机构备案。

在“法律责任”一章中，对侵犯软件著作权人合法权利的行为给出了具体的处罚，行政处罚由国家软件著作权行政管理部门执行，情节严重的移交司法机关追究刑事责任。对于软件著作权的各种纠纷，可向国家软件著作仲裁机构申请仲裁，也可直接向人民法院起诉。

“附则”一章说明了本条例的解释权属国务院主管软件登记管理和软件著作权的行政管理部门，并公布了本条例的施行日期为 1991 年 10 月 1 日。

2. 计算机软件知识产权侵权案例分析

（1）Stac 起诉微软案

1993 年 1 月，美国加州的 Stac 公司向法院起诉，控告微软公司的操作系统 MS-DOS 6.0 侵害了它的数据压缩专利权。

Stac 拥有数据压缩技术方面的几项专利，这种技术能够使计算机磁盘的存储容量增大将近一倍，利用这种技术，Stac 开发并销售自己的产品 Stacker。微软公司曾经向 Stac 要求得到将 Stacker 引入 MS-DOS 的许可，但由于许可费方面存在分歧，双方最终未达成协议。1993 年 1 月，微软公司推出 MS-DOS 6.0，其中有与 Stacker 数据压缩技术相同的磁盘压缩程序 DoubleSpace。

Stacker 的销售量立即下跌，Stac 遂向法院提出诉讼。

微软则反诉 Stac 存在对微软公司的欺诈行为，在 Stacker 原开发中盗用了 MS-DOS 设计中有关 Pro-Load（预装入）技术的商业秘密。

美国加州洛杉矶联邦地方法院 1994 年 2 月做出判决，认定微软公司已经侵害 Stac 公司拥有的上述专利，应向 Stac 公司赔偿 1.2 亿美元，并停止 MS-DOS 侵权版本的销售；Stac 侵害了微软公司的商业秘密，应向微软公司赔偿 1360 万美元。

（2）微软起诉中国亚都集团案

1999 年 4 月下旬，美国微软公司以中国北京亚都科技集团侵犯计算机软件著作权为由，在北京市第一中级人民法院提起诉讼。在诉状中称：MS-DOS、MS-Window 95、MS-Office 95、MS-Office 97 等软件是原告开发并享有著作权的计算机软件产品，1998 年 11 月，原告授权代理人中联知识产权调查中心在被告的办公场所发现被告未经原告许可，通过盗版光盘擅自复制并使用上述软件产品。在公证人员的监督下，海淀区工商局执法人员对被告的计算机进行了清查，发现被告共计非法复制了 MS-DOS 6.21 软件 4 套，MS-Windows 95 软件 12 套，MS-Office 95 软件 8 套，MS-Office 97 软件 2 套，Fo7ro2.5 软件 4 套，Word 6.0 软件 1 套，Access 2.0 软件 1 套，Exchange 4.0 软件 3 套，Excel 7.0 软件 2 套。

原告认为被告的行为严重侵犯了原告的软件著作权，构成非法复制，同时被告的行为也为减少支出十多万元，直接给原告造成 80 多万元的市场损失。因此，原告向法院提出了要求被告赔偿 150 万元人民币的诉讼请求。

被告声称：该集团确有部分计算机安装了非正式版软件，但是经过财务检查，并未发现有购买盗版软件的经费支出，所以这些软件绝非公司购买和业务使用。此外，亚都的产品设计软件、财务管理软件和部分办公软件是完全合法的正版产品，其中包括 Windows 95 和 Windows NT。所谓公司 PC 装载的盗版软件，纯属部分员工的个人行为。亚都否认微软的授权代理人中联知识产权中心调查过其办公场所，更不可能发现其盗版软件。他们清查的是另一具有独立法人资格的亚都科技有限公司。

1999 年 12 月 17 日，北京市第一中级人民法院审理认为：美国微软公司提供的证据不足，驳回了微软的诉讼请求。

（3）上海心族计算机有限公司起诉 G 某

该案是因职工跳槽而引发的一起计算机软件侵权案，对我们正当择业有积极指导意义。

原告诉称：G 某曾任原告 POS 部经理，后任副总经理，主管软件开发，1996 年 7 月辞职。

G 某在原告工作期间先后参与主持开发了“心族商厦 POS&MIS 系统”和“心族配送中心系统”。

G 某于 1996 年 8 月 8 日，在其离开原告后拟承包的某公司处，以该公司的名义向一商厦客户人员展示了原告的“心族配送中心系统”软件，意在吸引原告的客户与其成交。当时所展示的“心族配送中心系统”软件，是 G 某唆使原告掌握该软件的员工从原告处擅自取出的。G 某的行为破坏了原告与其客户成交的机会，侵犯了原告的软件著作权和商业秘密。

被告辩称：他在进“心族”前就已经拥有 POS 项目技术，并在进“心族”时提交了三份材料（即系统功能流程图——数据流图、系统数据结构图、系统功能菜单图）。因此，他是“心族商厦 POS&MIS 系统”软件著作权的共有人之一，他的行为不构成侵权。

法院认为：计算机软件的著作权属于软件开发者。

“心族 POS 系统软件”是由原告针对明确的开发目标，投入资金、提供设备、实际组织包括被告在内的十余名开发人员分工合作完成的，并以原告的名义向外承担责任，故原告系软件的实际开发者和著作权人。被告在原告处任职期间，按照原告的分工，负责该软件的需求分析和系统设计工作，并按月从原告中领取工资和奖金等劳动报酬。因此，虽然被告在软件开发中起了重要的作用，但仍属于执行原告的指定任务，是一种职务行为，不享有该软件的著作权。

1997 年 6 月 26 日，上海第一中级人民法院对本案判决：被告停止对原告著作权的侵害，以书面形式向原告赔礼道歉，赔偿原告经济损失一万元，并负责本案全部诉讼费用。

【课后练习】

1. 什么是计算机病毒？它有哪些特点？
2. 计算机病毒主要有哪些类型？
3. 如何防治计算机病毒？

参考文献

[1] 祝朝映. 高级办公应用项目教程（office 2007 版）. 北京：科学出版社.

[2] 高新技术考试教材编写委员会. 职业技能培训教程. 北京：北京希望电子出版社.

[3] 计算机等级考试命题中心. 全国计算机等级考试（office2010 高级）. 北京：人民邮电出版社.

反侵权盗版声明

举报电话：（010）88254396；（010）88258888

传　　真：（010）88254397

E-mail:　　dbqq@phei.com.cn

通信地址：北京市海淀区万寿路 173 信箱

　　　　　电子工业出版社总编办公室

邮　　编：100036